高职高专"十二五"规划教材

Pro/E应用教程

Pro/E YINGYONG JIAOCHENG

主　编　潘祖聪　易慧君

副主编　杨素萍　朱劲松　王贤虎

主　审　余承辉　贾　芸

上海科学技术出版社

图书在版编目(CIP)数据

Pro/E应用教程 / 潘祖聪,易慧君主编. —上海:上海科学技术出版社,2012.8

高职高专"十二五"规划教材

ISBN 978-7-5478-1308-9

Ⅰ.①P… Ⅱ.①潘…②易… Ⅲ.①机械设计-计算机辅助设计-应用软件 Ⅳ.①TH122

中国版本图书馆CIP数据核字(2012)第185439号

上海世纪出版股份有限公司
上海科学技术出版社 出版、发行
(上海钦州南路71号 邮政编码200235)
新华书店上海发行所经销
常熟市兴达印刷有限公司印刷
开本 787×1092 1/16 印张:13.5
字数:310千字
2012年8月第1版 2012年8月第1次印刷
ISBN 978-7-5478-1308-9/TH·29
定价:29.50元

内容提要

Synopsis

本书主要讲解了 Pro/E 草绘、实体创建、特征修改、曲面设计、模型装配、工程图等知识，学生学习完该课程后，可以由浅入深地完成草图绘制、基础特征创建、实体造型、曲面造型、零件装配及工程图制作等设计工作。

书中编写了较多的实例内容，既有基本特征创建练习，又有足够的典型曲面、典型机械零件(轴类、盘类、箱体类)的造型训练，知识点全面，对容易出错的地方及重要的知识点加以提示，在每个项目的最后安排了思考与练习，以突出重点并便于复习。

本书可作为高等院校、职业教育院校等机械类专业及相关专业的 CAD/CAM 培训教材，同时也适用于对 Pro/E 软件感兴趣的读者。

配套电子课件下载说明

本书按其主要内容编制了各项目课件，在上海科学技术出版社网站公布，欢迎读者登录 www. sstp. cn/pebooks/download/下载。

作者名单

Authors

主　编　潘祖聪　易慧君

副主编　杨素萍　朱劲松　王贤虎

编　委　阚海涛　周　继　方跃胜

赵东辉　宋凤祥　李玉中

徐华俊　何　芳

主　审　余承辉　贾　芸

前　言

Preface

Pro/Engineer(以下简称 Pro/E)是 1988 年由美国参数技术公司(Parametric Technology Corporation, PTC)推出的集成了 CAD/CAM/CAE 于一体的全方位的 3D 产品开发软件,在世界 CAD/CAM 领域具有领先地位并取得了相当的成功,是目前世界上最为流行的三维 CAD/CAM 软件之一,是工程技术人员和工科学生掌握计算机三维辅助设计方法的重要软件。

本书是 Pro/E 机械零件三维造型或 Pro/E 计算机三维设计等课程的专业教材,用于项目式的教学,是按照近几年高职教育课程改革的发展方向,在结合多年教学经验及体会的基础上编写的。

为了兼顾零起点读者和有一定基础的读者,并使他们均达到较高的设计水平,书中安排了较多的实例,既有基本特征创建练习,又有足够的典型曲面、典型机械零件(轴类、盘类、箱体类)的造型训练,知识点全面,读者可以根据自身的基础加以选择;对容易出错的地方及比较重要的知识点加以提示;在每个项目的最后安排了思考与练习,以突出重点并方便复习。本书的编写力求叙述简洁,图文并茂。

本书可作为高等院校、职业教育院校等机械类专业及相关专业的 CAD/CAM 培训教材,同时也适用于对此软件感兴趣的读者。

本书由安徽水利水电职业技术学院潘祖聪、南京化工职业技术学院易慧君担任主编,由南京化工职业技术学院杨素萍、郑州电力高等专科学校朱劲松、安徽水利水电职业技术学院王贤虎任副主编。具体编写分工如下:中国电子科技集团公司第三十八研究所阚海涛、周继编写项目一,杨素萍编写项目二,王贤虎、安徽水利水电职业技术学院方跃胜编写项目三,潘祖聪编写项目四,郑州电力高等专科学校赵东辉编写项目五,焦作大学宋凤祥、李玉中编写项目六,易慧君编写项目七,安徽水利水电职业技术学院徐华俊、何芳编写项目八,朱劲松编写项目九。

本书由安徽水利水电职业技术学院余承辉教授、贾芸副教授担任主审，特别感谢他们在百忙之中抽出时间审稿，在此表示衷心感谢！

同时本书在校稿和使用中还得到安徽交通职业技术学院、安徽职业技术学院、安徽水利水电职业技术学院、安徽警官职业学院及合肥工业大学的部分老师和专家的大力帮助，在此一并感谢。

由于时间仓促，加之编者水平有限，书中缺点和错误在所难免，敬请专家、同仁和广大读者批评指正。

编 者

目 录

Contents

项目一 Pro/E Wildfire 5.0 概述 …… 1
任务一 Pro/E Wildfire 5.0 特点 …… 1
一、基于特征的三维建模方式 …… 1
二、尺寸驱动 …… 2
三、参数化设计 …… 2
四、父/子关系 …… 2
五、单一数据库 …… 2
六、模块化与设计的关联 …… 3
任务二 Pro/E Wildfire 5.0 中文版使用基础 …… 3
一、界面介绍 …… 3
二、图形文件的基本操作 …… 5
三、控制模型的显示 …… 7
四、鼠标的使用 …… 10
五、Pro/E Wildfire 5.0 工作环境的设定 …… 10

项目二 二维草绘设计 …… 12
任务一 二维草绘设计基础 …… 12
一、认识二维草绘设计模式 …… 12
二、Pro/E 草绘环境中的术语 …… 15
三、二维草绘设计中的鼠标使用 …… 16
任务二 绘制草绘器的基本图元 …… 16
一、绘制草绘器的基本几何图元 …… 16
二、创建文本 …… 24
三、调色板的使用 …… 25
四、实例操作 …… 26
任务三 草图的编辑与约束 …… 29
一、草图的编辑 …… 29
二、草图的约束 …… 31
三、综合操作实例 …… 36
任务四 草绘器诊断工具 …… 39
一、着色封闭环 …… 39
二、加亮开放端点和重叠几何图元 …… 39
三、建模要求的分析 …… 39

项目三 基准特征创建 …… 42
任务一 基准平面 …… 42
一、创建基准平面 …… 42
二、基准平面显示状态 …… 43
任务二 基准点与基准轴 …… 43
一、创建基准点 …… 43
二、创建基准轴 …… 45
任务三 基准曲线 …… 45
一、关于基准曲线 …… 45
二、创建基准曲线 …… 45
任务四 基准坐标系 …… 46
一、关于基准坐标系 …… 46
二、创建基准坐标系 …… 47

项目四 基础特征创建 …… 49
任务一 拉伸特征 …… 49
一、拉伸特征工具操控板 …… 49

二、拉伸特征的类型 …………… 52
三、创建拉伸特征 …………… 52
四、拉伸特征应用实例 …………… 53
任务二 旋转特征 …………… 55
一、旋转特征工具操控板 …………… 55
二、旋转特征的类型 …………… 57
三、创建旋转特征 …………… 57
四、旋转特征应用实例 …………… 58
任务三 扫描特征 …………… 60
一、扫描对话框 …………… 60
二、创建扫描特征 …………… 64
三、扫描特征应用实例 …………… 64
任务四 混合特征 …………… 66
一、混合特征概述 …………… 66
二、创建混合特征 …………… 68
三、混合特征应用实例 …………… 71
任务五 螺旋扫描特征 …………… 73
一、螺旋扫描特征概述 …………… 73
二、螺旋扫描的分类 …………… 74
三、螺旋扫描工具 …………… 74
四、创建螺旋扫描 …………… 78
五、螺旋扫描特征应用实例 …………… 78
任务六 扫描混合特征 …………… 79
一、扫描混合特征概述 …………… 79
二、创建扫描混合特征 …………… 80
三、扫描混合特征应用实例 …………… 80

项目五 特征编辑 …………… 84
任务一 特征的编辑 …………… 84
一、特征的复制与粘贴 …………… 84
二、特征的镜像与移动 …………… 86
三、减速器箱体实例操作 …………… 87
任务二 特征的阵列 …………… 94
一、尺寸与方向阵列 …………… 94
二、轴阵列与其他阵列 …………… 95

项目六 工程特征创建 …………… 100
任务一 孔特征 …………… 100
一、孔创建工具 …………… 100
二、孔特征创建实例 …………… 102
任务二 壳特征 …………… 104
一、壳创建工具 …………… 104
二、各种壳特征示例 …………… 105
任务三 筋特征 …………… 106
一、筋创建工具 …………… 106
二、筋特征创建实例 …………… 107
任务四 拔模特征 …………… 109
一、拔模特征概述 …………… 109
二、拔模特征创建实例 …………… 109
任务五 圆角特征 …………… 111
一、圆角特征概述 …………… 111
二、倒圆角工具 …………… 111
三、倒圆角特征应用实例 …………… 112
任务六 倒角特征 …………… 113
一、倒角特征概述 …………… 113
二、倒角特征工具 …………… 114

项目七 曲面造型 …………… 116
任务一 曲面设计 …………… 116
一、创建曲面 …………… 116
二、实例操作——灯罩表面造型设计 …………… 127
任务二 曲面编辑 …………… 130
一、偏移、复制、镜像、修剪曲面 …………… 130
二、延伸、加厚、合并、实体化曲面 …………… 134
三、实例操作——卫浴手柄造型设计 …………… 139

项目八 装配设计 …………… 149
任务一 组件装配 …………… 149
一、组件装配概述 …………… 149
二、组件装配方法 …………… 149
任务二 约束 …………… 150
一、匹配约束 …………… 150
二、对齐约束 …………… 151
三、插入约束 …………… 152

四、坐标系约束 …………………… 152
五、相切约束 ……………………… 152
六、直线上的点约束 ……………… 153
七、曲面上的点约束 ……………… 153
八、曲面上的边约束 ……………… 153
九、缺省约束 ……………………… 153
十、固定约束 ……………………… 153
任务三 组件装配工具 ……………… 154
一、上滑面板 ……………………… 155
二、元件显示控制按钮 …………… 156
任务四 组件装配的一般步骤 …… 158
任务五 组件分解 ………………… 158
一、组件分解概述 ………………… 158
二、自动分解视图 ………………… 158
三、自定义分解视图 ……………… 159

项目九 工程图设计 …………………… 161
任务一 工程图环境的基本配置 … 161
一、Pro/E 工程图模块简介 …… 161
二、绘图用户界面 ………………… 161
三、绘图选项设置 ………………… 162
四、绘图模板和格式文件 ………… 164
五、实例操作 ……………………… 164
任务二 创建和定制绘图视图 …… 165
一、一般视图 ……………………… 165
二、投影视图 ……………………… 166
三、详细视图 ……………………… 167
四、辅助视图 ……………………… 168
五、剖视图 ………………………… 168
六、旋转视图 ……………………… 171
七、对视图的操作 ………………… 172
八、实例操作 ……………………… 174
任务三 工程图标注 ……………… 176
一、显示 3D 模型的驱动尺寸 ………………………… 176
二、创建从动尺寸 ………………… 177
三、尺寸整理 ……………………… 178
四、插入注释 ……………………… 182
五、设置几何尺寸公差 …………… 183
六、实例操作 ……………………… 185
任务四 工程图综合实例 ………… 188
一、综合实例一 …………………… 188
二、综合实例二 …………………… 194

参考文献 …………………………… 204

项目一　Pro/E Wildfire 5.0 概述

美国参数技术公司(Parametric Technology Corporation，PTC 公司)的 Pro/ENGINEER(简称 Pro/E)以其参数化、基于特征、全相关等概念闻名于 CAD 界。该软件的应用领域主要是针对产品的三维实体模型建立、三维实体零件的加工、设计产品的有限元分析。Pro/E 是一套由设计至生产的机械自动化软件，是新一代的产品造型系统，是一个参数化、基于特征的实体造型系统。

任务一　Pro/E Wildfire 5.0 特点

Pro/E 是美国 PTC 公司开发的 CAD/CAE/CAM 三维建模软件，支持并行设计。Pro/E Wildfire 5.0 版本更加可用易用，简化了操作，具有进一步操作的提示，操作界面智能化，鼠标功能增强，支持 Web 服务，提高了效率。

三维 CAD/CAM 软件有 UG、Catia、Solidwork、Ideas 等，Pro/E Wildfire 以强大的参数化特征造型功能而著称，广泛用于零件(特别是模具)的造型、装配、仿真等。Pro/E Wildfire 5.0 主要有以下特点。

一、基于特征的三维建模方式

与 AutoCAD 不同的是，Pro/E 进行零件设计是一个基于特征的造型过程，也就是通过各种特征来制造零件。

图 1－1 所示零件模型就是由拉伸(或旋转)、孔、复制、阵列等特征构建的。每一个特征在模型树中均有记载，可方便地对特征进行隐藏、修改或删除，模型的修改非常容易。

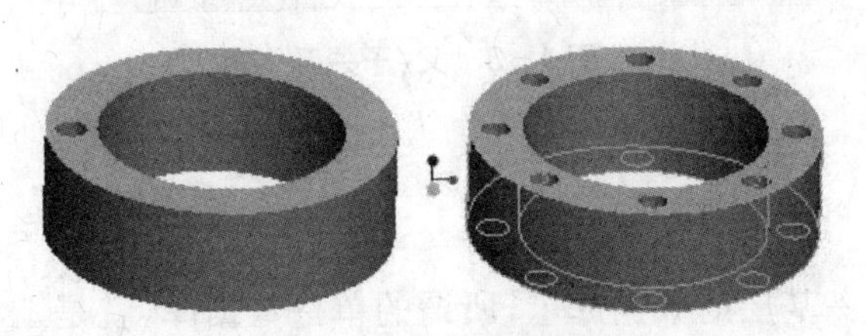

图 1－1　基于特征的模型

特征指一个零件的有形部分，是某个特性，是构成零件的基本元素。特征可分为实体特征、曲面特征、辅助特征和自定义特征等。实体特征有基础特征(拉伸、旋转、扫描、混合等)和附加特征(孔、筋、倒角、倒圆角、抽壳、拔模、唇、管道等)。曲面特征不是实体特征，但可以利用它来生成实体特征。辅助特征就是常说的基准。

二、尺寸驱动

零件和装配件的物理形状由特征属性值来驱动，用户可随时修改特征尺寸或其他属性。即在设计时首先考虑的是零件的形状，而不管具体的尺寸数值，形状确定好后，可以通过修改各个几何元素的相关尺寸的数值来重新生成目标图形。尺寸修改了，模型区中的相应特征立刻发生改变，很直观，如将图1-2中圆柱体的长度改长了，图形区中的圆柱体马上就变长了。每一个尺寸均是一个可变的参数，为修改提供了很大的方便。

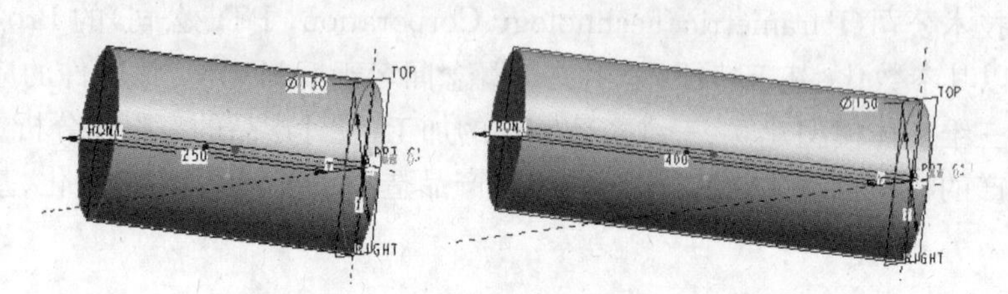

图1-2　尺寸驱动示例

三、参数化设计

Pro/E是采用参数化设计的、基于特征的实体模型化系统，工程设计人员采用具有智能特性的基于特征的功能来生成模型，如腔、壳、倒角及圆角，可以随意勾画草图，轻易改变模型。这一功能特性给工程设计者提供了在设计上从未有过的简易和灵活。

四、父/子关系

如图1-3所示，存在两个特征：实体拉伸（父）和倒圆角（子），修改或删除父特征将相应修改或删除子特征。

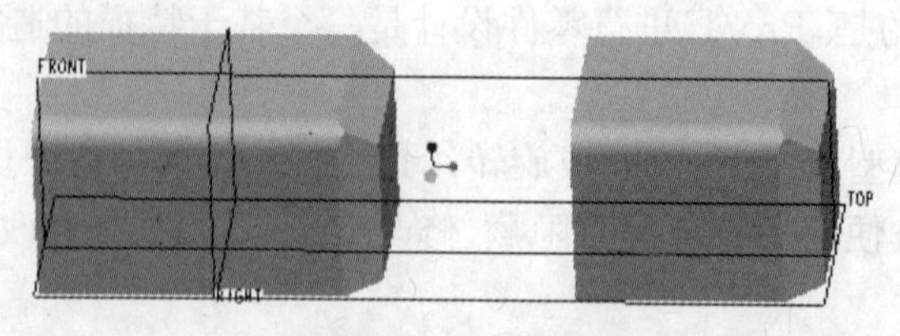

图1-3　父/子关系

五、单一数据库

Pro/E是建立在统一基层的数据库上，所谓的单一数据库，就是工程中的资料全部来自一个库，使得每一个独立用户同时为一件产品造型而工作。在整个设计过程中任何一处发生改动，将反映在整个设计过程的相关环节上。例如，一旦工程详图有改变，数控（numerical control，NC）工具路径也会自动更新；装配工程图如有任何变动，也完全同样反映在整个三维模型上。这种独特的数据结构与工程设计的完整结合使得一件产品的完整设计过程关联成一个整体。这一优点，使得设计更优化，成品质量更高、能更好地推向市场，价格也更便宜。

六、模块化与设计的关联

Pro/E有两类模块:基本模块和扩展模块,如 Pro/E 仿真模块、Pro/E 制造模块、Pro/E工作组数据管理模块和 Pro/E 数据交换模块等,所有模块都建立在一个统一的数据库上。

设计的关联主要表现在全相关(在某阶段所做修改对其他阶段均有效)和参数关系式(可以利用相互关系式来限定相关尺寸的改变,从而保证总有正确的尺寸关系)的应用上。

任务二 Pro/E Wildfire 5.0 中文版使用基础

一、界面介绍

双击桌面上的 Pro/E 图标,启动 Pro/E Wildfire 5.0 进入主工作界面,各功能区的划分如图 1-4 所示。

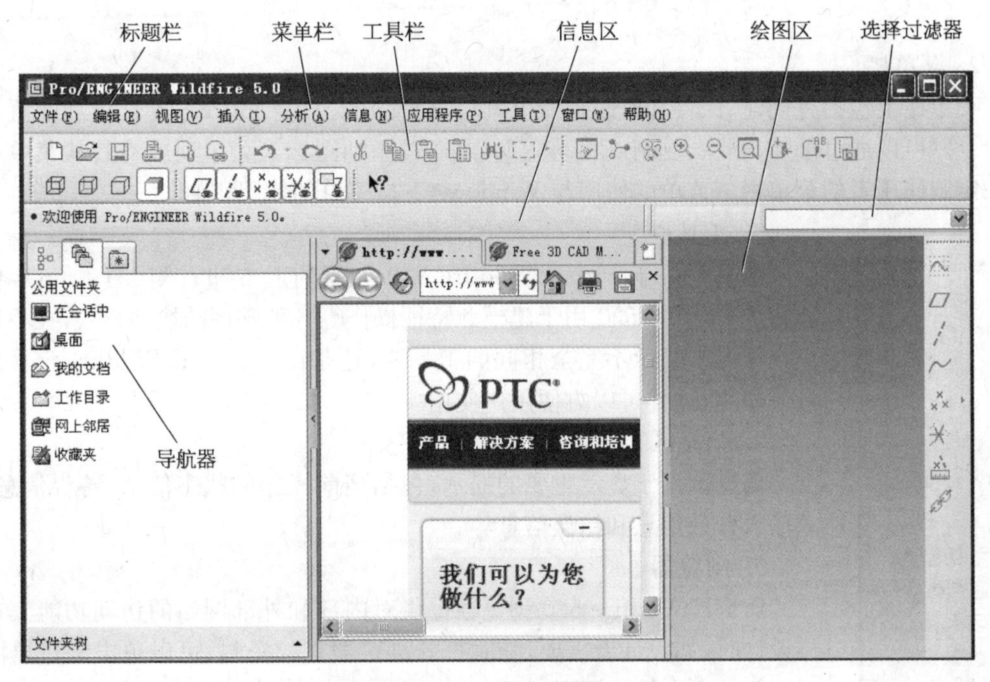

图 1-4 主工作界面

在主工作界面上的菜单栏中选择"文件"→"打开"命令,或单击工具栏中的 图标,打开任意一个文件,可以先初步了解零件模型下的主界面,如图 1-5 所示。

1. 标题栏

标题栏位于主工作界面的顶部,显示打开文件的名称。在标题栏的右端有三个按钮,分别为最小化、最大化和关闭按钮。同样,可以在标题栏上右击打开快捷菜单来选择操作。

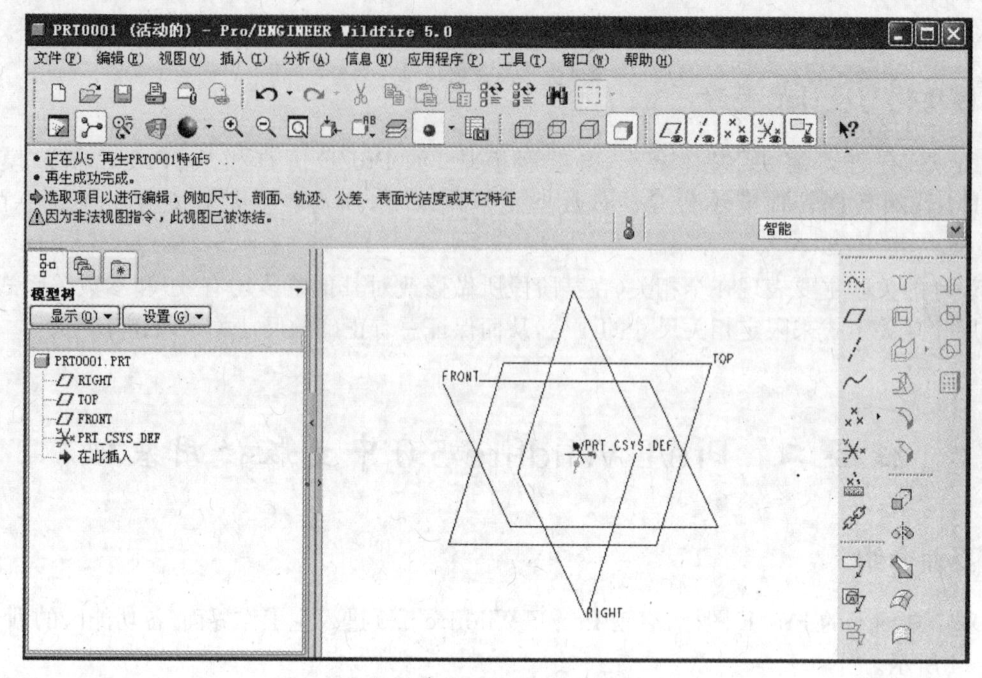

图1-5 零件创建工作界面

2. 菜单栏

菜单栏上包括有创建、保存和修改等命令，以及设置 Pro/E Wildfire 5.0 环境和配置选项的命令。可以通过添加、删除、复制或移动命令，或通过添加图标到菜单项或将其从菜单中除去来定制使用者的菜单栏。菜单的使用与 Windows 下拉菜单的使用相似。

3. 工具栏

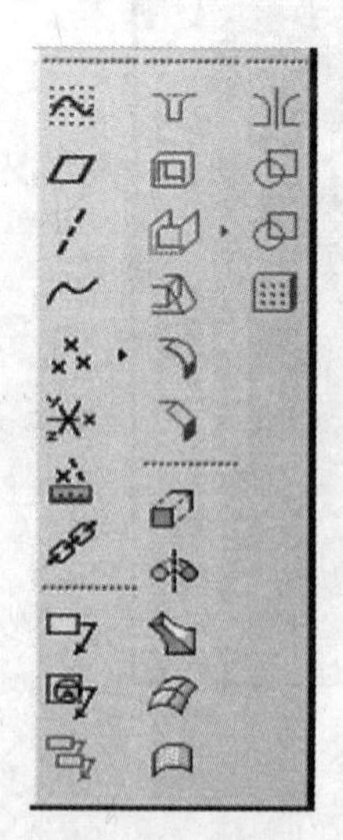

图1-6 特征工具栏

工具栏位于 Pro/E Wildfire 5.0 界面的上方和右侧(图1-6)，包含 Pro/E Wildfire 5.0 用于建模和特征操作等各种常用的快捷方式，在不同的工作模式下显示不完全相同的工具栏，这是由于 Pro/E Wildfire 5.0 具有过滤作用，这样可以方便用户使用。

4. 信息区

信息区用于显示重要的提示，包括当前操作的状态信息、警告信息、要求输入参数信息和错误信息等。

5. 浏览器

Pro/E Wildfire 5.0 浏览器提供对内部和外部网站的访问功能。在进行设计时，如设计者需要，随时打开浏览器查找资料，可以单击浏览器图标区左侧的向右箭头展开；如要关闭浏览器，可以单击向左的箭头，方便易用。

6. 导航器

导航器包括模型树、文件夹浏览器、收藏夹等选项卡，它们之间的切换只需要单击导航器上方相应的选项标签即可，如图1-7所示。

7. 绘图区

绘图区是 Pro/E Wildfire 5.0 最为重要的操作区，用户在此可以对模型进行特征操作及分析等。

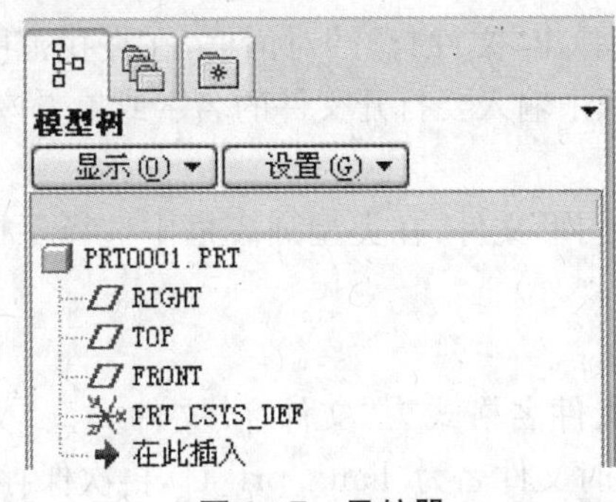

图 1-7 导航器

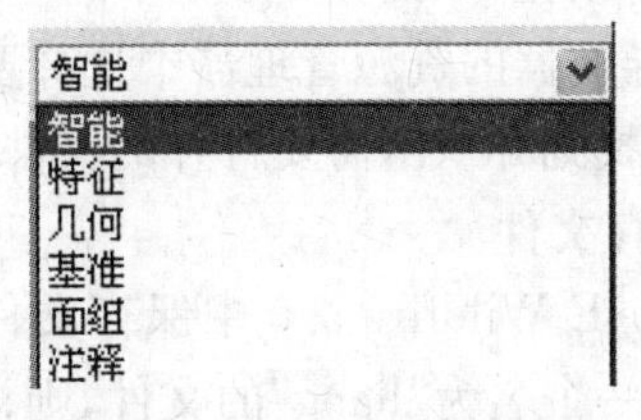

图 1-8 “选择过滤器”面板

8. 选择过滤器

选择过滤器可以为用户提供对选择所需对象进行过滤的功能，其主要作用是帮助用户选择特征、曲面和基准等，面对较为复杂的模型，选择过滤器可以大大降低选择出错率并能够提高设计速度，其面板如图 1-8 所示。

二、图形文件的基本操作

在 Pro/E Wildfire 5.0 中，图形文件的基本操作主要包括新建、打开、保存和关闭等操作。下面将简单介绍各个命令的操作过程。

1. 新建文件

要创建零件，首先必须新建一个文件。在 Pro/E Wildfire 5.0 中，选择“文件”→“新建”命令，弹出如图 1-9 所示对话框，在“新建”对话框中创建新的草绘、零件、组件、制造、绘图、格式、报表、图表、布局、标记或交互文件等，并填写新建文件的名称，不选中“使用缺省模板”复选框，然后单击【确定】按钮。如果选择“零件”，则弹出如图 1-10 所示的“新文件选项”对话框，一定要选择 mmns_part_solid 公制模板。

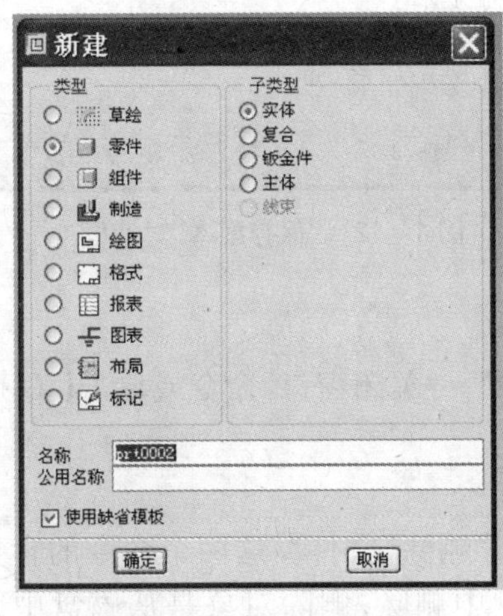

图 1-9 “新建”对话框

图 1-10 “新文件选项”对话框

2. 打开文件

选择"文件"→"打开"命令或单击 按钮，弹出"文件打开"对话框，在查找范围下拉列表框中选择要打开的路径，然后在"文件名"文本框中输入要打开文件的名字或单击该文件，最后单击【打开】按钮即可。

或在导航器的资源管理器中选择要打开的图形文件，在类型列表框中选择要打开文件的类型，然后找到并双击需要打开的文件即可。

3. 保存文件

在 Pro/E Wildfire 5.0 中保存文件时，其文件名格式为"文件名. 文件类型. 文件版本"。例如，创建一个名为"liang"的文件，则初次保存时文件名为"liang. prt. 1"，再次保存该文件时，文件名会变为"liang. prt. 2"。

在 Pro/E Wildfire 5.0 中保存图形文件有以下两种方法：

(1) 选择"文件"→"保存"命令或单击 按钮，弹出如图 1-11 所示的"保存对象"对话框，在查找范围下拉列表框中选择要保存的路径，然后在"模型名称"文本框中输入要保存文件的名字或单击选中已有的文件，最后单击【确定】按钮即可。

(2) 如果要改变保存路径或文件名称，则可以选择"文件"→"保存副本"命令，打开如图 1-12 所示的"保存副本"对话框。在对话框顶部存储路径下拉列表框中选择要保存的路径，然后在"新建名称"文本框中输入要保存文件的名字或保存已有文件，并在"类型"下拉列表框中选择要另存为的文件类型，最后单击【确定】按钮即可。

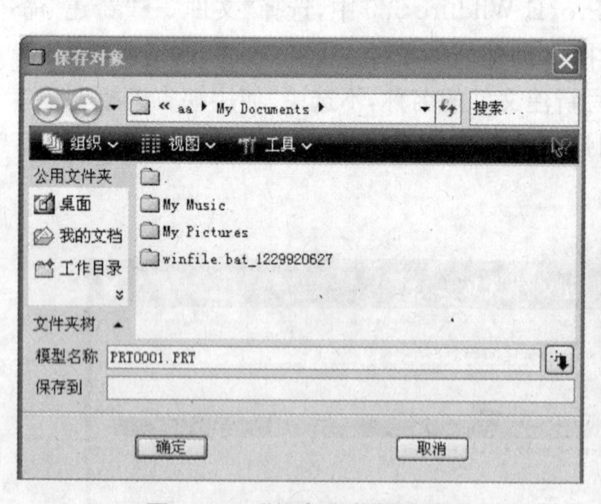

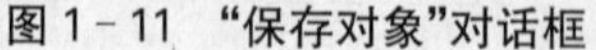
图 1-11 "保存对象"对话框

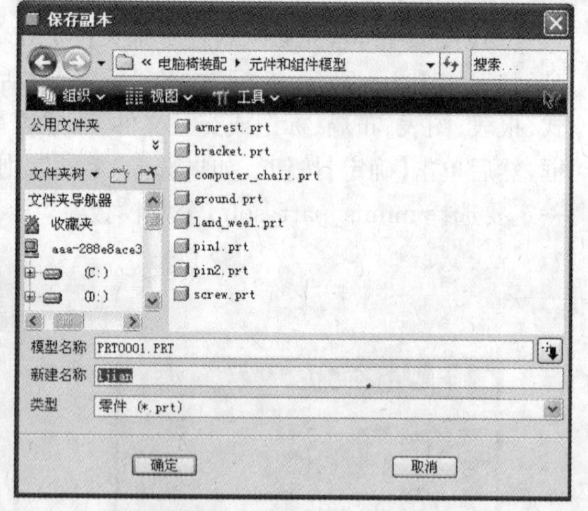

图 1-12 "保存副本"对话框

4. 关闭文件

当完成操作或不需要使用图形文件时，可选择"文件"→"关闭窗口"命令或单击【关闭】按钮即可。

5. 拭除或删除文件

在"文件"菜单下有两个相似的操作命令："拭除"和"删除"文件。这两个命令的含义不同：拭除对象是将对象从内存中删除，但是不能从磁盘中删除；删除对象是从磁盘中删除对象。

6. 重命名

(1) 选择"文件"→"重命名"命令，弹出如图 1-13 所示的"重命名"对话框，并且当前模型的名称出现在"模型"文本框中。

(2) 在"新名称"文本框中输入新文件名。

(3) 选中"在磁盘上和进程中重命名"或"在进程中重命名"单选按钮。

(4) 单击【确定】按钮即可完成重命名操作。

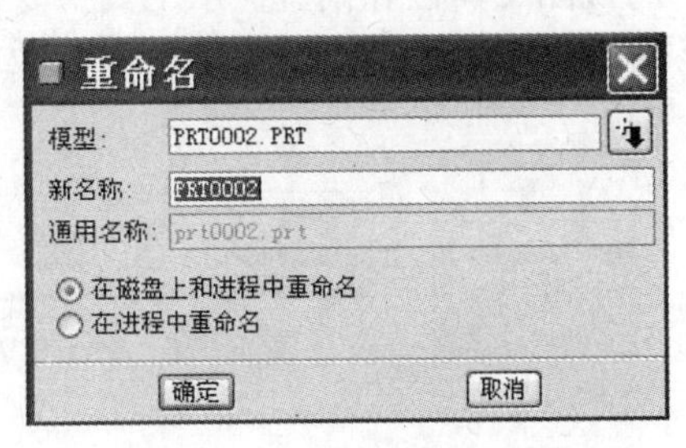

图 1-13 "重命名"对话框

7. *.dxf 工程图文件的输出

进入"绘图"，绘好工程图后，选择"文件"→"保存副本"，如图 1-14 所示，类型选 DXF，可以新建名称，单击【确定】按钮。在图 1-15 中 DXF 版本选择如"2004"，"图元"选项按本图进行选择，注解要选"勾画全部字符"，才能在 CAD 中显示中文。打开"杂项"旁的"属性"可以定义进入 CAD 后线型的颜色。按【确定】按钮，*.dxf 文件将保存于工作目录中。

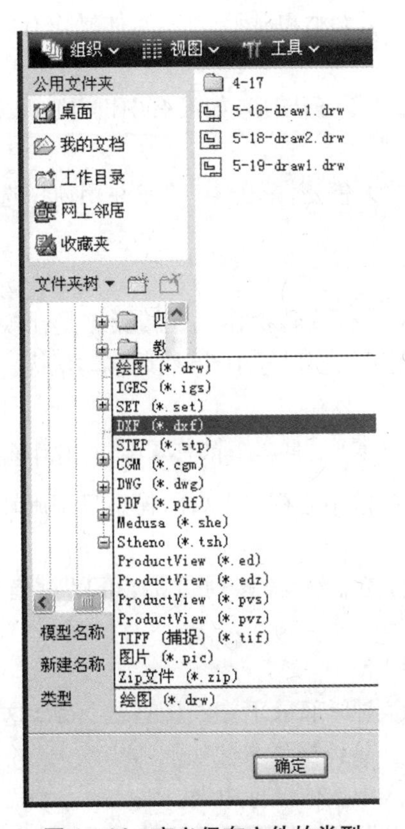

图 1-14 定义保存文件的类型

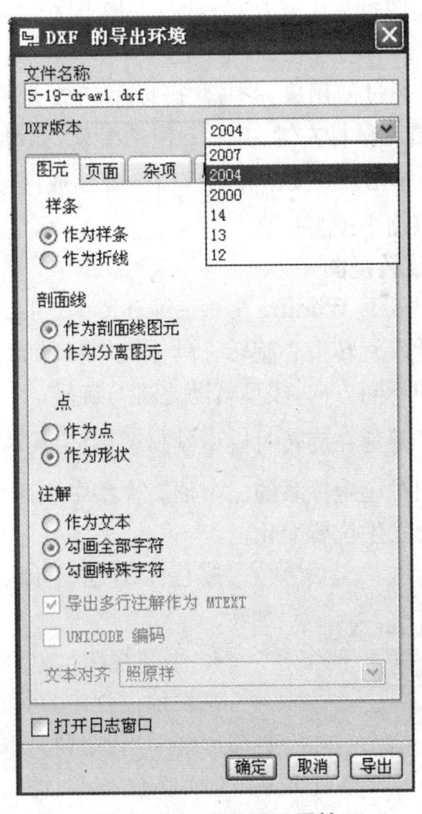

图 1-15 定义图元属性

进入 AutoCAD，打开 *.dxf 文件，可以另存为 *.dwg 文件。

三、控制模型的显示

Pro/E Wildfire 5.0 同样给使用者提供了一系列的显示控制命令，从而让使用者在设计模型时可以从不同角度、不同方式和不同距离来观察模型，如图 1-16 所示为 Pro/E Wildfire 5.0

的视图工具栏和模型显示工具栏。模型显示工具栏提供了模型显示方式的操作命令，而视图工具栏中的各种命令则用来控制模型的显示视角。

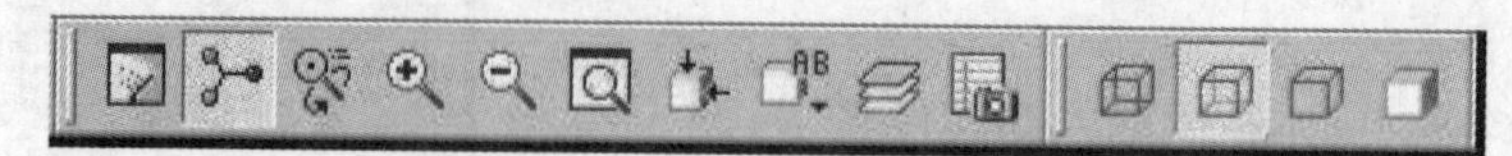

图 1-16　Pro/E Wildfire 5.0 的视图工具栏和模型显示工具栏

1. 重画视图

重画视图是用来刷新图形区。当模型较为复杂时，用户完成操作后，视图或者模型状态没有发生相应的改变时，可以重画视图功能消除所有临时显示信息。重画视图功能重新刷新屏幕，但不再生模型。

选择“视图”→“重画”命令或者单击 按钮，即可完成该操作。

2. 缩放视图

在绘图过程中，需要经常改变模型图形区中的显示大小和显示方向，具体操作有以下几种方法：

(1) 通过使用鼠标中键，可以手工放大或缩小目标几何图形；如没有中键，则可以同时按住 Ctrl 键和鼠标左键，并上下拖动模型，即可缩放模型。

(2) 单击 按钮并用窗口选择缩放区域可以放大模型，单击 按钮并用窗口选择缩放区域可以缩小模型。

3. 旋转视图

在 Pro/E Wildfire 5.0 三维环境中，可以对模型进行旋转操作。旋转操作是让模型围绕鼠标指针或旋转中心旋转。具体操作步骤为：在绘图区按住鼠标中键，然后移动鼠标。随着鼠标移动的不同方向，模型就随之进行旋转。

为了避免在旋转时模型偏出图形区，可以单击“视图”工具栏上的 按钮，其中红、绿、蓝三轴分别对应坐标系的三个轴。模型中央就会出现旋转中心标志，这样，模型只绕旋转中心旋转而不会发生位置变化。

按住 Ctrl 键＋鼠标中键，然后左右移动鼠标，可以对模型进行翻转。

图 1-17　常用视图列表框

4. 平移视图

在设计过程中，可能要观察图形部分不在绘图区的区域，这样就要将图形移动来观察特定的部分。具体操作步骤如下：

(1) 按住 Shift 键，在绘图区中按住鼠标中键。

(2) 在绘图区移动鼠标可以发现图形随鼠标移动出现一条红色的轨迹线，以显示移动轨迹。

(3) 放开鼠标中键即可完成视图移动。

5. 常用视角

单击视图列表按钮中的 按钮，将弹出如图 1-17 所示的列表框，用户从视图中选择适合自己的视角，模型就自动调整为该视角方向。

6. 几何模型的显示方式

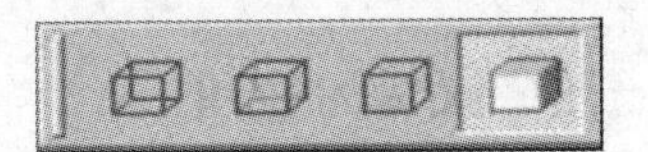
图 1－18 模型的显示方式

在 Pro/E Wildfire 5.0 中提供了四种模型显示方式：着色、无隐藏线、隐藏线和线框。单击“模型显示”工具栏上的显示方式按钮(图 1－18)，可以查看不同的显示效果。

7. 设置零件的颜色

Pro/E Wildfire 5.0 简体中文版系统默认的背景颜色是浅灰色，如果用户不习惯，可以定制自己喜欢的系统界面。具体操作过程如下：

(1) 选择“视图”→“显示设置”→“系统颜色”命令，弹出如图 1－19 所示的“系统颜色”对话框。

(2) 选择“系统颜色”对话框中的“布置”菜单，弹出系统颜色菜单，如图 1－20 所示。

(3) 可在该子菜单中选择自己喜欢的背景颜色方案。

(4) 单击系统颜色对话框中“图形”选项卡左侧的 按钮，弹出“颜色编辑器”对话框，如图 1－21 所示。

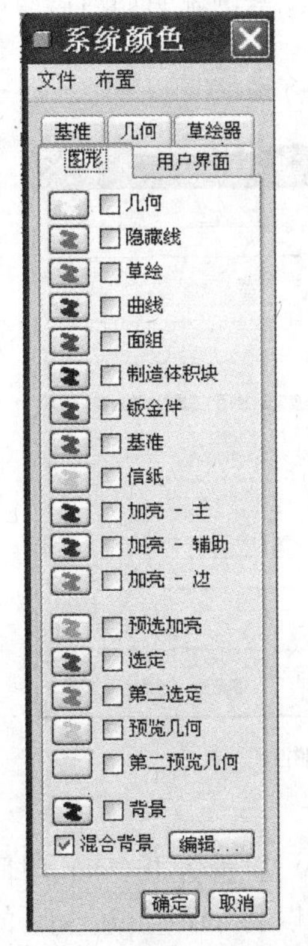

图 1－19 “系统颜色”对话框

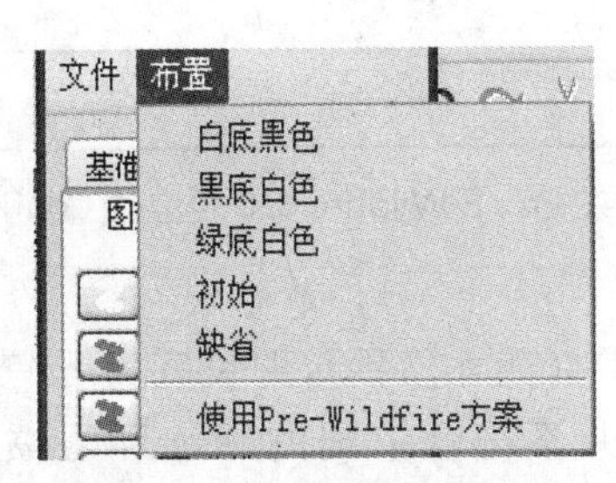

图 1－20 系统颜色菜单

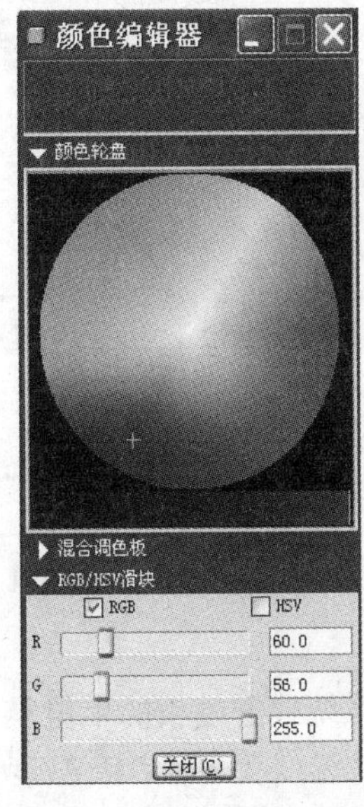

图 1－21 “颜色编辑器”对话框

(5) 在“颜色编辑器”对话框中，可以选择三种不同的颜色设置方式：“颜色轮盘”、“混合调色板”和“RGB/HSV 滑块”。

(6) 设置完毕后，单击【关闭】按钮即可关闭“颜色编辑器”对话框。然后在“系统颜色”对话框中单击【确定】按钮完成系统颜色的设置。

四、鼠标的使用

(1) 旋转:按下鼠标中键并移动鼠标。

(2) 平移:Shift 键+拖动鼠标中键。

(3) 快速缩放:滚动滚轮。

(4) 翻转:Ctrl 键+按下鼠标中键,鼠标左右移动。

五、Pro/E Wildfire 5.0 工作环境的设定

由于 Pro/E Wildfire 5.0 是美国 PTC 公司开发的软件,其中很多标准、单位都不符合中国的使用习惯,而且有些功能要经过配置才能使用,因此需要对 Pro/E Wildfire 5.0 的工作环境进行设定。

选择“工具”菜单中的“环境”命令和“定制屏幕”命令,在弹出的对话框中,用户可依据自己的喜好来设置,有关这方面的内容,可参考相关文献,在此不再详述。

另外一个环境配置的途径是修改 Config 文件。选择“工具”菜单中的“选项”命令,将弹出如图 1-22 所示的窗口,在此窗口中可以修改有关值从而进行配置。举例说明如何修改缺省模板的单位。

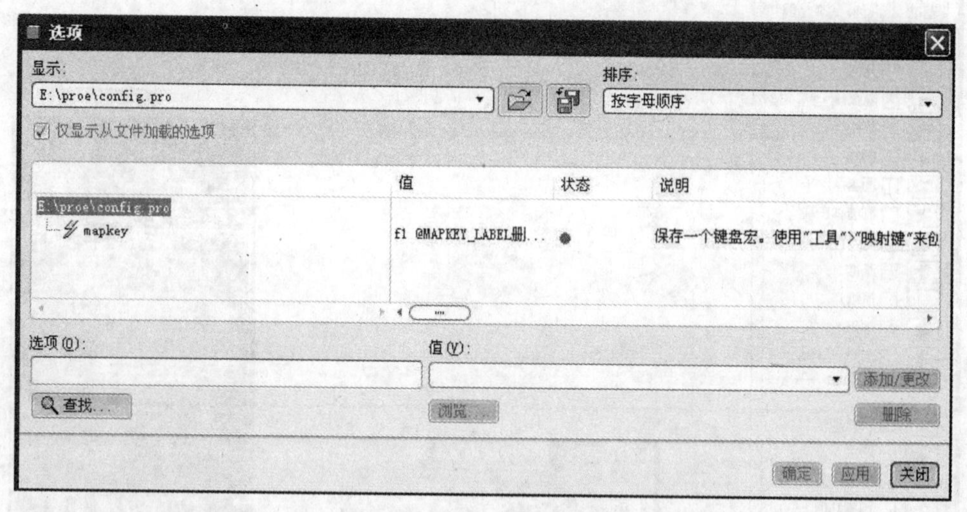

图 1-22 在 Pro/E Wildfire 5.0 中修改 Config 文件

系统缺省模板的单位是 in/lb/s(英寸磅秒),即长度为 in(英寸)、质量为 lb(磅)、时间为 s(秒)、温度为℉(华氏温度),这并不符合中国的标准和习惯,所以将 pro_unit_sys 的值(Value)改为 mmNs,这样每次打开 Pro/E Wildfire 5.0 系统的缺省模板时,单位就变成了国际单位制,即 mm/N/s(毫米牛顿秒)。

思考与练习

1. Pro/E Wildfire 5.0 有哪些主要特点? Pro/E Wildfire 5.0 的建模思想是什么?

2. 举例说明 Pro/E Wildfire 5.0“尺寸驱动”的特点。

3. 举例说明 Pro/E Wildfire 5.0“基于特征创建模型”的特点。

4. 如何保存工程图能在 AutoCAD 里打开?

5. 试设置系统环境的颜色。

项目二　二维草绘设计

草绘设计是零件建模的基础，构成草绘图样的基本要素是几何图形和尺寸，草绘设计时只要绘制基本图元、标注尺寸及进行图元间的关联性约束，就能完成草绘图样设计。本项目主要介绍二维草绘设计基础，基本图元的绘制、尺寸标注和几何约束等内容。

任务一　二维草绘设计基础

一、认识二维草绘设计模式

1. 进入二维草绘设计模式

进入二维草绘设计模式的方法如下：

(1) 选择主菜单“文件”→“新建”命令，或单击 Pro/E 主界面标准工具栏中的图标 ，弹出如图 2-1 所示的“新建”对话框。

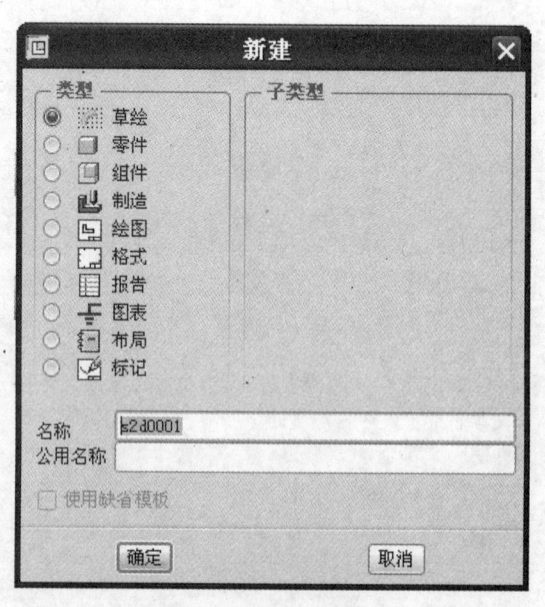

图 2-1 “新建”对话框

(2) 在“新建”对话框的“类型”区域中选择“草绘”，在“名称”文本框中输入所要绘制图形的文件名，单击【确定】，进入草绘工作界面，如图 2-2 所示。

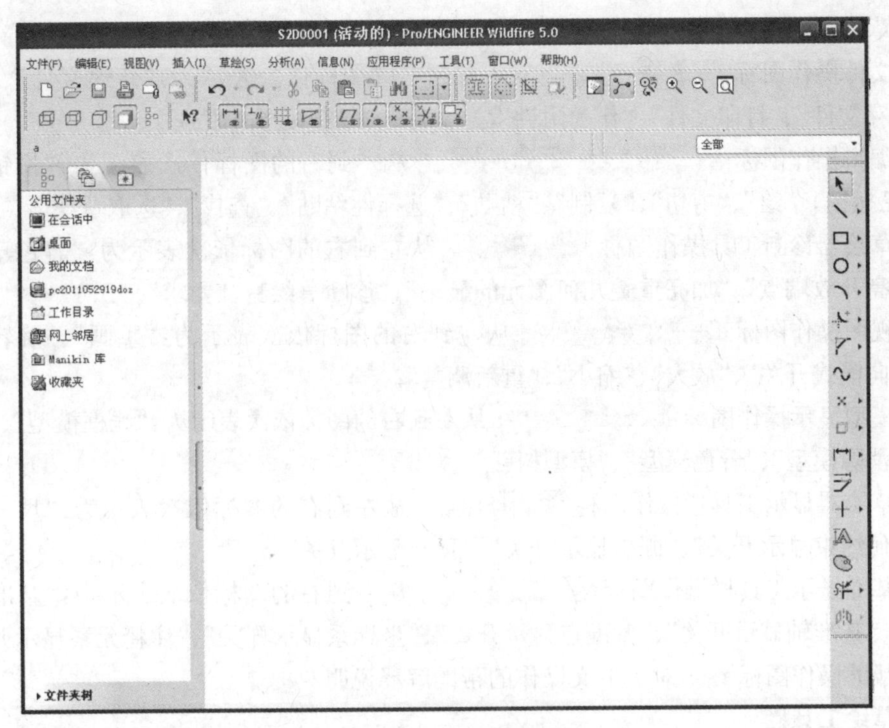

图 2-2 草绘工作界面

在图 2-2 所示的草绘工作界面上，有标题栏、菜单栏、标准工具栏、命令信息解释区、导航工具栏、绘图区和草绘工具栏几个常用部分，这些部分的位置可通过菜单栏“工具”下拉菜单中“定制屏幕”的“定制”对话框中的“工具栏”进行设置或添加(去除)内容，如图 2-3 和图 2-4 所示，设置好后单击【确定】。

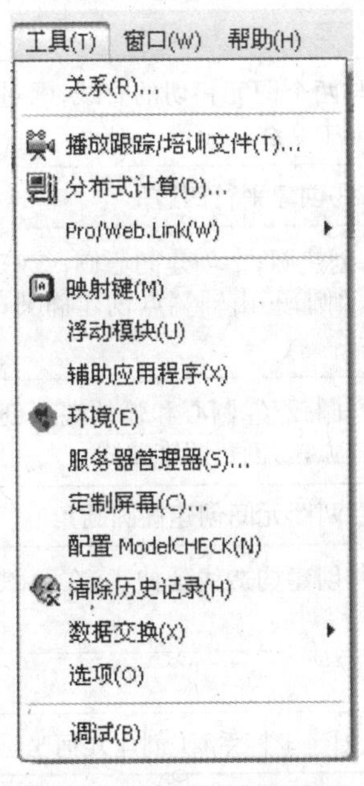

图 2-3 “工具”下拉菜单

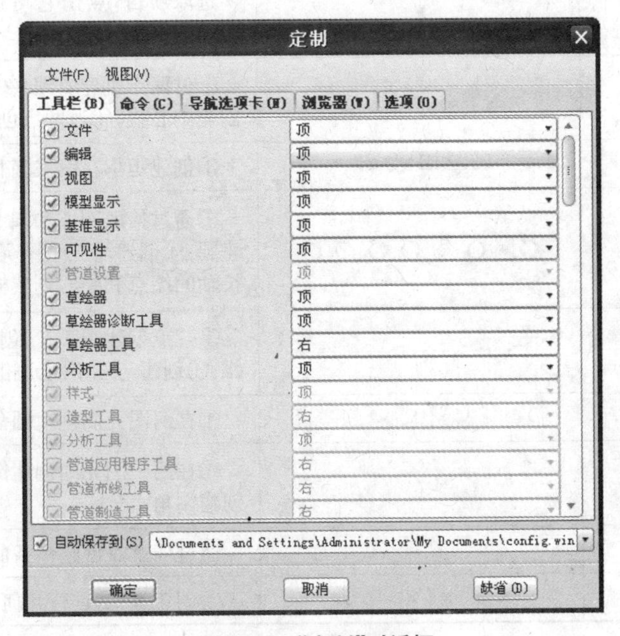

图 2-4 “定制”对话框

2. 草绘设计模式下的标准工具栏

1）文件操作图标  从左到右的图标依次表示为:“新建文件”、“打开文件”、“保存文件”、“打印文件”、“作为附件发送文件”、“以链接形式发送文件”。

2）编辑操作图标  从左到右的图标依次表示为:“撤销草绘”、“恢复(已撤销)草绘”、“剪切”、“复制”、“粘贴”、“选择性粘贴”、“查找”、“选取草绘”。

3）草绘器诊断工具操作图标  从左到右的图标依次表示为:“着色草绘封闭环”、“加亮开放端点”、“加亮重叠几何图元的显示”、“诊断草绘特征要求”。

4）视图操作图标  从左到右的图标依次表示为:“重画”、“旋转中心开关”、“定向模式开关”、“放大”、“缩小”、“重新调整”。

5）模型显示操作图标  从左到右的图标依次表示为:“线框模型”、“隐藏线模型”、“消隐模型”、“着色模型”、“模型树”。

6）草绘器显示工具栏操作图标  从左到右的图标依次表示为:“尺寸显示开关”、“几何约束显示开关”、“栅格显示开关”、“顶点显示开关”。

7）基准显示工具栏操作图标  从左到右的图标依次表示为:“基准平面显示开关”、“基准轴显示开关”、“基准点显示开关”、“坐标系显示开关”、“注释元素显示开关”。

8）帮助操作图标 对上下文操作的帮助解释说明。

3. 草绘工具栏

草绘工具栏设置在草绘界面的绘图区右侧,其中带有 按钮的图标表示还有同类型的草绘工具按钮,单击按钮 ,可以打开其下的按钮,草绘工具栏中图标的功能见表2-1。

表2-1 草绘工具栏中图标的功能说明

序号	草绘工具栏图标及下拉图标	功能说明
1		选取项目,点击它可选取对象,在对象上单击右键,可编辑对象
2		①过两点创建直线;②创建与两个图元相切的直线;③过两点创建中心线;④过两点创建几何中心线
3		①创建矩形;②创建斜矩形;③创建平行四边形
4		①通过拾取圆心和圆上一点创建圆;②创建同心圆;③三点创建圆;④创建与三个图元相切的圆;⑤由轴端点创建椭圆;⑥由长轴的端点和中心创建椭圆
5		①三点创建圆弧;②创建同心圆弧;③圆心和弧的端点创建圆弧;④创建与三个图元相切的圆弧;⑤创建圆锥曲线
6	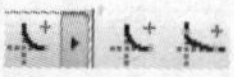	①在两图元间创建圆角;②在两图元间创建椭圆圆角
7		①在两个图元间创建倒角,并创建构造线延伸;②在两图元间创建倒角
8		通过任意点创建样条曲线
9		①创建点;②创建几何点;③创建坐标系;④创建几何坐标系

（续表）

序号	草绘工具栏图标及下拉图标	功能说明
10		①通过边创建图元；②通过偏移创建图元；③通过两侧偏移加厚图元
11	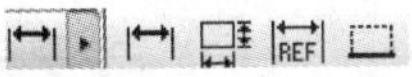	①创建尺寸标注；②创建周长尺寸；③创建参照尺寸；④创建一条纵坐标尺寸基线
12		修改尺寸、样条几何或文本图元
13	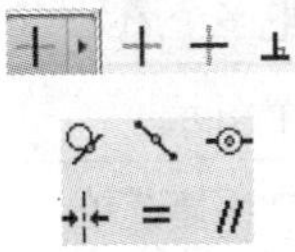	创建几何约束：①使图元竖直；②使图元水平；③使两图元相互垂直；④两图元相切；⑤在线或弧中心放置点；⑥创建相同点；⑦使两点关于中心线对称；⑧创建相等约束；⑨使两条线平行
14		创建文本文字
15		创建调色板
16		①动态修剪图元；②将图元修剪（或延伸）到其他图元或几何；③在选取点的位置处分割图元
17		①对选定图元基线镜像；②对选定的图元进行移动、缩放和旋转

二、Pro/E 草绘环境中的术语

1）图元 指草绘上的任何元素，包括直线、点、圆弧、圆、样条曲线和坐标系等。

2）参照 指草绘截面或者创建轨迹时的基准，包括基准面、基准轴、基准点等。

3）尺寸 特征中各图元之间位置的量度或者图元大小形状的量度。

4）弱尺寸 绘制图元是系统自动标注的尺寸，在没有用户确认的情况下，系统可自动调整其存在与否，在系统界面上以灰色显示。

5）强尺寸 指用户创建的尺寸，软件系统不能自动删除。在系统默认的情况下，以较深的颜色显示。

6）约束 指定义图元之间关系或者图元和参照之间关系的条件。约束定以后会在被约束图元旁边出现相应的约束符号。

7）弱约束 绘制草图时自动产生的约束。在和其他尺寸或约束产生冲突时可以自动删除。在系统默认情况下，弱约束以灰色显示。

8）强约束 使用约束工具产生的约束，在和其他尺寸或约束产生冲突时系统自动弹出对话框，根据提示删除多余尺寸或约束。在系统默认情况下，强约束以较深的颜色显示。

9）参数 草绘中的辅助元素，可以改变其大小。

10）关系 相互关联的尺寸或者参数的等式。

11）冲突 两个强尺寸或强约束产生的矛盾或者多余条件，出现这种情况，必须删除多余的尺寸或者约束。

三、二维草绘设计中的鼠标使用

在二维草绘设计中，为了能快速绘制草图，必须掌握鼠标结合键盘的使用方法。鼠标的操作与功能说明见表 2-2。

表 2-2 鼠标的操作与功能说明表

操 作 方 式	功 能 说 明
单击鼠标左键	选取单个图元
Ctrl 键＋鼠标左键	一次选取多个图元
按住鼠标左键并拖动鼠标	框选多个图元
在选定的图元上单击鼠标右键	打开右键快捷菜单
单击鼠标中键	确认并结束操作
按住鼠标中键并拖动鼠标	在绘图区内任意旋转图元
Shift 键＋鼠标中键并拖动鼠标	在绘图区任意平移图元
滚动鼠标中键滚轮	在绘图区内任意缩放图元

任务二　绘制草绘器的基本图元

二维草绘设计是通过一些基本图元绘制，并进行组合、编辑、修改所形成的截面图。下面对草绘器中基本图元的绘制作介绍。

一、绘制草绘器的基本几何图元

草绘器中的基本几何图元有直线、矩形、圆、圆弧、样条曲线等。这些基本图元的绘制是草绘设计的基础，更是实体建模的关键。

1. 选取项目

1) 单击按钮　在选取过滤器(草绘工具栏上部)时，共有四种选择方式。

(1) 全部：绘图区所有的项目都可以被选中。

(2) 几何：所有的几何图元(直线、矩形、圆、曲线、点、坐标系、文字等)都可以被选中。

(3) 尺寸：所有的标注尺寸都可以被选中。

(4) 约束：所有的约束都可以被选中。

2) 单击鼠标右键　对选取的项目可以利用单击鼠标右键完成快捷菜单的命令。按照过滤器的过滤要求，选中的项目将变为红色，在项目上单击鼠标右键，弹出快捷菜单，则可完成快捷菜单中相应的命令。要多选满足过滤要求的项目时，请按住 Ctrl 键，进行项目的多选。注意：选取项目不同，其快捷菜单的内容不同，如图 2-5 和图 2-6 所示。

2. 绘制直线

在草绘工具栏中有四种绘制直线的操作图标：通过两点创建直线、通过两点创建中心线、

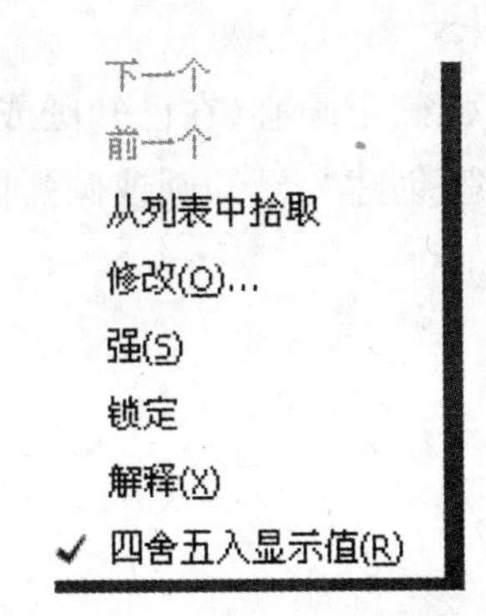

图 2-5　选取尺寸的快捷菜单

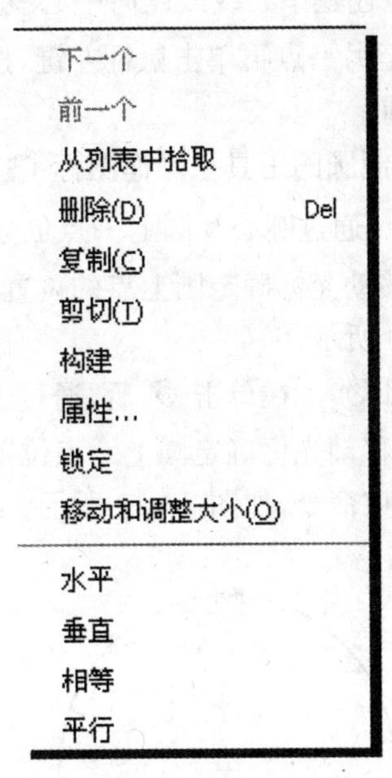

图 2-6　选取直线的快捷菜单

通过两点创建几何中心线，创建与两图元相切的直线。可利用 Pro/E 的默认系统的弱约束创建水平线和垂直线和相互垂直的直线。

1) 过两点创建任意直线　单击图标，在绘图区里单击鼠标左键确定直线的起始点位置，将光标移至另一点再单击鼠标左键确定直线的终止点位置，按中键结束命令，完成直线的绘制。利用弱约束创建相互垂直的直线(约束符号为"⊥")如图 2-7 所示。

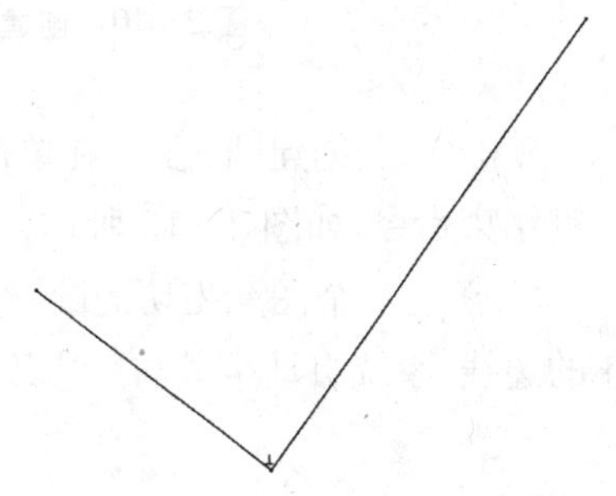

图 2-7　创建直线和相互垂直的直线

2) 创建与两图元相切的直线　单击图标，出现"选取"对话框(图 2-8)，提示用户选择图元及切线的粗略位置，即分别选取图元，在合适的位置单击鼠标左键，按中键结束命令，自动完成切线的绘制。如图 2-9 中与圆弧和圆相切的直线。

图 2-8　"选取"对话框

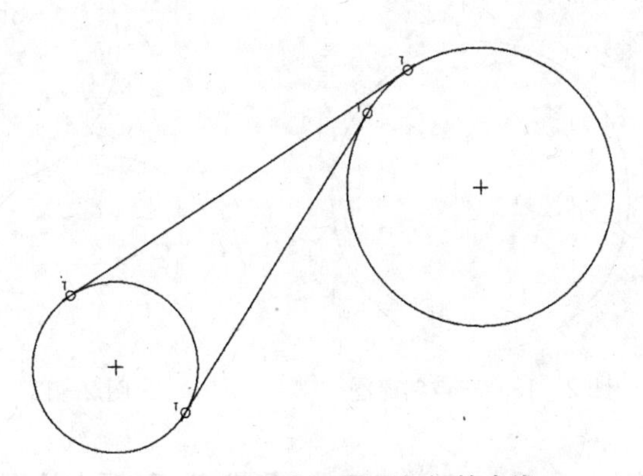

图 2-9　创建与两图元相切的直线

3）过两点创建中心线或几何中心线　单击图标┆或┆，在绘图区任选一点单击鼠标左键，将光标移至另一点再单击鼠标左键，按中键结束命令，完成中心线的创建。

3. 绘制圆

有六种绘制圆的工具栏操作图标，它们创建圆的方法如下：

1）圆　通过圆心和圆上一点创建圆，在单击后，再在绘图区单击鼠标左键确定圆心位置，然后移动光标确定圆上点的位置，单击鼠标左键，最后单击中键结束命令，完成圆的创建，如图 2-10 所示。

2）同心圆　在单击后，通过选取已知圆或圆弧确定圆心（在已知圆或圆弧上单击鼠标左键），再移动光标确定圆上一点位置，单击鼠标左键，创建与已知圆或圆弧同心的圆，最后单击中键结束命令，如图 2-11 所示。

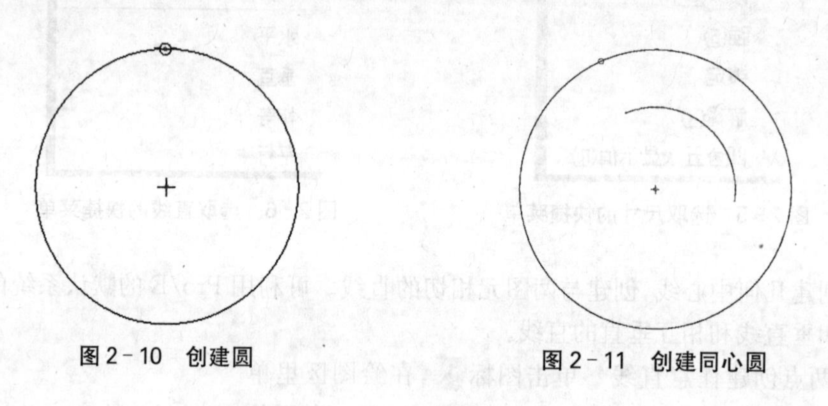

图 2-10　创建圆　　图 2-11　创建同心圆

3）三点创建圆　在单击后，再在绘图区单击三点，系统自动生成圆，最后单击中键结束命令，如图 2-12 所示。

4）与三个图元相切的圆　在单击后，再在绘图区依次拾取与之相切的三个图元的边线，系统自动生成与三边线相切的圆，最后单击中键结束命令，如图 2-13 所示。

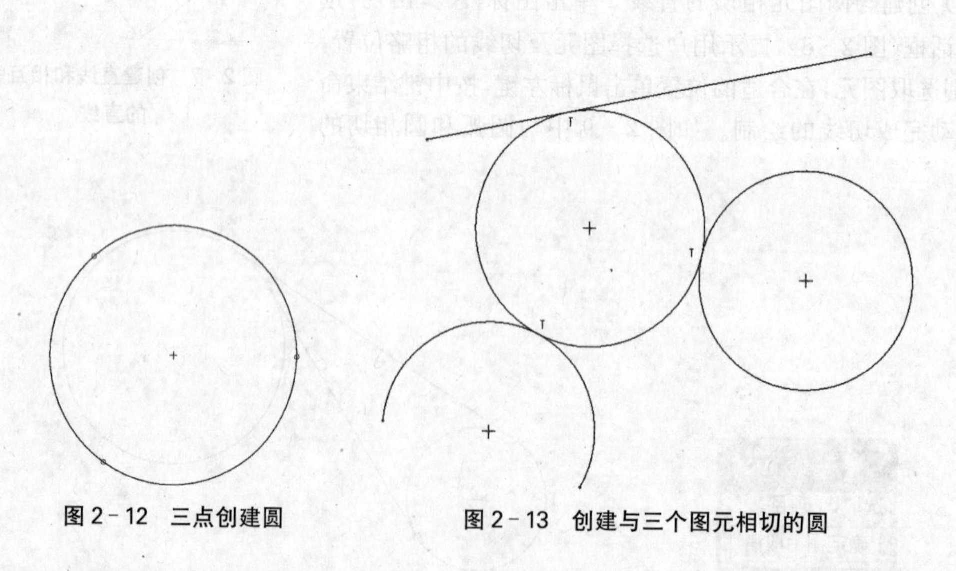

图 2-12　三点创建圆　　图 2-13　创建与三个图元相切的圆

5）椭圆　在单击单击或后，再在绘图区单击拾取椭圆长轴两个顶点或单击选取椭圆中心和长轴的一个顶点，然后移动光标确定椭圆上的任意点，系统自动生成椭圆，最后单击中键结束命令，如图 2－14 所示。

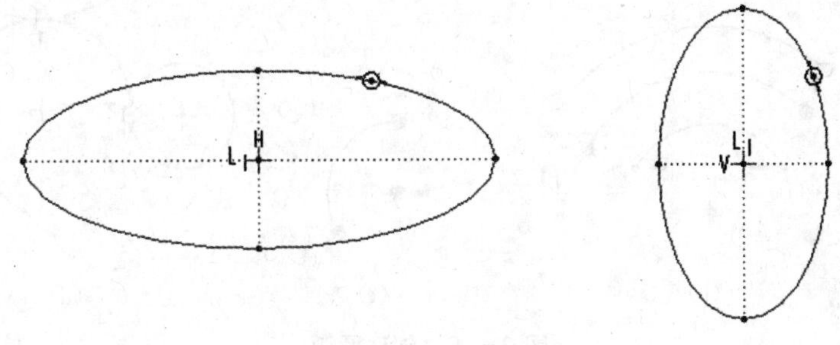

图 2－14　创建椭圆

4. 绘制矩形

根据草绘工具栏的图标，可绘制矩形、斜矩形和平行四边形三种图样，其绘制方法如下：

1) 矩形　单击图标，在绘图区拾取两点作为矩形的左下角点和右上角点，再单击中键结束命令，完成矩形的绘制，如图 2－15a 所示。

2) 斜矩形　单击图标，在绘图区拾取两点，确定矩形的一条边(长度)，然后再移动光标，拾取第三个点确定另一条边(宽度)，最后单击中键结束命令，完成斜矩形的绘制，如图 2－15b 所示。

3) 平行四边形　单击图标，在绘图区拾取三个点(不在一条直线上)，系统会自动生成平行四边形，再单击中键结束命令，如图 2－15c 所示。

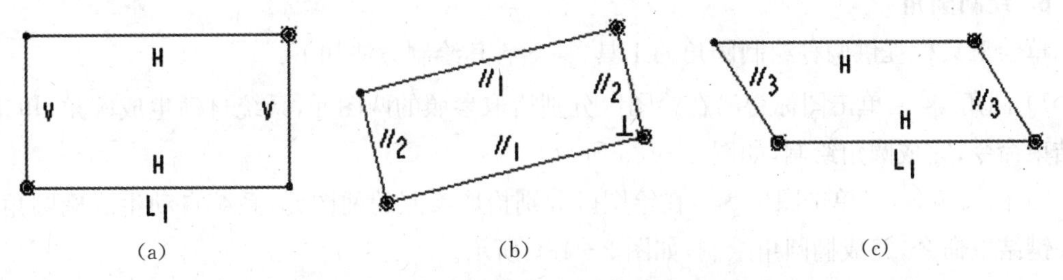

(a)　(b)　(c)

图 2－15　矩形、斜矩形、平行四边形的绘制

5. 绘制圆弧

草绘工具栏提供五种圆弧绘制图标，其绘制方法如下：

1) 三点创建圆弧　单击图标，在绘图区拾取一点作为圆弧的起始点，拾取下一点作为圆弧的终止点，再拾取一点作为弧上任意点，单击中键结束命令，完成圆弧的绘制，如图 2－16a 所示。

2) 同心圆弧　单击图标，在绘图区选取已知圆弧确定圆心，移动光标拾取两点作为圆弧的起始点和终止点，单击中键结束命令，完成同心圆弧的绘制，如图 2－16b 所示。

3) 圆心、两端点圆弧　单击图标，在绘图区拾取一点作为圆心，再拾取两点作为圆弧的起始点和终止点，单击中键结束命令，完成圆弧的绘制，如图 2－16c 所示。

4) 与三图元相切的圆弧　单击图标，在绘图区先选取两个参考图元作为圆弧的起

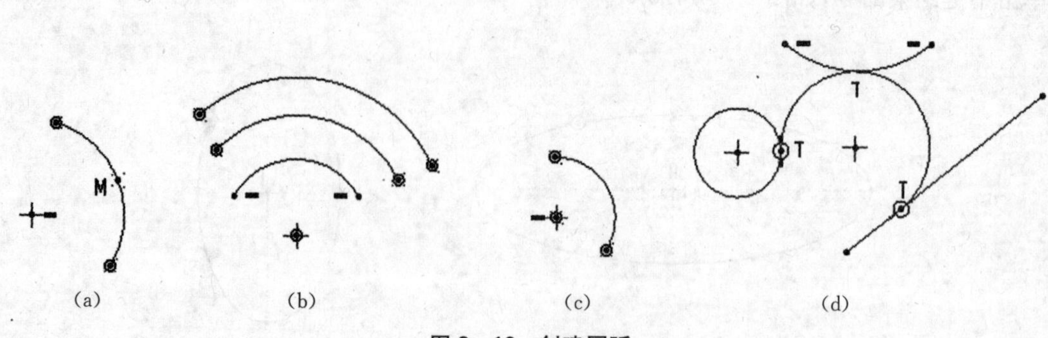

图 2-16 创建圆弧

始点和终止点所在的图元，再选取第三个参考图元，系统会自动生成圆弧，单击中键结束命令。注意：选取图元的顺序不同，得到的圆弧不同，如图 2-16d 所示。

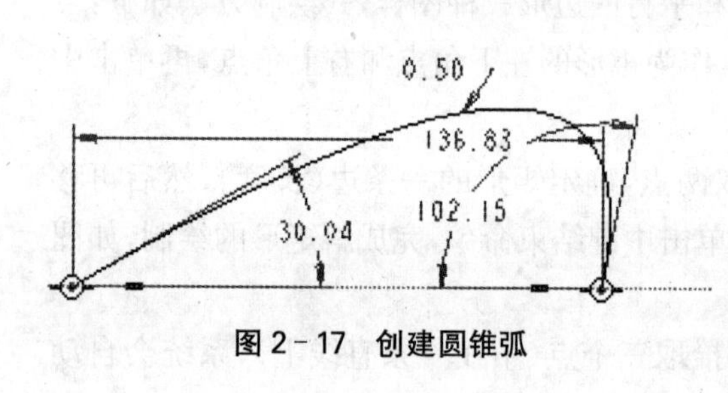

图 2-17 创建圆锥弧

5) 圆锥弧 （二次曲线） 单击图标 ，在绘图区拾取一点作为圆锥弧的起始点，再拾取一点作为圆锥弧的终止点，最后拾取一点作为确定圆锥弧形状的点，单击中键结束命令，完成圆锥弧的绘制。圆锥弧主要由起始点、终止点的斜率和 *RHO* 值控制其形状。*RHO*=0.5，曲线为抛物线，此处提供的圆锥弧就为抛物线，如图 2-17 所示。

6. 绘制圆角

草绘工具栏提供两种绘制圆角的工具 ，其绘制方法如下：

1) 圆角 单击图标 ，在绘图区分别拾取参照的两图元，系统自动生成圆角，单击中键结束命令，完成圆角绘制，如图 2-18a 所示。

2) 椭圆角 单击图标 ，在绘图区分别拾取参照的两图元，系统自动生成椭圆角，单击中键结束命令，完成椭圆角绘制，如图 2-18b 所示。

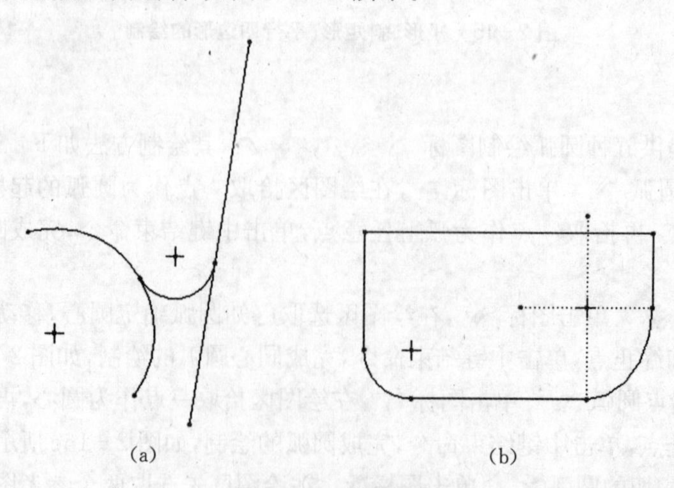

图 2-18 创建圆角

7. 绘制倒角

草绘工具栏提供两种绘制倒角的工具，其绘制方法如下：

1) 倒角　单击图标，在绘图区分别拾取参照的两图元，系统自动生成倒角，并创造构造线延伸，单击中键结束命令，完成倒角绘制，如图 2－19a 所示。

2) 倒角　单击图标，在绘图区分别拾取参照的两图元，系统自动生成倒角，单击中键结束命令，完成倒角绘制，如图 2－19b 所示。

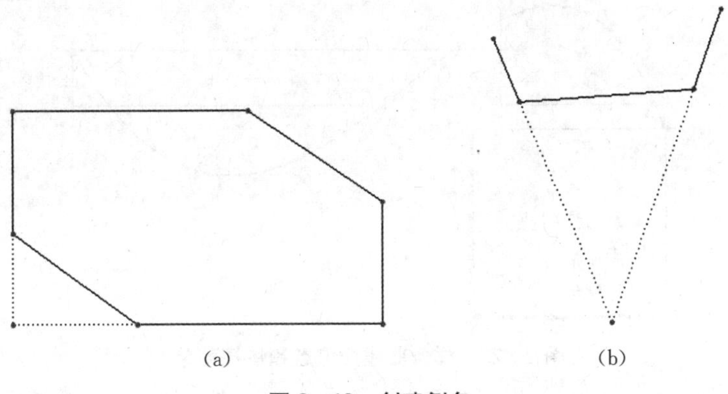

图 2－19　创建倒角

说明：创建圆角和创建倒角的两参照图元不一定要相交。

8. 绘制点、参照坐标系

草绘工具栏提供绘制点和参照坐标系的方法有，其创建方法几乎相同，单击所选工具图标，在绘图区拾取一点作为点或坐标原点的位置，单击中键结束命令，完成点和参照坐标系的绘制。在三维建模中创建点和参照坐标系是经常使用的，作为定位的辅助工具。

9. 绘制样条曲线

1) 样条曲线的绘制　样条曲线是多个点所形成的光滑曲线，单击图标，在绘图区拾取曲线通过的点，单击鼠标中键结束命令，完成样条曲线的绘制，如图 2－20 所示。

2) 样条曲线的编辑　对样条曲线进行修改可通过选取样条曲线，然后通过以下三种方式：①选择主菜单“编辑”→“修改”命令；②单击草绘工具栏操作图标；③单击鼠标右键，弹出快捷菜单，如图 2－21 所示，点击“修改”。在主视区弹出样条曲线的编辑操控板，如图 2－22 所示。

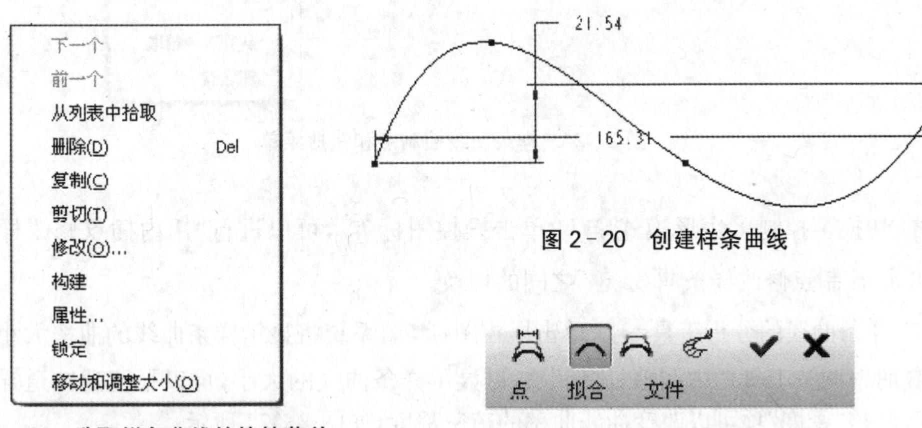

图 2－20　创建样条曲线

图 2－21　选取样条曲线的快捷菜单

图 2－22　样条曲线编辑操控板

操控板上各操控图标编辑说明如下：

(1) 用内插点修改样条曲线。单击操控图标，系统将显示样条曲线的插值点，即形成样条曲线的各点，选择其中任意点，按住鼠标左键不放，移动鼠标即可改变插值点的位置，从而改变样条曲线的形状和位置。单击鼠标右键，弹出快捷菜单，如图2-23所示，可添加点、删除点。

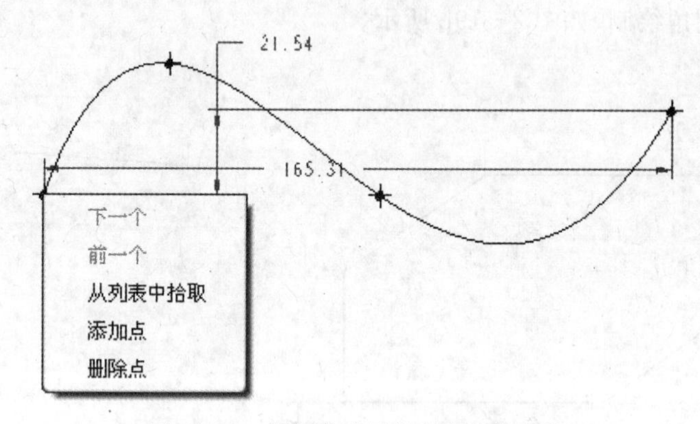

图2-23 样条曲线插值点和快捷菜单

(2) 用控制点修改样条曲线。单击操控图标，系统将显示样条曲线的控制点，选择其中任意控制点，按住鼠标左键不放，移动鼠标即可改变控制点的位置，从而改变样条曲线的形状和位置。在控制点的多边形位置上单击鼠标右键，弹出快捷菜单，如图2-24所示，可删除点。

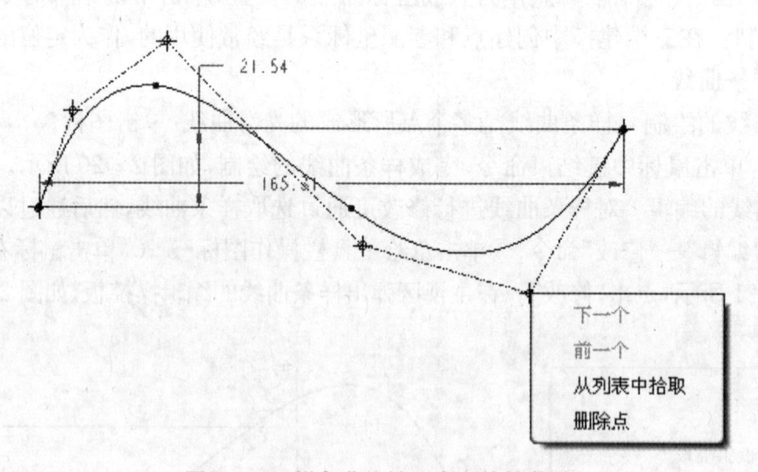

图2-24 样条曲线控制点和快捷菜单

(3) 切换至控制多边形模式。单击操控图标，可以进行“用内插点修改样条曲线”和“用控制点修改样条曲线”之间的切换。

(4) 样条曲线的分析工具。单击操控图标，系统将显示样条曲线的曲率大小和疏密程度，在曲率调整工具栏中调整“比例”项，可显示样条曲线的大小，可以很清楚知道样条的光滑程度，调整“密度”项可以改变曲线曲率的疏密程度，如图2-25所示。

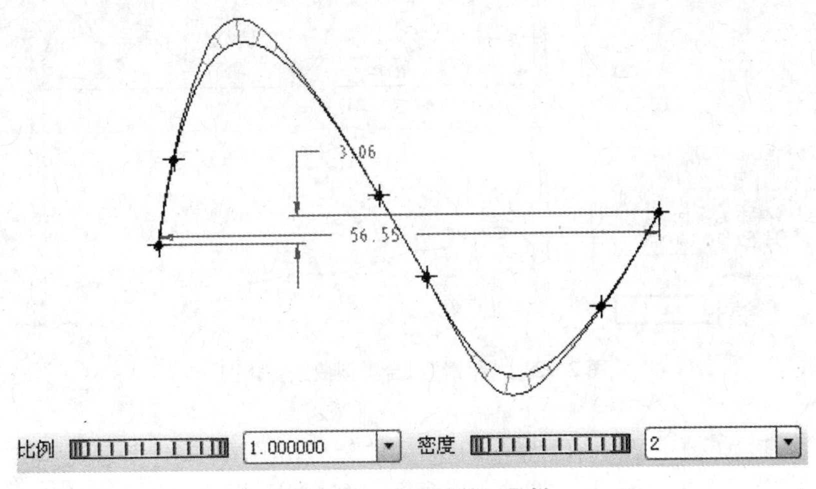

图 2－25　曲率调整工具栏

(5) 操控图标“点”。单击图标“点”，出现点的上滑面板如图 2－26 所示，这是表示样条上点的坐标情况的控制板，坐标值参照是指点的坐标在何坐标系下，选择“草绘原点”，则点的坐标值为绝对坐标值，与参照坐标系无关；选择“局部坐标系”，则点的坐标是以当前选定参照坐标系为基准的坐标值。

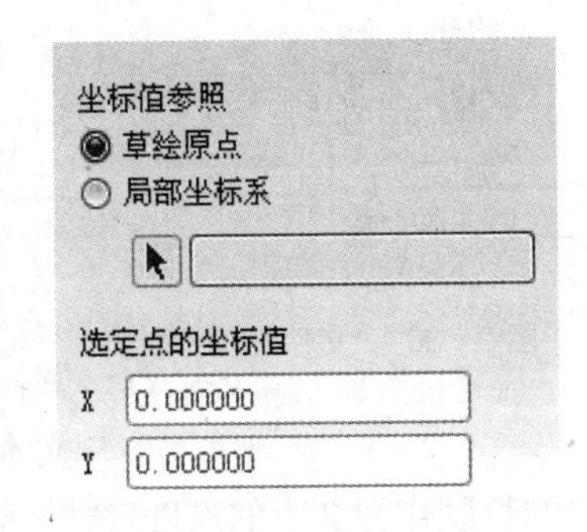

图 2－26　“点”上滑面板

(6) 操控图标“拟合”。单击图标“拟合”，系统弹出“拟合”上滑面板如图 2－27 所示，其中拟合类型为“稀疏”和“平滑”两种。选择“稀疏”，则在“偏差”文本框中输入偏差值，回车，则系统将通过降低样条曲线点的数量来生成新的样条曲线，新生成的样条曲线与原样条曲线的最大误差在所设定的偏差之内。如图 2－28 所示为偏差值为“3”的样条曲线拟合变化图。选择“平滑”，则在“零星点”（又称奇数点）文本框中输入平均值的奇数数目，从而使曲线平滑化，如图 2－29 所示为零星点数为“6”的样条曲线拟合变化图。

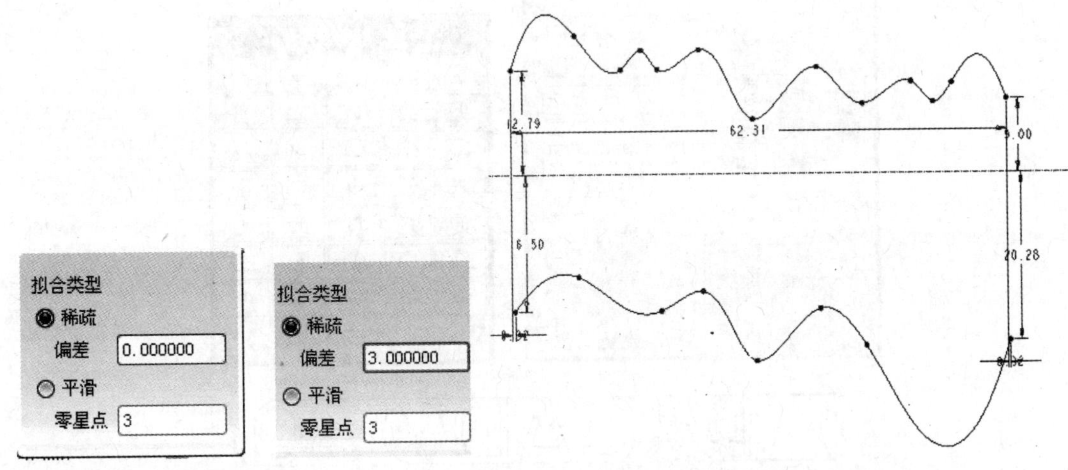

图 2－27　“拟合”上滑面板

图 2－28　“稀疏”拟合类型曲线变化图

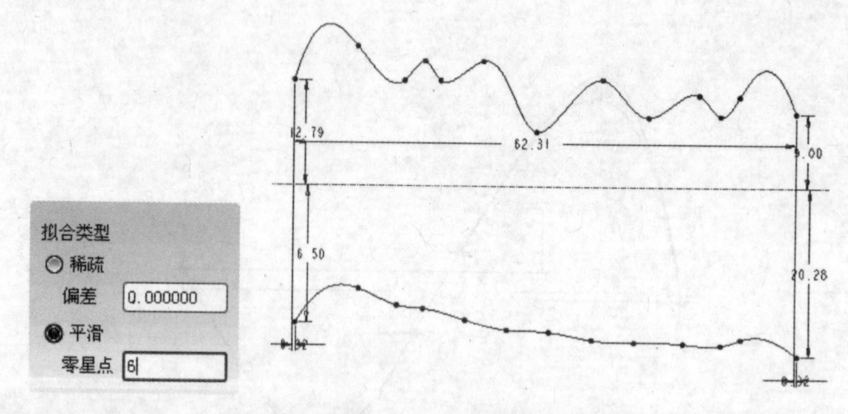

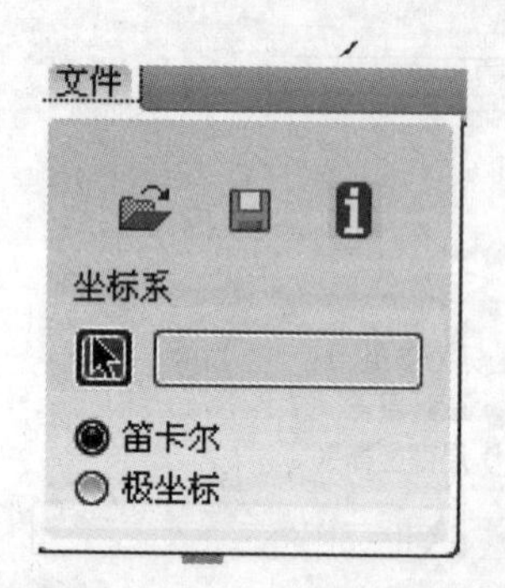

图 2-29 "平滑"拟合类型曲线变化图

(7) 操控图标"文件"。单击图标"文件",系统弹出"文件"上滑面板,如图 2-30 所示,可进行读入、储存、显示点坐标值的文件等处理工作,这些选项内设为灰色,无法使用。要使用此项的功能,先建立一个截面坐标系,并以此坐标系来标注样条尺寸。由于使用该功能很少,此处不作阐述。

图 2-30 "文件"上滑面板

二、创建文本

文本在绘制草图时,多用来添加注释。在草绘工具栏中操作图标为 。单击图标 ,命令信息栏提示"选择行的起始点,确定文本的高度和方向",在绘图区拾取一点,并以此点绘制直线,直线的长度作为文字的高度,线的角度代表文字方向,完成确定以后,出现"文本"对话框,在"文本行"文本框中输入显示的文字,如需特殊文本符号,单击"文本符号",弹出"文本符号"图,有各种特殊的文本符号可供选用。在"字体"下拉列表中选择字型,在"长宽比"文本框中输入文字的长宽比例,在"斜角"文本框中输入文字的倾斜角度,创建的文本如图 2-31 所示。如选择

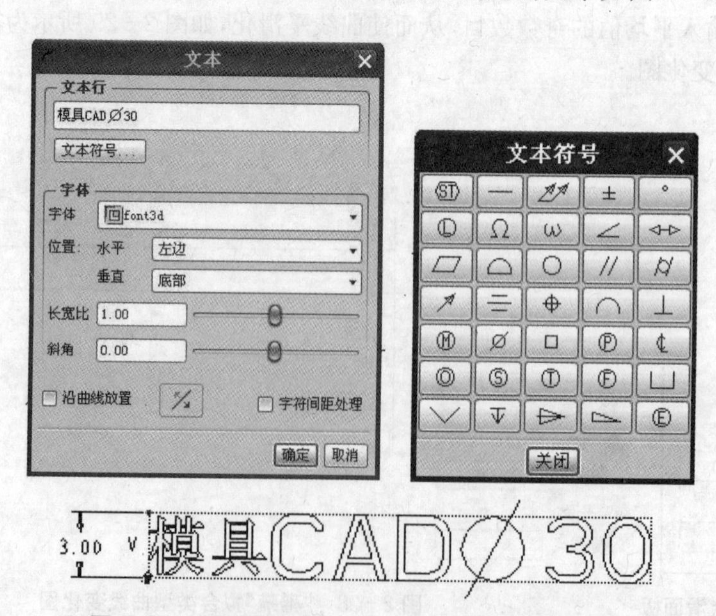

图 2-31 "文本"对话框、"文本符号"图和创建的文本

“沿曲线放置”复选框，可以使文字按指定曲线方向排列，其位于曲线的上、下方向可以通过选取该复选框来实现，文本对话框及创建的文本如图 2-32 所示。

图 2-32　创建沿曲线放置文本的“文本”对话框及创建的文本

文本的修改，可以通过双击已有文本或选取文本，单击 ，弹出“文本”对话框，对文本进行修改。

三、调色板的使用

调色板在草绘工具栏中的操作图标为 ，单击图标 ，弹出如图 2-33a 所示的“草绘器调色板”对话框，其中有多边形、轮廓、形状、星形等特殊图形可供选用，双击选择的图形，然后在绘图区拾取放置位置，弹出如图 2-33b 所示的“移动和调整大小”对话框，设置比例和旋转角度即可。每个图形中有一个基本参数值为“1”，根据实际需要选择缩放比例即可获得所需图形。例如图 2-33c 所示的比例及图形，该图形中间小圆半径为“2”，缩放后为“4”。

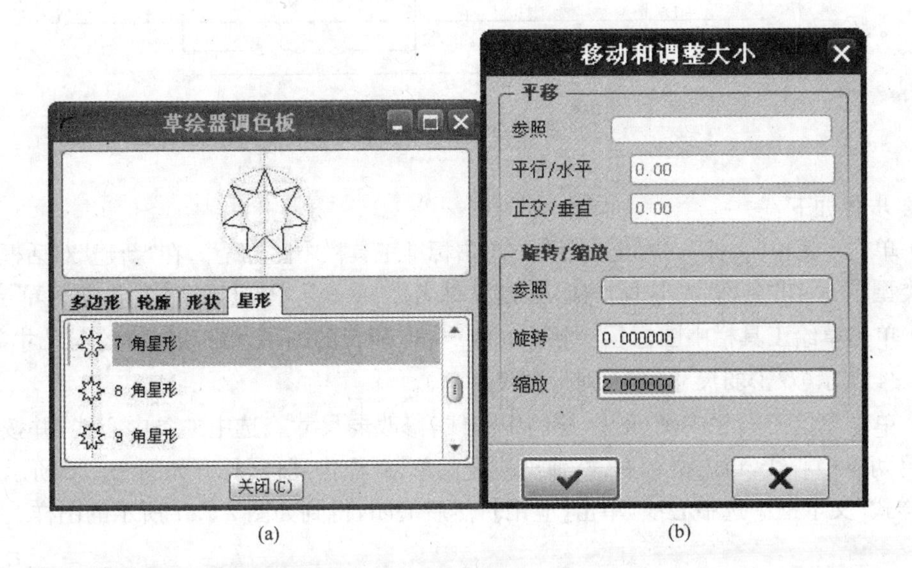

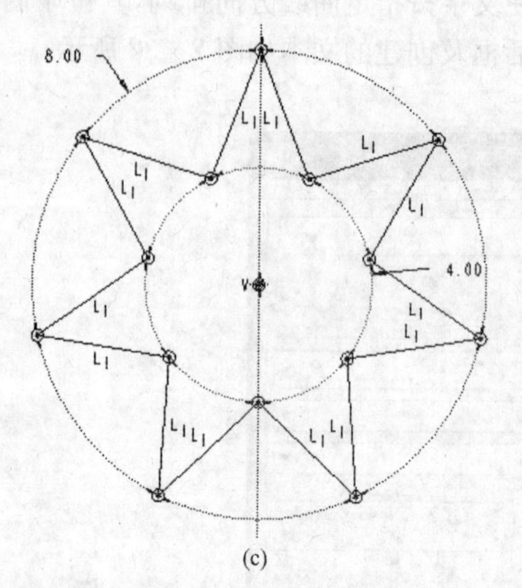

图 2-33 “草绘器调色板”对话框、“移动和调整大小”对话框及绘制的图形

四、实例操作

绘制如图 2-34 所示 2D 截面图(不标注,不进行强约束,可利用系统的弱尺寸和弱约束完成图样,双击系统自动呈现的弱尺寸,修改成图中对应尺寸即可)。

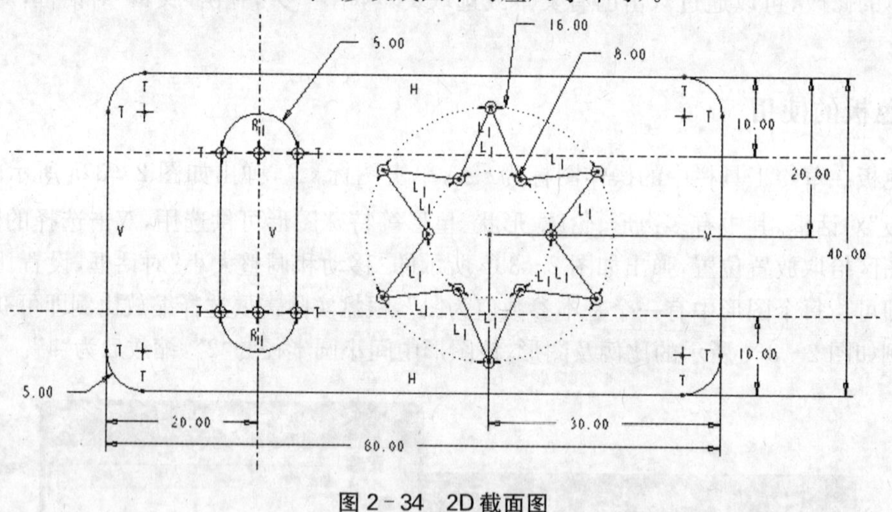

图 2-34 2D 截面图

主要步骤如下:

(1) 单击主菜单“文件”→“新建”命令或单击标准工具栏中图标,在“新建”对话框中选择“草绘”类型,然后在“名称”文本框中输入新建文件名称“sect1”,单击【确定】按钮,进入草绘模式。

(2) 单击草绘工具栏中图标,绘制如图 2-35 所示的图形。修改对应的弱尺寸,修改后如图 2-34 所示(双击弱尺寸,修改对应的尺寸值)。

(3) 单击草绘工具栏中图标,绘制中心线,修改弱尺寸。选中一条中心线,并按住 Ctrl 键选取另两条中心线,单击鼠标右键,弹出快捷菜单,并点击属性,打开如图 2-36 所示的对话框,在“样式”文本框中选中心线,单击【应用】,然后关闭,得到如图 2-37 所示的图样。

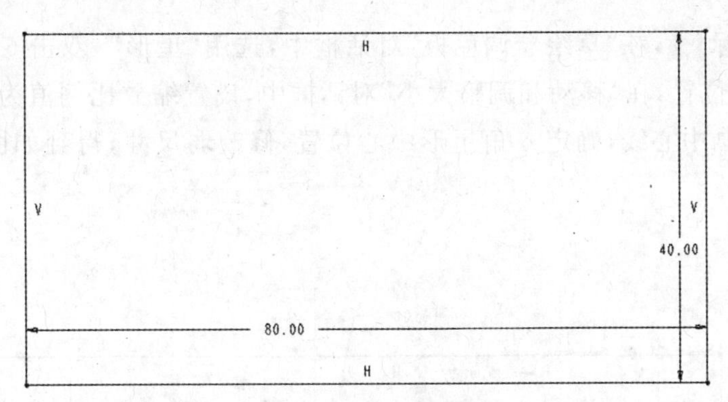

图 2 - 35　绘制矩形

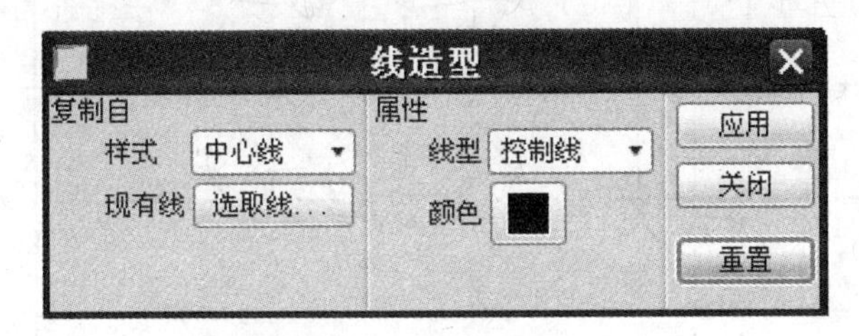

图 2 - 36　中心线"线造型"对话框

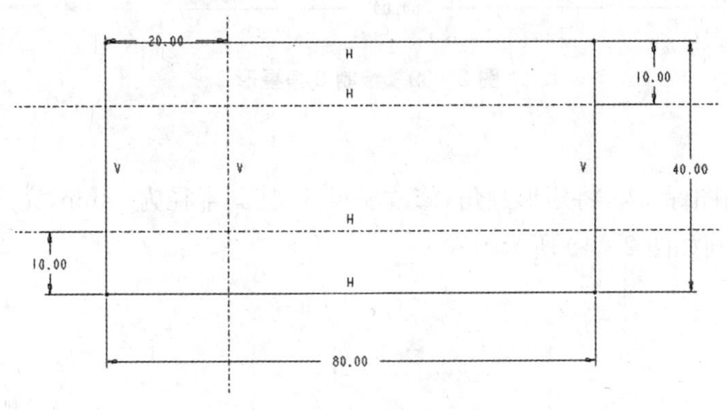

图 2 - 37　绘制中心线

(4) 利用圆弧 和直线 命令，绘制如图 2 - 38 所示的图样，并修改弱尺寸。

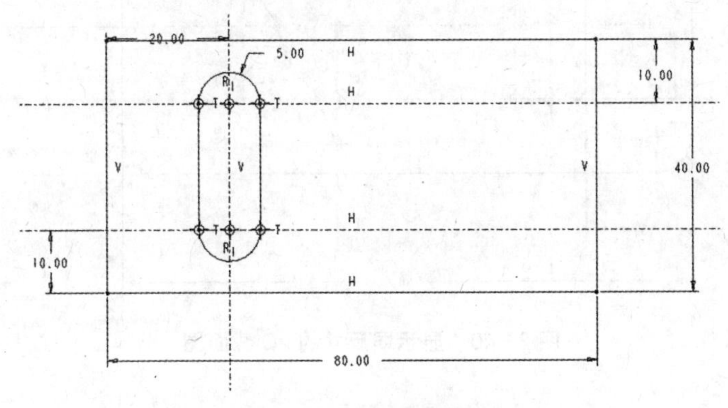

图 2 - 38　绘制圆弧和直线

(5) 单击图标 ，在“草绘器调色板”对话框中，选用“星形”，双击 6 角星形，然后在绘图区拾取放置位置，在“移动和调整大小”对话框中，设置缩放比例值为“4”即可。利用直线命令 ，补画中心线，确定 6 角星形中心位置，修改弱尺寸，得到如图 2-39 所示的图形。

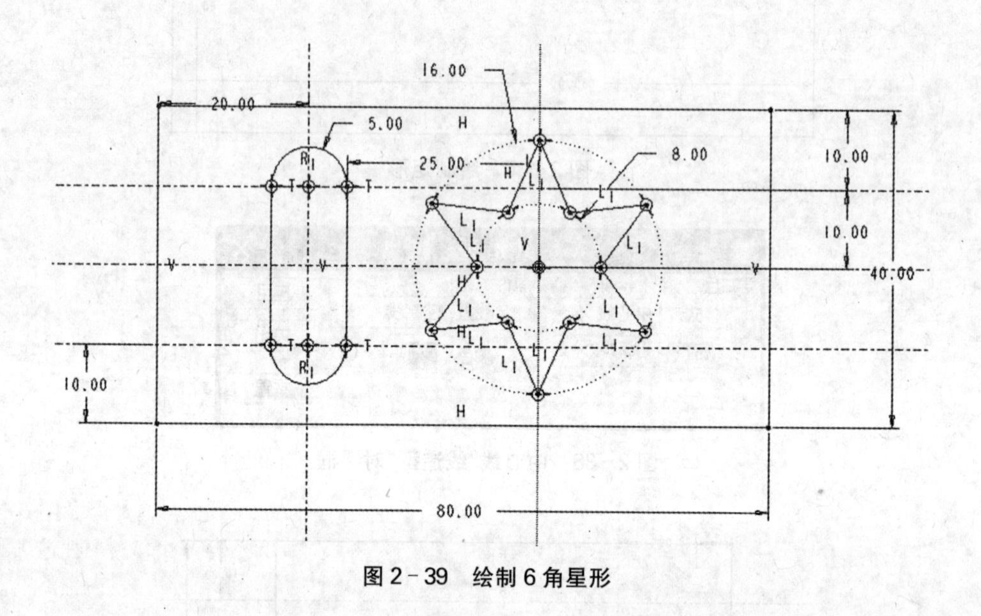

图 2-39 绘制 6 角星形

(6) 单击圆角图标 ，将矩形圆角，修改弱尺寸，使其半径为 5 mm，完成图 2-34 所示截面草图的绘制，得到如图 2-40 所示图样。

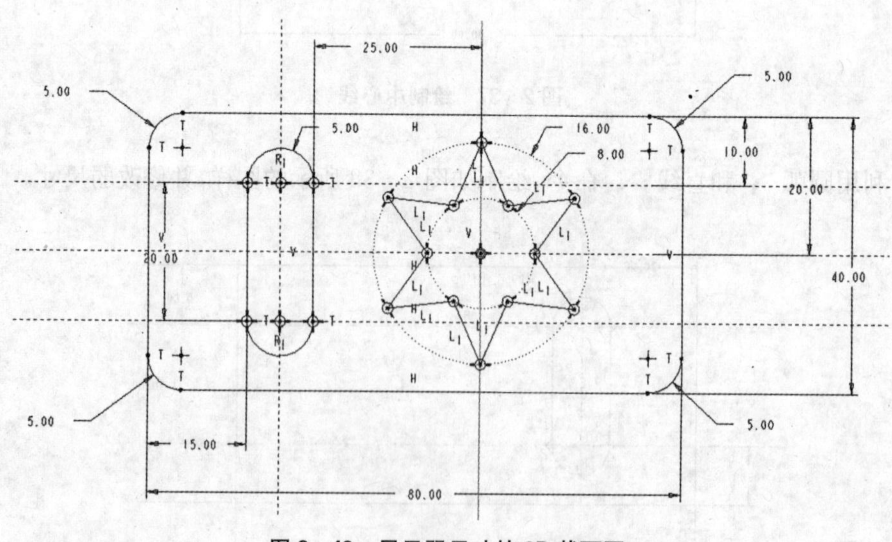

图 2-40 显示弱尺寸的 2D 截面图

任务三　草图的编辑与约束

对草图中基本图元进行编辑和约束，是完成 2D 截面的关键，下面对其基本内容进行阐述。

一、草图的编辑

1. 删除

在绘图区中选中要删除的图元，然后按 Delete 键，或单击鼠标右键，在弹出的快捷菜单中选择“删除”，也可以选用主菜单“编辑”中的“删除”项，即可完成删除图元的操作。要删除的图元若有多个，可按住 Ctrl 键逐个选中或框选后，进行删除。

2. 修剪

在草绘工具栏中修剪主要提供三种方式：动态修剪、拐角修剪、分割。

1）动态修剪　单击草绘工具栏图标，选择需要修剪掉的相交两图元的部分，按鼠标中键结束操作，如图 2-41a 所示。

2）拐角修剪　单击草绘工具栏图标，分别选择需要保留的相交图元的部分，未选择的部分将被删掉，按鼠标中键结束操作。若选择的是两条不相交的图元，则自动延长到交点，如图 2-41b 所示。

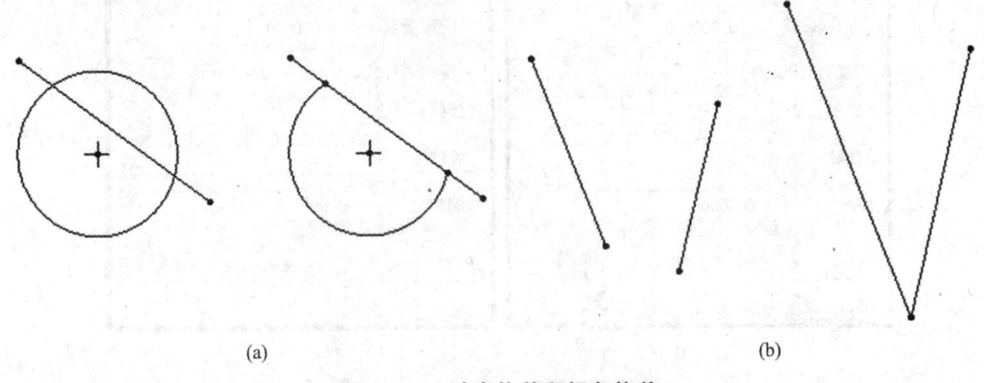

(a)　(b)

图 2-41　动态修剪和拐角修剪

3）分割　单击草绘工具栏图标，单击需要分割图元的部分，系统会在单击的位置处将图元打断，若所选图元是直线段，则该线段被一分为二，系统自动标注两线段的长度，按鼠标中键结束操作。

3. 镜像

草绘工具栏操作图标主要提供了两种命令方式：镜像与移动和调整大小。

1）镜像　在镜像之前要先绘制一条中心线作为镜像线，选择需要镜像的对象的图元，单击操作图标，选择中心线作为镜像线，按鼠标中键结束操作，如图 2-42 所示。

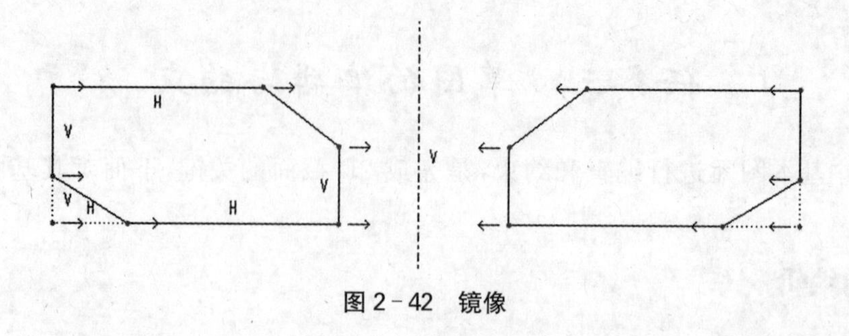

图 2-42 镜像

2）移动和调整大小 系统提供的移动和调整大小的工具可以对选定的图元进行移动、缩放和旋转，选取需要进行移动、缩放和旋转的图元，单击图标 ，弹出如图 2-43a 所示的对话框。如要移动，输入移动的水平和垂直方向的数值，点击 即可；如要旋转和缩放，将旋转数值和缩放比例值输入，点击 即可。亦可以通过按住移动手柄 、旋转手柄 和缩放手柄 进行相应的操作，然后点击 即可。

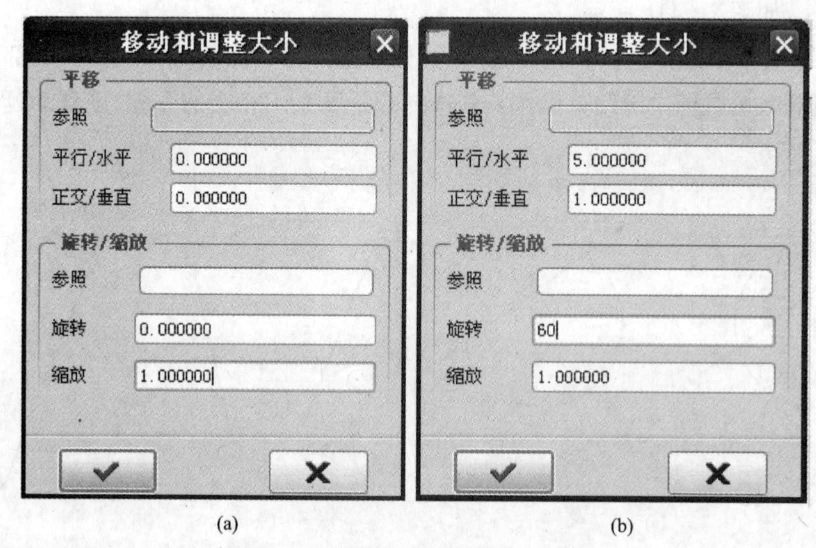

(a) (b)

图 2-43 “移动和调整大小”对话框

4. 复制和粘贴

选取需要复制的图元，单击鼠标右键，弹出快捷菜单，单击复制，再单击粘贴，在绘图区拾取一点，单击鼠标左键，弹出对话框，输入如图 2-43b 所示的数值，点击 。得到如图 2-44 所示的复制粘贴图。

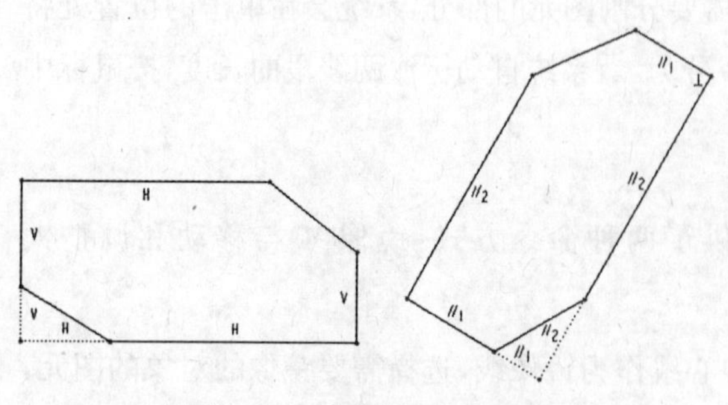

图 2-44 复制、粘贴的图形

5. 使用边

在草绘工具栏中使用边提供三种操作方法 ：使用边、偏移边和加厚边。

1) 使用边 使用已有实体上的边,单击图标,选取实体上的边(未激活),使边激活。

2) 偏移边 单击图标,弹出对话框,偏移边有三种:"单一"(一条边)、"链"(多条边但不封闭)和"环"。选取要偏移的边,输入偏移值,沿箭头方向偏移即可,相反单击箭头,调整偏移方向,如图 2-45 所示。

3) 加厚边 在选取的边一侧偏移一定厚度创建两条边,单击图标,选取边,输入厚度值和偏移值,按鼠标中键结束命令操作,关闭"类"对话框。如图 2-46 所示,厚度值为"1 mm",偏移值为"2 mm"。

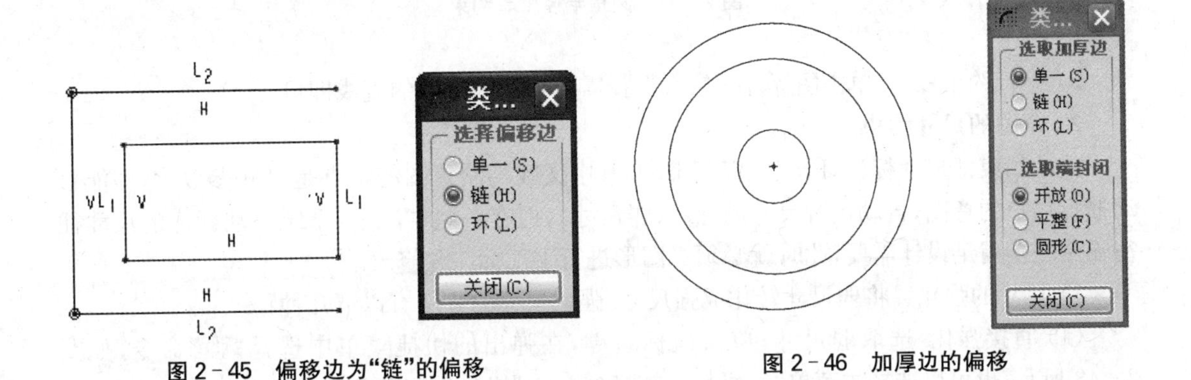

图 2-45　偏移边为"链"的偏移

图 2-46　加厚边的偏移

二、草图的约束

在草绘设计中有两种约束:几何约束和尺寸约束。几何约束用于控制草图中几何图元的定位方向及关联性;尺寸约束用于控制尺寸的大小,即标注尺寸。几何约束在工作界面上显示为字母符号,尺寸约束在工作界面上显示为参数符号或数字。

1. 草图的几何约束

1) 竖直约束 + 使直线维持竖直或两点的连线被约束为竖直。单击图标 +,选择直线或两个点,则直线或两点的连线被约束为竖直。

2) 水平约束 + 使直线维持水平或两点的连线被约束为水平。单击图标 +,选择直线或两个点,则直线或两点的连线被约束为水平。

3) 垂直约束 ⊥ 使两直线相互垂直。单击图标 ⊥,选择两条直线,则两条直线被约束为相互垂直。

4) 相切约束 使直线与圆相切或圆与圆相切,单击图标,选择两个图元,则两个图元相切。

5) 中点约束 单击图标,依次选择一个点或图元上的点和一条直线,则点被约束在线的中点上。

6) 对齐约束 单击图标,依次选择两点、一点和一条直线、两条直线,则结果分别为两点重合、点在直线上、两条直线重合。

7) 对称约束 单击图标，依次选取对称的中心线和需要对称的图元即可。

8) 相等约束 = 单击图标 =，依次选择需要约束相等的图元，必须是同类图元。如图2-47所示为圆角半径相等约束。

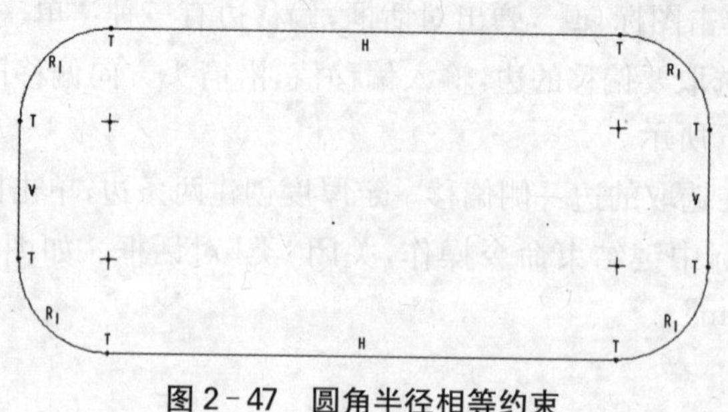

图2-47 圆角半径相等约束

9) 平行约束 // 单击图标 //，依次选择需要约束为平行的直线即可。

2. 草图的尺寸约束

尺寸约束即尺寸标注，Pro/E Wildfire 5.0 中文版绘制草图的特点是尺寸参数化，即能自动捕捉用户的意图，自动进行尺寸的标注(弱尺寸)，但在一些情况下，系统自动标注的尺寸往往无法完全满足设计需要，此时就必须对图形进行手工标注和修改。

1) 尺寸的强化 将弱尺寸转化成强尺寸，强化尺寸的方法有以下几种。

(1) 直接强化：选取弱尺寸，单击鼠标右键，在弹出的快捷菜单中选择"强"命令，如图2-48所示；也可以选择主菜单"编辑"→"转换到"→"强"命令来完成。

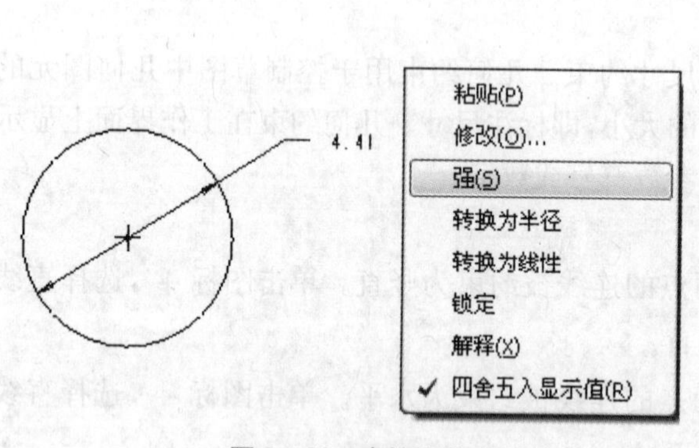

图2-48 直接强化

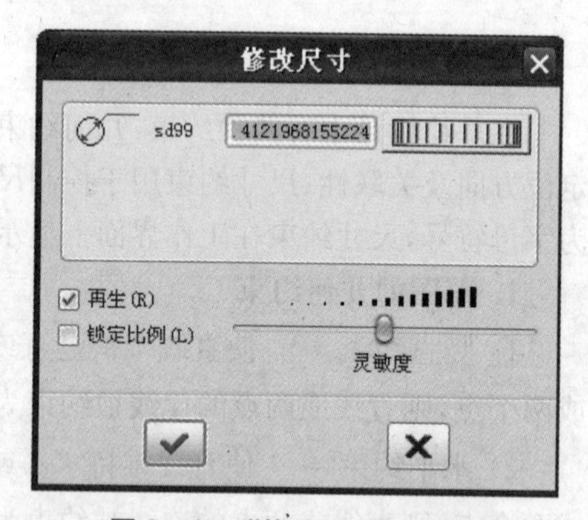

图2-49 "修改尺寸"对话框

(2) 修改弱尺寸强化：单击工具栏图标或直接双击尺寸，选取要修改的弱尺寸，在弹出如图2-49所示的"修改尺寸"对话框中输入所修改的数值即可。在对话框中有"再生"和"锁定比例"两个复选框，其功能如下：①若勾选"再生"，则当一个尺寸数值改变时，线条的几何形状或位置立即更新变化；如不勾选，则修改完所有尺寸后，其线条的几何形状才更新变化；②若勾选"锁定比例"，则其未修改的尺寸自动修改与修改后的尺寸保存为原来的比例关系，如图2-50和图2-51所示，矩形的长宽比例为2∶1，同时选中尺寸数值"2.00"和"1.00"，单击图标，修改尺寸"1.00"为"2.00"，回车，则长度尺寸数值"2.00"自动变为"4.00"。

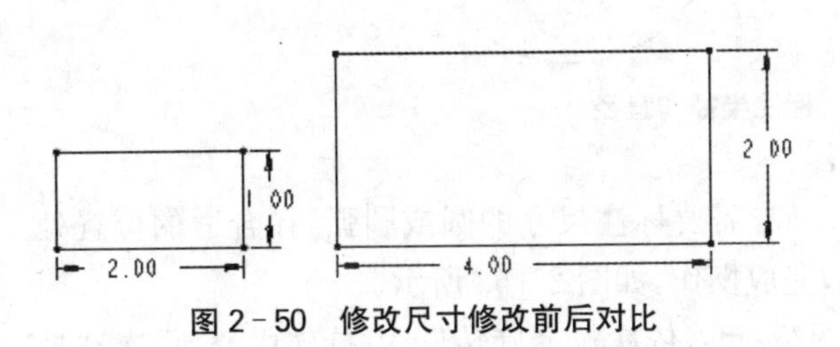

图 2-50 修改尺寸修改前后对比

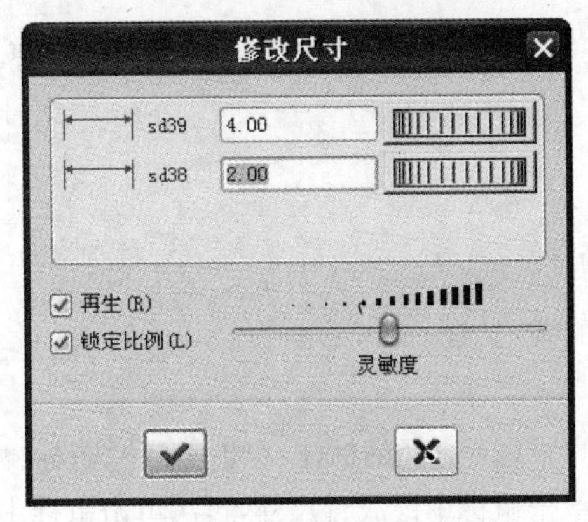

图 2-51 锁定比例修改尺寸

(3) 重新标注强化：将所显示的弱尺寸重新标注，来实现尺寸的强化。

2) 距离的标注

(1) 直线长度的标注：单击工具栏图标 ，选择需要标注尺寸的直线，在合适的位置处单击鼠标中键放置尺寸，再次单击鼠标中键，完成操作。

(2) 平行线间距离的标注：单击工具栏图标 ，选择需要标注尺寸的两条平行直线，在合适的位置处单击鼠标中键放置尺寸，再次单击鼠标中键，完成操作。

(3) 点到直线间的距离：单击工具栏图标 ，选择需要标注尺寸的点和直线，在合适的位置处单击鼠标中键放置尺寸，再次单击鼠标中键，完成操作。

(4) 点到点间的距离：单击工具栏图标 ，选择需要标注尺寸的两个点，在合适的位置处单击鼠标中键放置尺寸，再次单击鼠标中键，完成操作。

(5) 直线和圆弧间的距离：单击工具栏图标 ，选择需要标注尺寸的直线和圆弧，在合适的位置处单击鼠标中键放置尺寸，再次单击鼠标中键，完成操作。

(6) 圆弧间的距离：单击工具栏图标 ，选择需要标注尺寸的两个圆弧，在合适的位置处单击鼠标中键放置尺寸，再次单击鼠标中键，完成操作。

3) 角度的标注 角度的标注主要有直线间的角度标注和圆弧的角度标注两种。

(1) 直线间的角度标注：单击工具栏图标 ，选择需要标注角度的两条直线，在合适的位置处单击鼠标中键放置角度，再次单击鼠标中键，完成操作。

(2) 圆弧的角度标注：单击工具栏图标 ，依次选择需要标注角度的圆弧的端点、圆心、端点，在合适的位置处单击鼠标中键放置角度，再次单击鼠标中键，完成操作，如图 2-52所示。

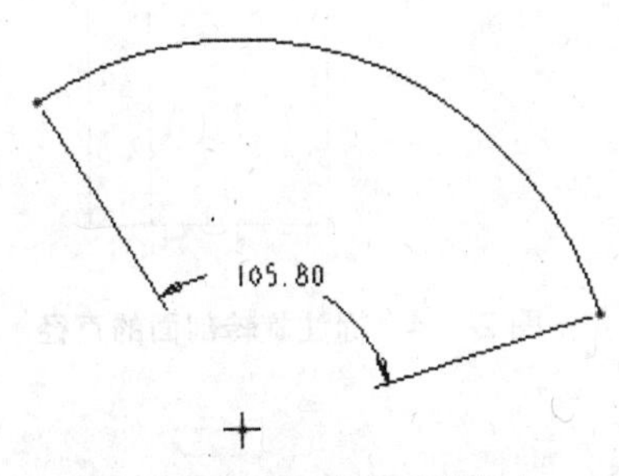

图 2-52 标注圆弧的角度

4) 半径/直径的标注

(1) 半径的标注：单击工具栏图标 ，单击需要标注尺寸的圆或圆弧，在合适的位置处单击鼠标中键放置尺寸，再次单击鼠标中键，完成操作，如图 2-53 所示。

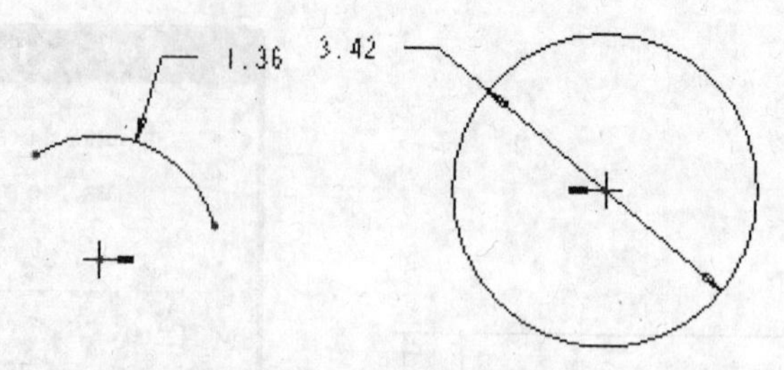

图 2-53　标注半径和直径

(2) 直径的标注：单击工具栏图标 |↔|，双击需要标注尺寸的圆或圆弧，在合适的位置处单击鼠标中键放置尺寸，再次单击鼠标中键，完成操作，如图 2-53 所示。

(3) 旋转剖面的直径标注：单击工具栏图标 |↔|，依次选择旋转母线、旋转中心，再次选择旋转母线，在合适的位置处单击鼠标中键放置尺寸，再次单击鼠标中键，完成操作，如图 2-54 所示。

5) 曲率半径的标注

(1) 椭圆的标注：单击工具栏图标 |↔|，选择需要标注尺寸的椭圆，在合适的位置处单击鼠标中键，在弹出的“椭圆半径”对话框中选择“长轴”或“短轴”标注方式，单击【接受】，再次单击鼠标中键，完成操作，如图 2-55 所示。

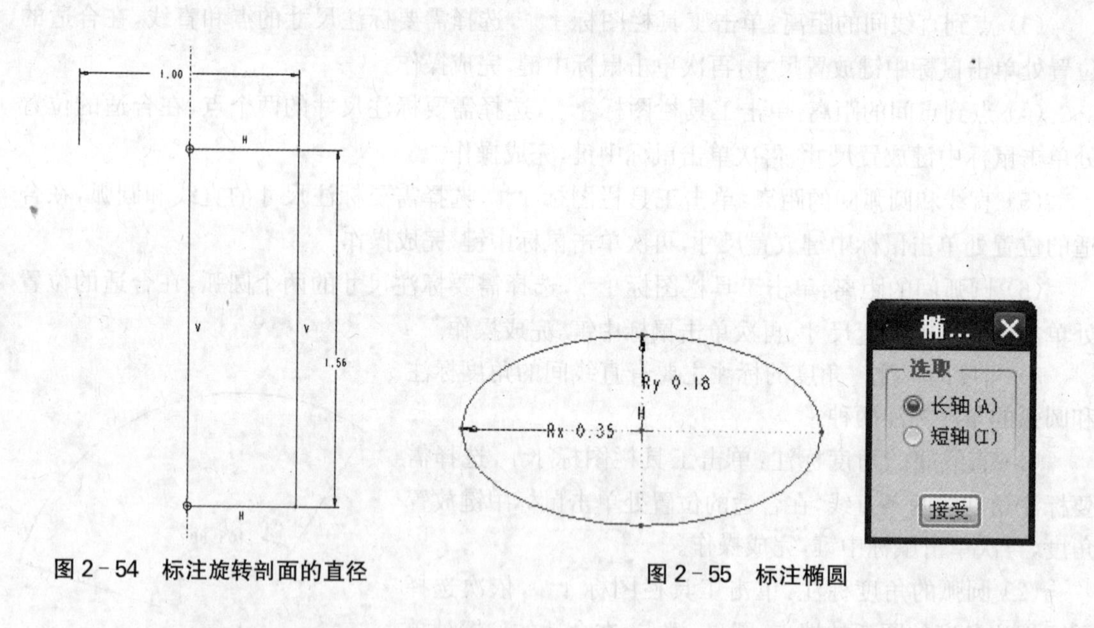

图 2-54　标注旋转剖面的直径　　图 2-55　标注椭圆

(2) 圆锥曲线标注：利用“弱尺寸”进行修改。

(3) 样条曲线标注：系统自动标注曲线头尾两端的相对位置，此外可以标注任意点的位置和首尾两端点的角度。其步骤如下：单击工具栏图标 |↔|，选择曲线，然后选择曲线的一个端点(作为旋转轴)，再选择中心线(作为角度标注参考线)，以鼠标的中键指定角度放置的位置，再次单击鼠标中键，完成操作，如图 2-56 所示。

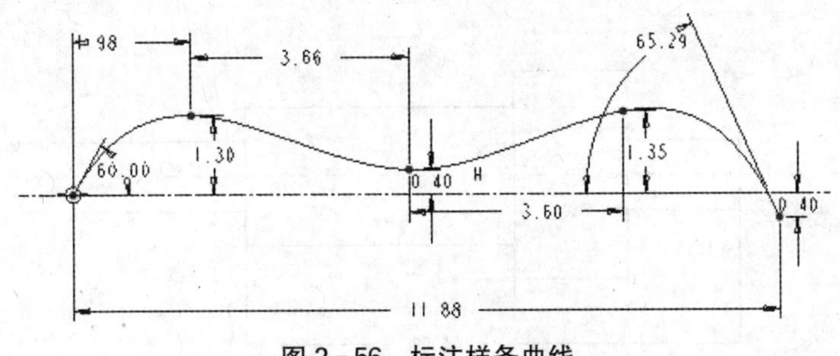

图 2-56　标注样条曲线

6) 周长尺寸的标注　单击工具栏图标 ，在图元中选取一个图元(边或弧)进行长度尺寸的标注，此尺寸作为周长尺寸标注的驱动尺寸，单击鼠标中键结束命令。框选要进行周长标注的图元，再单击工具栏图标 ，点击驱动尺寸，系统自动标出图元的周长，在周长尺寸后面带有“周长”二字，在驱动尺寸后带有“变量”二字(该尺寸不能删除)，如图 2-57 所示。

7) 参照尺寸的标注　单击工具栏图标 ，选取需要标注参照尺寸的图元，在合适的位置处单击鼠标中键放置尺寸，再次单击鼠标中键结束命令，完成操作。参照尺寸后带有“参照”二字，如图 2-58 所示。在标注尺寸时，若有尺寸冲突，可将此尺寸转化成参照尺寸。

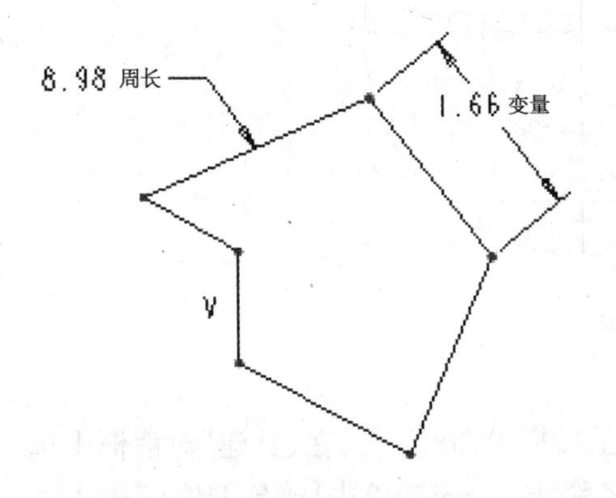

图 2-57　周长尺寸的标注

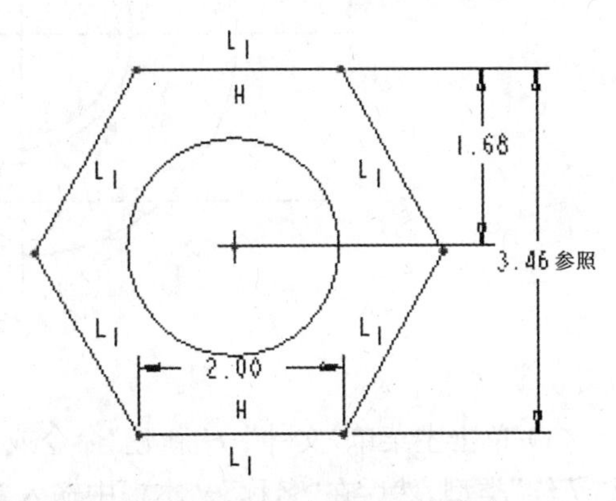

图 2-58　参照尺寸的标注

8) 基线的标注　当所绘制的草图有一个统一基准时，为了保证草图的精度以及增加标注的清晰度，可以利用基线标注功能指定基准图元为零坐标，然后添加出其他图元相对于基准之间的尺寸标注。基准标注分为两个步骤：指定基线和确定坐标尺寸。

(1) 指定基准：为基线标注指定基准图元，以确定标注零坐标位置，单击工具栏图标 ，选取图中的基线图元，单击鼠标中键结束命令，完成操作。如图 2-59 所示的标有“0.00”的基线。

(2) 确定坐标尺寸：单击工具栏图标 ，在图中选取要标注的一个图元进行尺寸标注，单击鼠标中键结束命令。依次进行标注即可，如图 2-59 所示的基线标注尺寸。

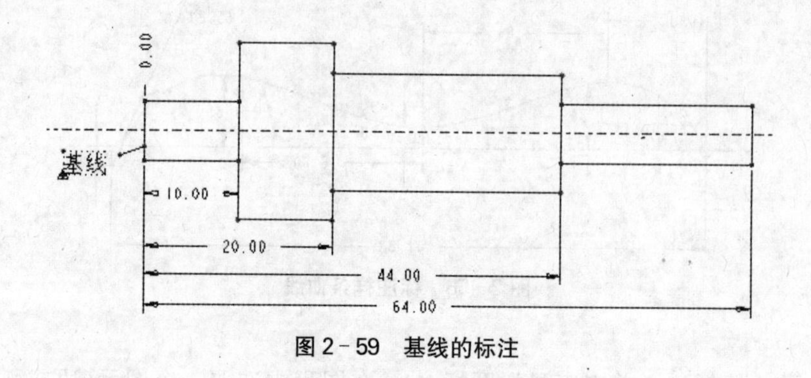

图2-59 基线的标注

三、综合操作实例

绘制如图2-60所示的泵盖的草图截面。

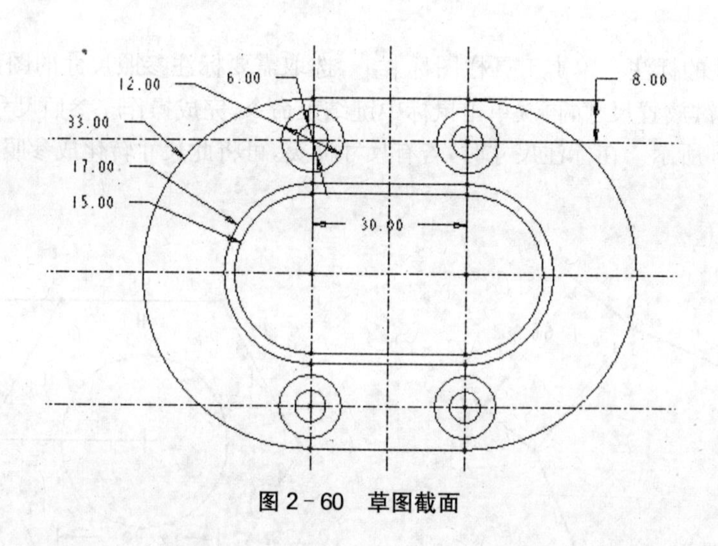

图2-60 草图截面

(1) 单击主菜单"文件"→"新建"命令或单击标准工具栏中图标，在"新建"对话框中选择"草绘"类型，然后在"名称"文本框中输入新建文件名称"benggai"，单击【确定】按钮，进入草绘模式。

(2) 单击草绘工具栏中图标，绘制中心线，修改弱尺寸。框选所有中心线，单击鼠标右键，在弹出的快捷菜单中点击属性，打开中心线"属性"对话框，在"样式"文本框中选中心线，单击【应用】，然后关闭，得到如图2-61所示图样。

(3) 单击工具栏中同心圆图标◎，绘制如图2-62所示图样。单击鼠标中键结束命令，并进行圆的直径标注。

(4) 单击图标，绘制图中圆弧，单击鼠标中键结束命令；单击图标，绘制与两圆弧相切的直线，单击鼠标中键结束命令，并进行尺寸标注，得到如图2-63所示图样。

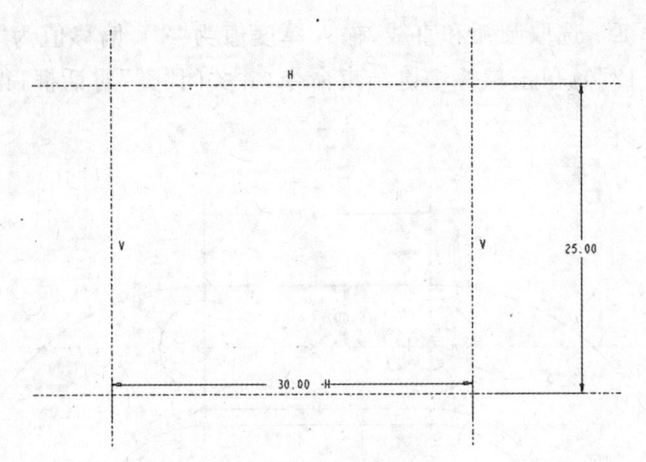

图 2－61　绘制中心线

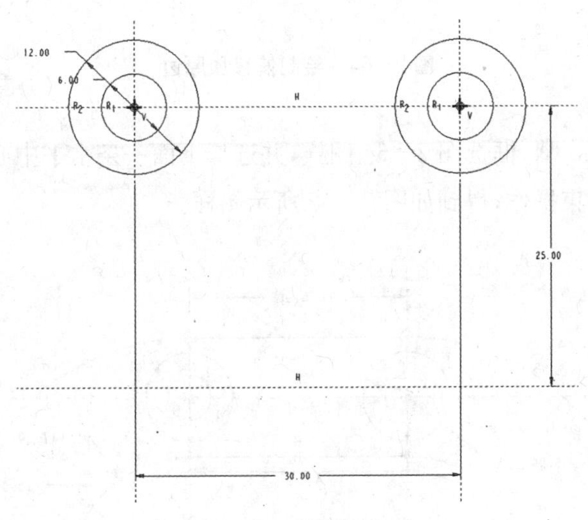

图 2－62　绘制同心圆

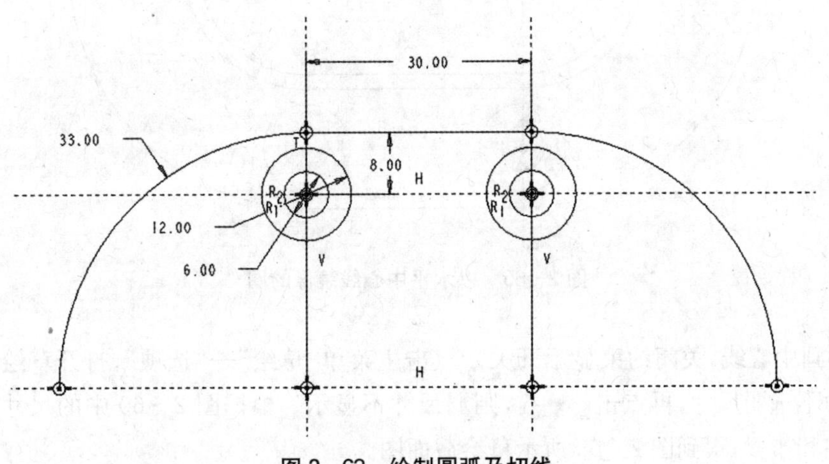

图 2－63　绘制圆弧及切线

(5) 单击图标 ，选取圆弧和直线，输入厚度值为“2”、偏移值为“18”(偏移箭头向外，则偏移值为“—18”)，单击鼠标中键结束命令，并关闭“类”对话框，得到如图 2－64 所示图样。

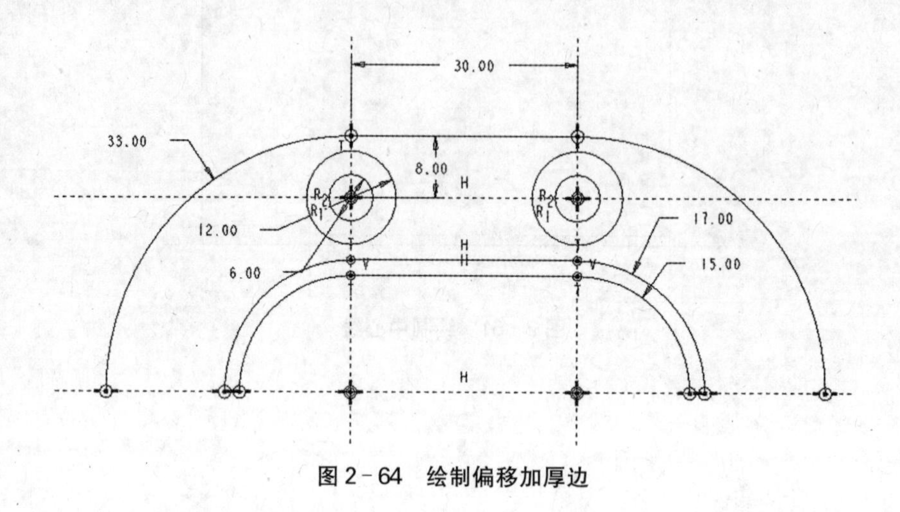

图 2－64 绘制偏移加厚边

(6) 单击操作图标 ，框选图 2－64 图样，并选择下面一条水平中心线作为镜像线，镜像图样，单击鼠标中键结束操作，得到如图 2－65 所示图样。

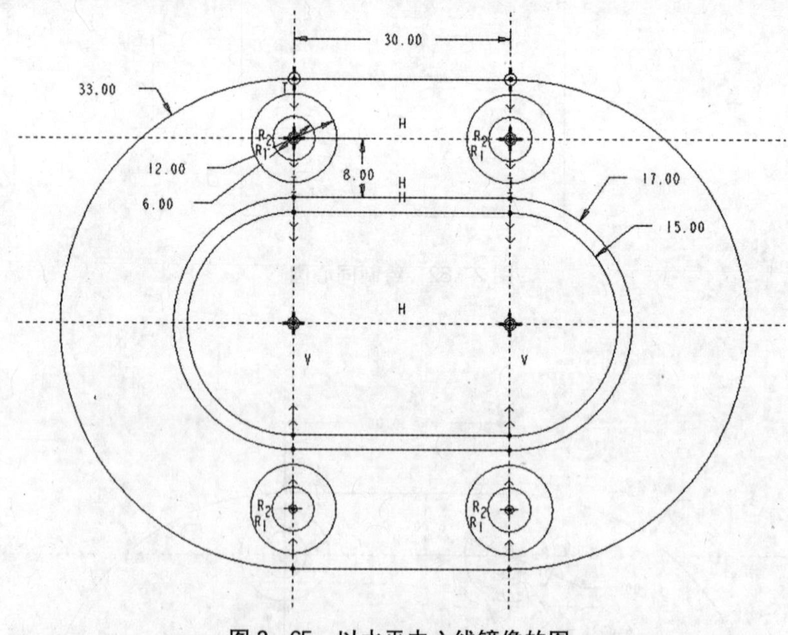

图 2－65 以水平中心线镜像的图

(7) 补画中心线，关闭约束显示开关。点击主菜单“草绘”→“选项”，打开草绘器首选项，在“其他”中不选弱尺寸，再点击 ，则弱尺寸不显示。根据图 2－60 中的尺寸，进行图样尺寸的标注和布置，得到图 2－60 所示草绘截面图。

任务四　草绘器诊断工具

草绘诊断功能,可以诊断所绘制草图的封闭性、开放端点、重叠图元以及是否满足后续建模的要求等,从而达到提高绘图精度、减少不必要的重复操作和提高工作效率的目的。

一、着色封闭环

在有些三维建模命令中,首先需要在草绘环境中绘制截面图形,而且这些截面图必须是封闭的线框。利用草绘诊断工具"着色封闭环",可以对截面图形封闭区域进行着色显示,从而快速准确地诊断所绘制草图截面的封闭性。

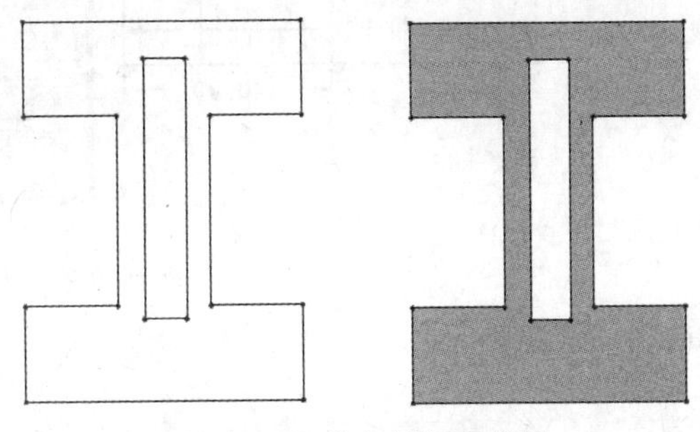

图 2-66　着色封闭环效果

绘制完草图后,单击"草绘诊断工具"工具栏中的图标,图形中的封闭区域将以着色的形式显示,如图 2-66 所示。

二、加亮开放端点和重叠几何图元

这两个工具可以对草图中不被多个图元共有的图元顶点,或具有重叠关系的图元对象进行加亮显示,帮助用户查找形成开放或重叠图形的草图图元,便于图形的修改。

草绘完成后,分别单击"草绘诊断工具"工具栏中的图标和,图形中的开放端点和重叠图元将加亮显示,如图 2-67 所示。

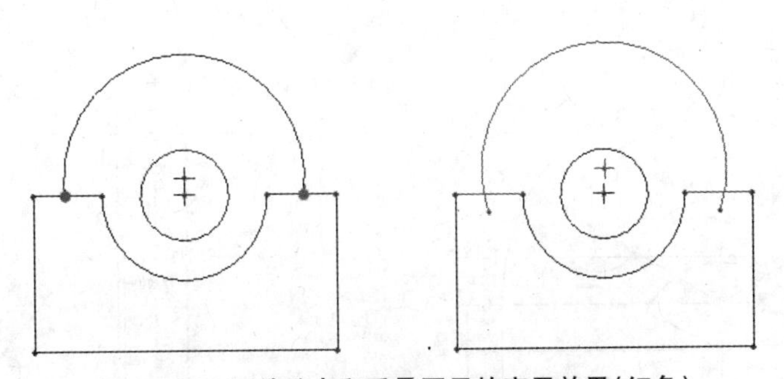

图 2-67　开放端点和重叠图元的亮显效果(红色)

三、建模要求的分析

利用草绘诊断工具,可以从草绘截面图形的基本图元、图形的闭合情况、图形中的环以及草图的参照等方面,对绘制的草图进行综合性分析,并以对话框的形式显示分析结果,帮助分析草图是否适用于当前的特征操作。

在三维造型中,完成草绘后,单击"草绘诊断工具"工具栏中的图标,即可打开显示特征要求以及是否满足该要求状态的“特征要求”对话框，如图 2-68 所示。

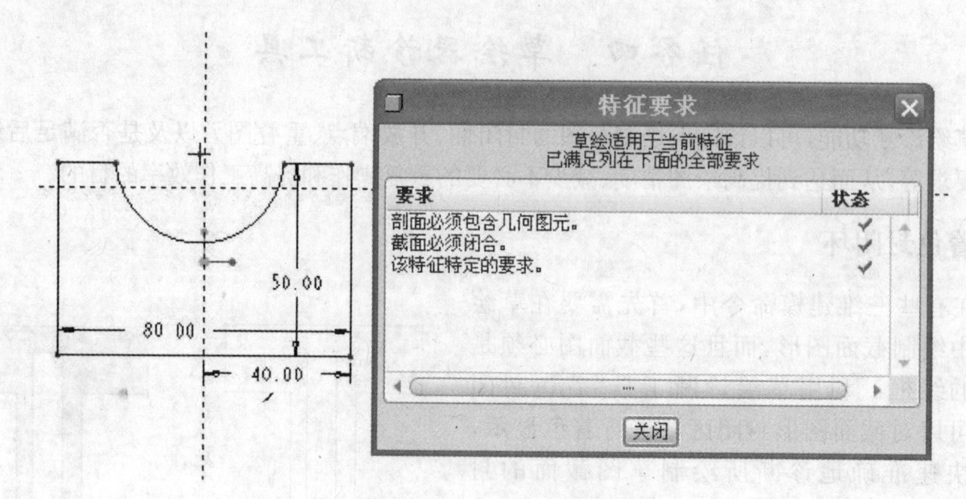

图 2-68 对草绘图的特征要求分析

思考与练习

1. 草绘截面图时，鼠标各键的功能和使用技巧是什么？

2. 创建尺寸方法有哪些？创建参照尺寸有何意义？基线标注有何特点，如何操作？

3. 草绘器的诊断工具有哪几种，有何作用？

4. 参数化设计有何特点？

5. 使用草绘的命令和参数化的方法绘制图 2-69～图 2-72。

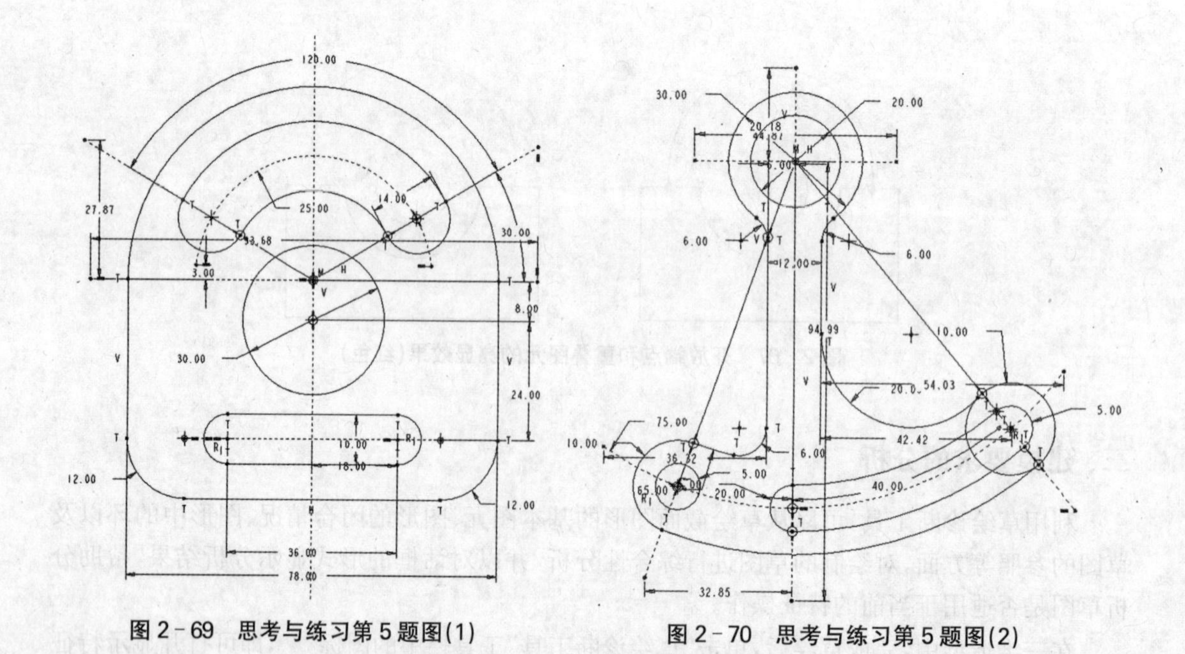

图 2-69 思考与练习第 5 题图(1)　　图 2-70 思考与练习第 5 题图(2)

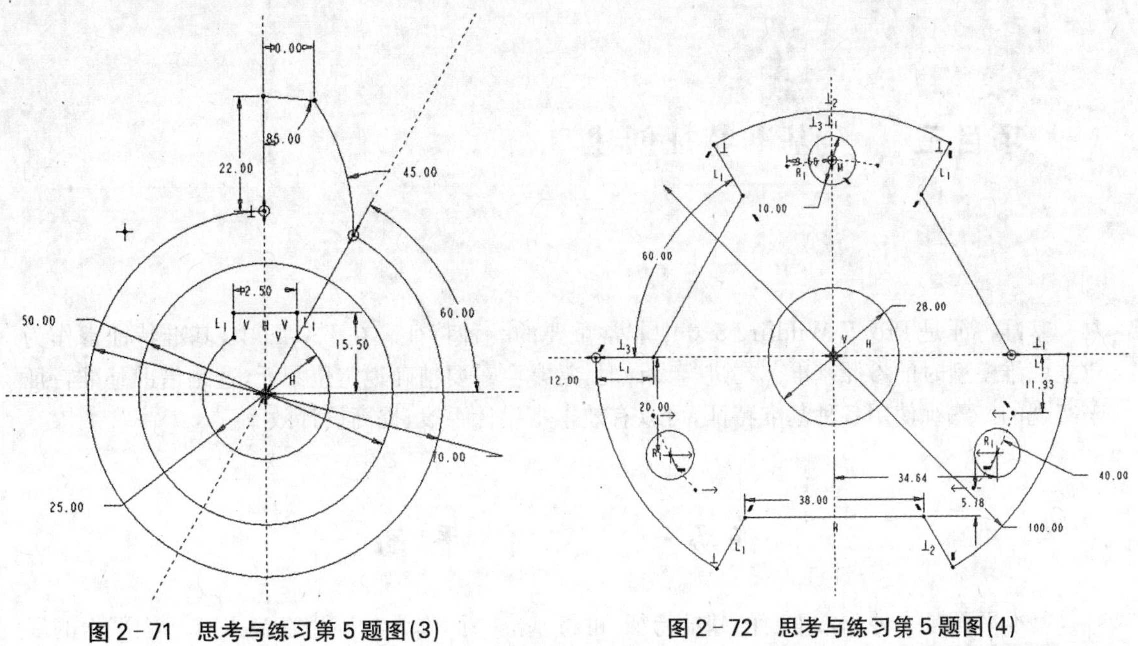

图 2-71　思考与练习第 5 题图(3)　　图 2-72　思考与练习第 5 题图(4)

项目三　基准特征创建

基准特征是 Pro/E Wildfire 5.0 中非常重要的一种特征。在 Pro/E 中，基准特征常作为建立三维模型时的参照基准。在进行设计时，常常会需要精确地定位图元，这是借助基准特征来实现的。熟练使用各种基准特征，可以有效丰富设计手段，提高设计效率。

任务一　基准平面

基准平面是一种非常重要的基准特征，可将基准平面作为参照用在尚未有基准平面的零件中，也可将基准平面用作参照，以放置设置基准标签注释，也可以根据一个基准平面进行标注。

基准平面是无限的，但是可调整其大小，使其与零件、特征、曲面、边或轴相吻合，或者指定基准平面的显示轮廓的高度和宽度值。指定为基准平面的显示轮廓高度和宽度值不是 Pro/E 尺寸值，也不会显示这些值。

一、创建基准平面

(1) 单击"基准"工具栏上的 按钮，或者单击"插入"→"模型基准"→" 平面"。弹出"基准平面"对话框，如图 3-1 所示。

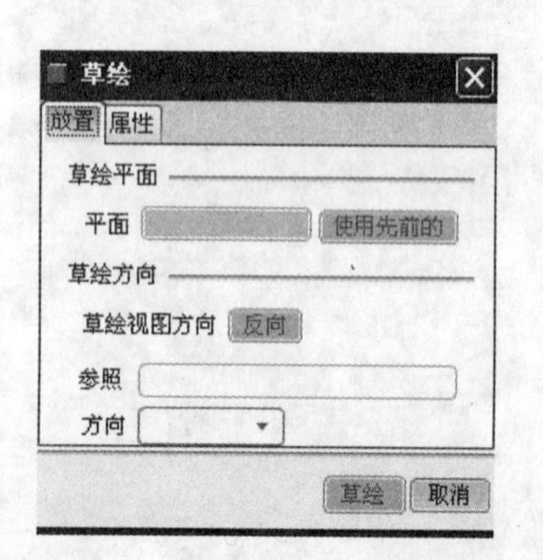

图 3-1　"基准平面"对话框

(2) 在图形窗口中，选取新基准平面的放置参照。从"参照收集器"内的约束列表中选择所需的约束选项。要将多个参照添加到选取列表中，可在选取时按下 Ctrl 键。选取参照后，这些参照出现在"基准平面"对话框内的"参照"收集器中。

(3) 重复上一步骤，直到建立所需的约束为止。如果参照不完整，系统将等待其他参照直到基准被完全约束。

(4) 单击【确定】创建基准平面。

"参照"收集器允许通过参照现有平面、曲面、边、点、坐标系、轴、顶点、基于草绘的特征、平面小平面、边小平面、顶点小平面、曲线、草绘基准曲线和导槽来放置新基准平面。

选定参照后，可为每个选定参照设置一个约束。"约束类型"菜单上包含的可用约束类型见表 3-1。

表 3-1　基准平面的约束类型和使用方法

约束类型	用　　法	约束类型	用　　法
穿过	通过选定参照放置新基准平面	垂直	垂直于选定参照放置新基准平面
偏移	按自选定参照的偏移放置新基准平面	相切	相切于选定参照放置新基准平面
平行	平行于选定参照放置新基准平面		

二、基准平面显示状态

1. 基准平面的显示范围

缺省情况下，系统会根据模型大小按比例显示基准平面。可重新调整基准平面的边界尺寸，或将它们调整到选定参照或特定值。可调整基准平面的尺寸，使其在视觉上与选定参照相拟合。

(1) 在导航区中选中需要修改的基准平面，单击鼠标右键，在弹出的快捷菜单中选择“编辑定义”，系统弹出“基准平面”对话框，如图 3-1 所示。

(2) 单击“显示”选项卡以调整基准平面轮廓显示的尺寸，选中“调整轮廓”复选框。

(3) 选取“大小”以将轮廓显示的尺寸调整到指定值。

(4) 在“宽度”和“高度”中，指定基准平面轮廓显示的宽度和高度值，单击“锁定长宽比”可保持轮廓显示的高度和宽度比例。

图形窗口中不显示基准平面轮廓显示的高度和宽度值。在基准平面预览的每个拐角处，均会显示二维尺寸轮廓控制滑块。设计者可以拖动其中一个控制滑块来更改基准平面显示轮廓的宽度或高度。

可锁定宽度和高度值之间的长宽比，从而更改其中一个值的同时会按比例更改另一个值。拖动其中一个控制滑块更改预览基准平面的高度或宽度时，“显示”选项卡的“宽度”和“高度”框中的值会自动更新。

2. 修改基准平面的显示方向

在“基准平面”对话框的“显示”选项卡中，可以调整基准平面的法线方向。单击“反向”，则新的法线方向为原有方向的反方向。

任务二　基准点与基准轴

构成基准平面的主要组成要素是点和轴线，基准点和基准轴在建模过程中有着非常重要的作用。

一、创建基准点

基准点工具包括 。

1) 创建平面、曲面或曲线上的点，其位置可以通过拖动手柄或输入数值确定，如图 3-2 和图 3-3 所示。采用该工具，还可以创建曲线(图 3-4)、曲面的交点、中心点等。

2) 沿坐标系偏移来创建基准点，如图 3-5 所示。

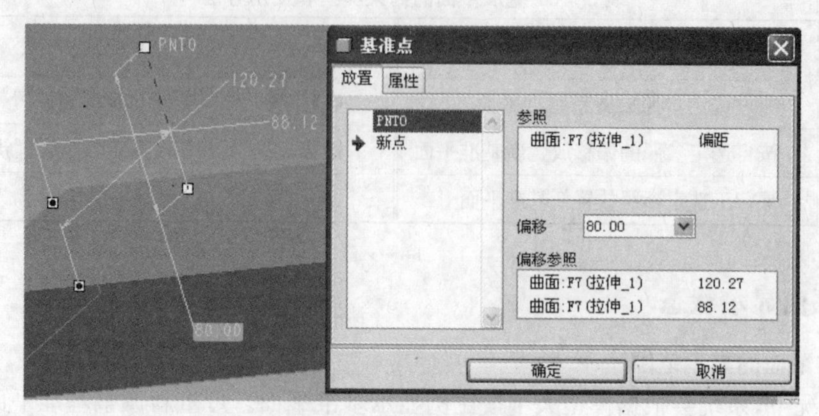

图3-2 创建基准点(一)

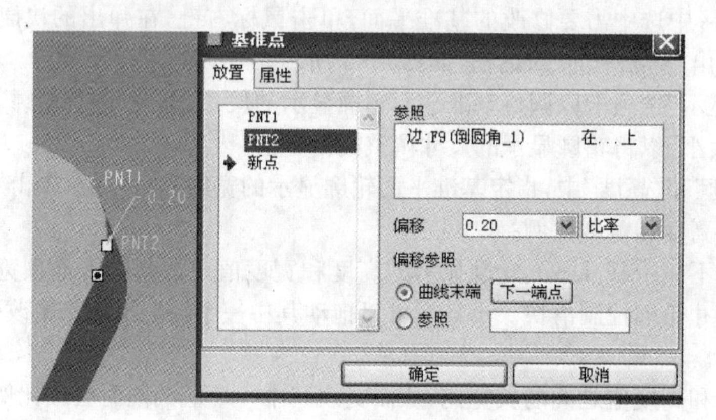

图3-3 创建基准点(二)

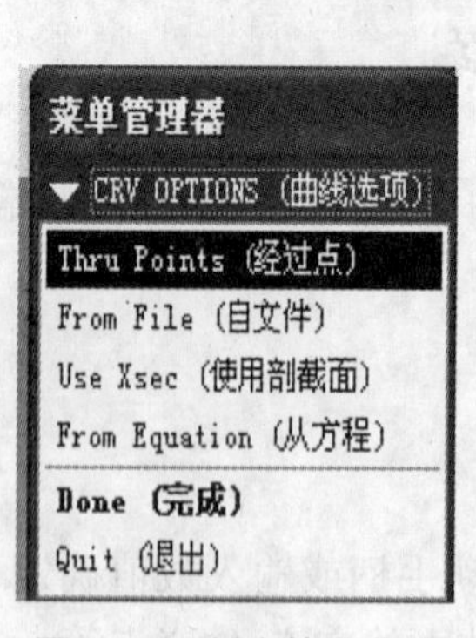

图3-4 创建基准曲线

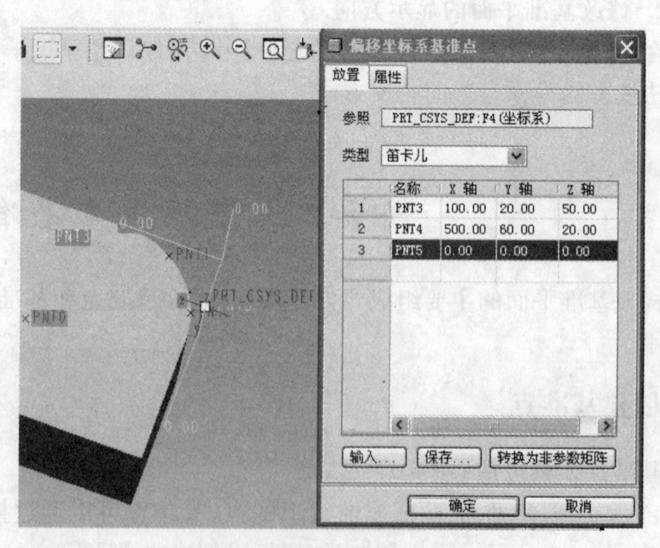

图3-5 偏移坐标系创建基准点

3) 域基准点。

二、创建基准轴

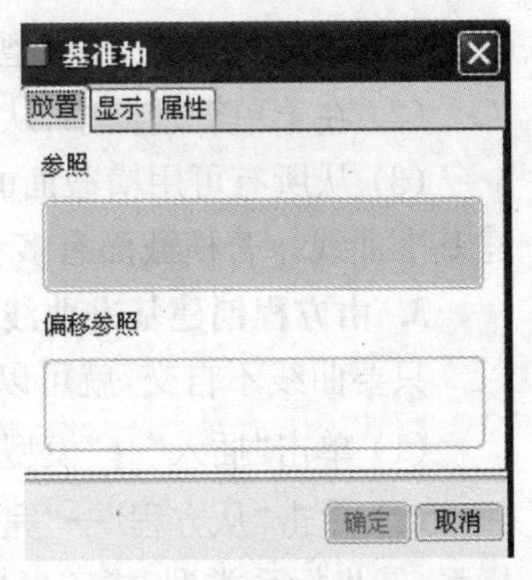

图 3-6 “基准轴”对话框

基准轴的创建和基准平面创建较为类似。首先应该点击快捷工具栏中的图标 ，出现如图 3-6 所示的“基准轴”对话框，在“参照”和“偏移参照”中选择适当的参照点即可完成轴线的创建。

任务三 基准曲线

一、关于基准曲线

除了输入的几何之外，Pro/E 中所有 3D 几何的建立均起始于 2D 截面。“基准”曲线允许创建 2D 截面，该截面可用于创建许多其他特征，例如拉伸或旋转。此外，“基准”曲线也可用于创建扫描特征的轨迹。

单击“基准”工具栏上的 按钮可访问“基准曲线”工具。

二、创建基准曲线

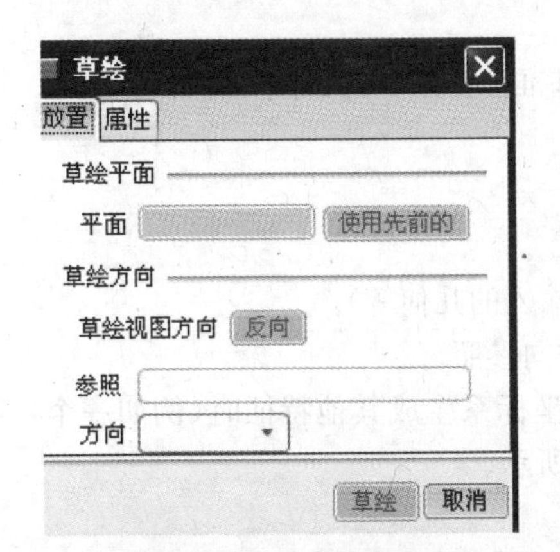

图 3-7 “草绘”对话框

1. 草绘基准曲线

(1) 单击“插入”→“模型基准”→“ 草绘”，或者单击“基准”工具栏上的 按钮，弹出如图 3-7 所示的“草绘”对话框。

(2) 可从“放置”选项卡的下列选项中进行选取。

草绘平面：对话框中的本部分包含草绘平面参照收集器，可随时在该收集器上单击以选取或重定义草绘平面参照。

草绘方向：首先必须定向草绘平面以使其垂直，然后才能草绘基准曲线。在对话框的这一部分中包含有【反向】按钮、“参照平面”收集器和“方向”列表。

如果在单击按钮前选取平面，则系统将试图查找缺省草绘方向。

(3) 单击【草绘】按钮。草绘窗口打开，弹出“参照”对话框。

(4) 如果“参照状态”显示“完全放置的”，则在“参照”对话框中单击【关闭】。

(5) 草绘基准曲线。

(6) 单击退出“草绘器”。

2. 使用剖截面创建基准曲线

可使用“使用剖截面”选项从平面横截面边界（即平面横截面与零件轮廓的相交处）创建基准曲线。

(1) 单击"插入"→"模型基准"→"曲线",或者单击"基准"工具栏上的 按钮。

(2) 在菜单管理器中,从"选项"菜单中单击"使用剖截面"和"完成"。

(3) 从所有可用横截面的"名称列表"菜单中选取一个平面横截面。横截面边界可用来创建基准曲线。若横截面有多个链,则每个链都有一个复合曲线。

3. 由方程创建基准曲线

只要曲线不自交,就可以通过"从方程"选项由方程创建基准曲线。

(1) 单击"插入"→"模型基准"→"曲线",或单击"基准"工具栏上的 按钮。

(2) 单击"从方程"→"完成",弹出"曲线创建"对话框,并包含以下元素:①坐标系:定义坐标系;②坐标系类型:指定坐标系类型;③方程:输入方程。

(3) 使用"得到坐标系"菜单中的选项创建或选择坐标系。

(4) 使用"设置坐标系类型"菜单中的选项指定坐标系类型,选项如下:"笛卡儿坐标系"、"柱坐标系"、"球坐标系"。

(5) 系统显示编辑器窗口,此时可以输入曲线方程作为常规特征关系。编辑器窗口标题包含特定方程的指令,它取决于所选的坐标系类型。

任务四　基准坐标系

一、关于基准坐标系

坐标系是可以添加到零件和组件中的参照特征,使用基准坐标系,可执行下列操作:

(1) 组装元件。

(2) 为"有限元分析(FEA)"放置约束。

(3) 为刀具轨迹提供制造操作参照。

(4) 用作定位其他特征的参照(坐标系、基准点、平面、输入的几何等)。

(5) 对于大多数普通的建模任务,可使用坐标系作为方向参照。

Pro/E 总是显示带有 X、Y 和 Z 轴的坐标系。当参照坐标系生成其他特征时(例如一个基准点阵列),系统可以用三种方式表示坐标系,如图 3-8 所示。

(1) 笛卡儿坐标系:系统用 X、Y 和 Z 表示坐标值。

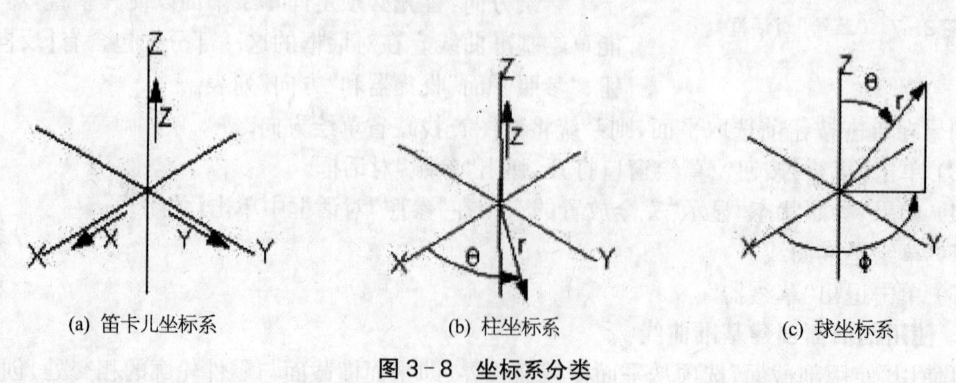

(a) 笛卡儿坐标系　　(b) 柱坐标系　　(c) 球坐标系

图 3-8　坐标系分类

(2) 柱坐标系:系统用半径、theta (θ)和 Z 表示坐标值。

(3) 球坐标系:系统用半径、theta (θ)和 phi (ϕ)表示坐标值。

Pro/E 将基准坐标系命名为 CS#,其中#是已创建的基准坐标系的号码。如果需要,可在创建过程中使用"坐标系"对话框中的"属性"选项卡为基准坐标系设置一个初始名称。如果要改变一现有基准坐标系的名称,可在模型树中的基准特征上单击鼠标右键,并从快捷菜单中选取"重命名"。

二、创建基准坐标系

一个基准坐标系需要使用六个参照量,其中三个相对独立的参照量用于确定原点位置,另外三个相对的参照量用于确定坐标系方向。下面分别介绍坐标系的定位和定向。

1. 坐标系定位

(1) 单击"插入"→"模型基准"→"坐标系",或者单击"基准"工具栏上的 按钮,如图 3-9 所示。"坐标系"对话框打开,其中的"原点"选项卡处于活动状态,如图 3-10 所示。

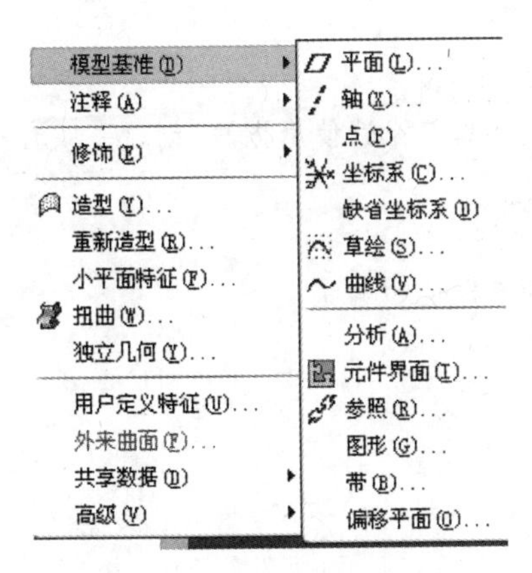

图 3-9　坐标系设计工具

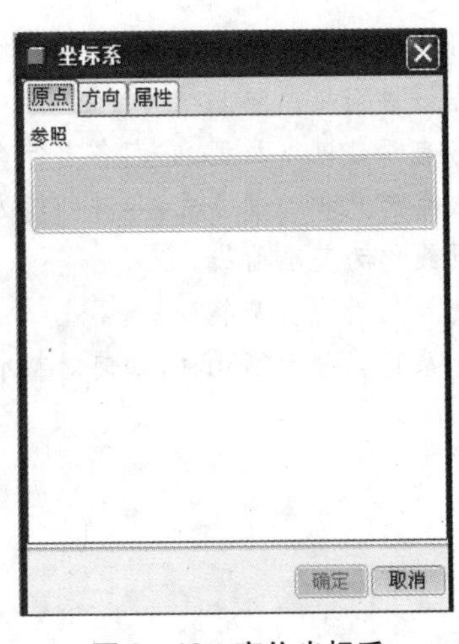

图 3-10　定位坐标系

(2) 在图形窗口中选取三个放置参照。这些参照可包括平面、边、轴、曲线、基准点、顶点或坐标系。系统根据所选定的放置参照,实现原点定位。若需要偏移坐标系原点,则可在"偏移类型"下拉列表中选择偏移类型,并指定偏移量。

(3) 根据所选定的参照,系统会自动地确定缺省的坐标系方向,单击【确定】按钮即可创建具有缺省方向的新坐标系。若用户需要使用自定位方向,则单击"方向"选项卡以手工定向新坐标系,如图 3-11 所示。如果选取一顶点作为原点参照,则系统将不能提供缺省方向,此时必须手工定向坐标系。

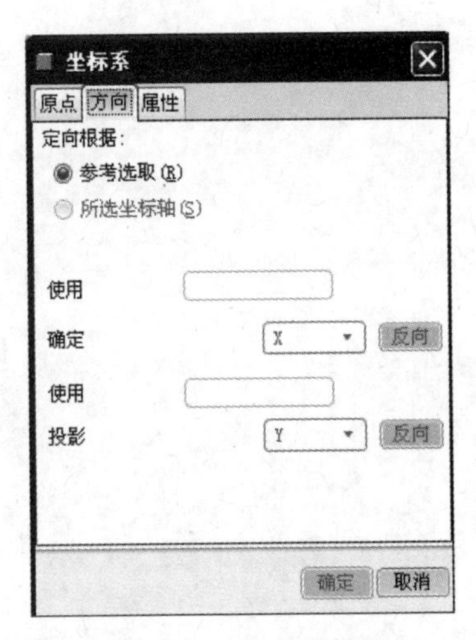

图 3-11　定向坐标系

2. 坐标系定向

(1) 调出"坐标系"对话框后,单击"方向"选项卡。

(2) 在"定向根据"部分,单击下列选项之一。

参考选取:该选项允许通过为坐标系轴中的两个轴选取

参照来定向坐标系。为每个方向收集器选取一个参照,并从下拉列表中选取一个方向名称。缺省情况下,系统假设坐标系的第一方向将平行于第一原点参照。如果该参照为一直边、曲线或轴,那么坐标系轴将被定向为平行于此参照。如果已选定某一平面,那么坐标系的第一方向将被定向为垂直于该平面。系统计算第二方向,方法是:投影将与第一方向正交的第二参照。

所选坐标轴:该选项允许定向坐标系,方法是绕着作为放置参照使用的坐标系的轴旋转该坐标系。为每个轴输入所需的角度值,或在图形窗口中单击鼠标右键,并从快捷菜单中选取"定向",然后使用拖动控制滑块手动定位每个轴。位于坐标系中心的拖动控制滑块允许绕参照坐标系的每个轴旋转坐标系。要改变方向,可将光标悬停在拖动控制滑块上方,然后向着其中的一个轴移动光标。在朝向轴移动光标的同时,拖动控制滑块会改变方向。

设置Z轴垂直于屏幕:此按钮允许快速定向Z轴,使其垂直于查看的屏幕。

(3) 单击【确定】完成坐标系定向。

思考与练习

1. 基准特征包括哪些类型,它们各自都有什么特点?

2. 如何根据设计需要调整基准平面的大小?

3. 基准点各有哪些基本类型,它们各有什么特点?

4. 基准曲线有哪几种创建方式,各种创建方式的优缺点如何?试使用方程,创建一条直径为30的圆的渐开线作为基准曲线。

5. 基准轴的一般用途有哪些?

6. 基准坐标系可以分为哪几种,如何对基准坐标系进行定位和定向?

项目四　基础特征创建

基础特征，顾名思义，就是最简单、最基础的特征。但千万不可小看这些基础特征，实际的三维模型中，使用最多的就是基础特征。

三维实体模型可以看作是很多个特征按照一定的先后创建顺序所组成的集合。可以说，基础特征是三维实体造型的基石，没有基础特征，就无法创建出合乎设计者要求的三维模型。

任务一　拉 伸 特 征

拉伸，就是将某个平面图形按照某一特定的方向进行伸长，最终形成某一实体的过程。在拉伸实体中，垂直于拉伸方向的所有截面都完全相同。如图 4 - 1 所示为一个正六边形，对它沿其本身的垂直方向进行拉伸后，形成了如图 4 - 2 所示的实体。拉伸特征一般用于创建垂直截面相同的实体。

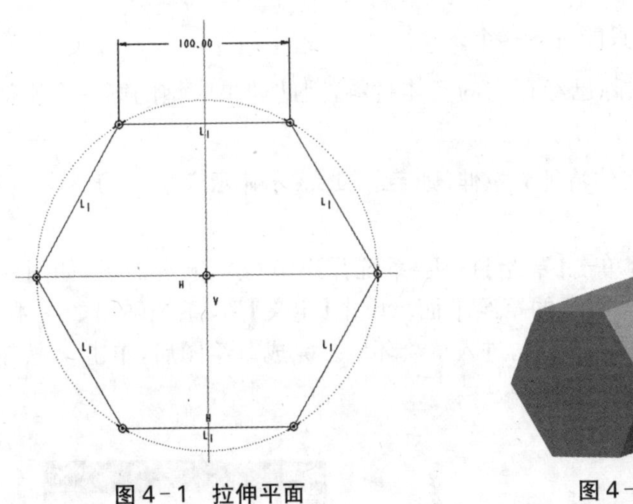

图 4 - 1　拉伸平面

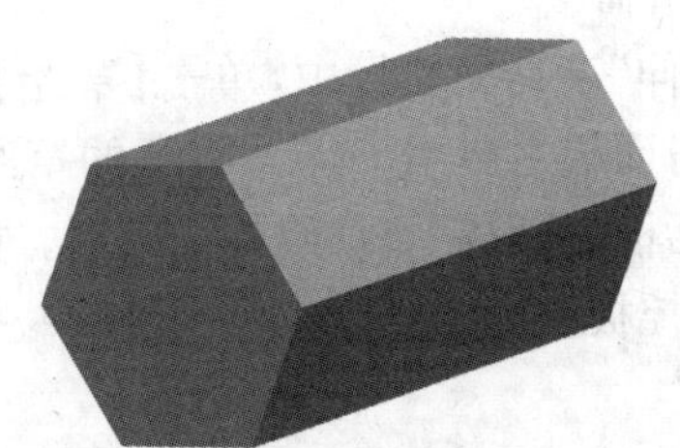
图 4 - 2　拉伸实体

一、拉伸特征工具操控板

单击“基础特征”工具栏中的 按钮，或者单击“插入”→“拉伸”后，系统自动进入如图 4 - 3 所示的拉伸特征工具操控板。

1. “拉伸”对话栏

如图 4 - 3 所示，“拉伸”对话栏共包括了五种拉伸性质的定义，下面分别介绍各个按钮的作用。

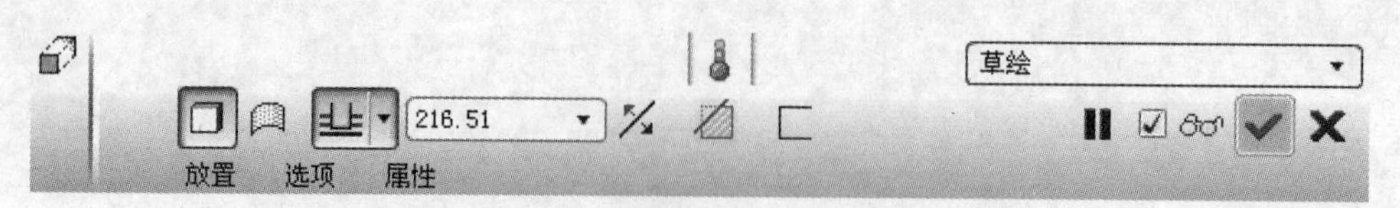

图4-3 拉伸特征工具操控板

1) 当此按钮按下时,所创建的拉伸特征为实体。

2) 当此按钮按下时,所创建的拉伸特征为曲面。

3) 216.51 定义拉伸厚度,其中左侧的按钮定义拉伸厚度的创建方式,右侧的文本框中输入拉伸厚度值。

(1) :从草绘平面以指定的深度值拉伸。

(2) :从草绘平面两侧分别拉伸深度值的一半,即拉伸特征关于草绘平面对称。

(3) :拉伸至下一曲面。

(4) :拉伸至与所有曲面相交。

(5) :拉伸至与选定的曲面相交。

(6) :拉伸至指定的点、曲线、平面或曲面。

4) 将拉伸方向更改为草绘平面的另一侧。

5) 在已创建的实体中,去除拉伸特征部分的材料。

6) 加厚草绘。

说明:

(1) 按钮和 按钮只能按下一个。

(2) 由于 按钮用于去除已经存在的实体材料,因此如果模型的第一个实体特征为拉伸,则该按钮不可用。

(3) 如果模型的第一个实体特征为拉伸,则 不显示。

2. 上滑面板

在“拉伸”工具操控板中,单击【草绘】按钮,系统弹出“草绘”上滑面板,如图4-4所示。“草绘”上滑面板主要用于定义特征的草绘平面。单击【定义】后,系统弹出如图4-5所示的“草绘”对话框,选取需要草绘的平面后,进入草绘环境。完成草绘图后,单击 按钮,返回“拉伸”工具操控板。

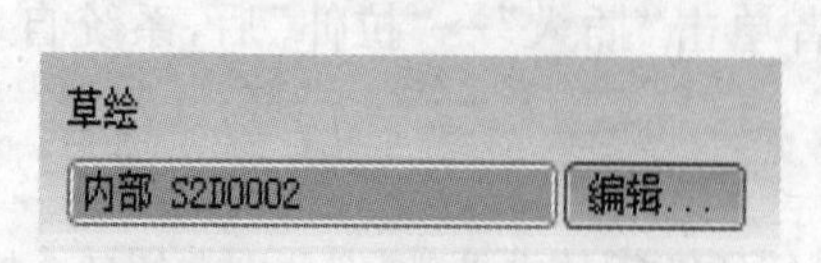

图4-4 “草绘”上滑面板

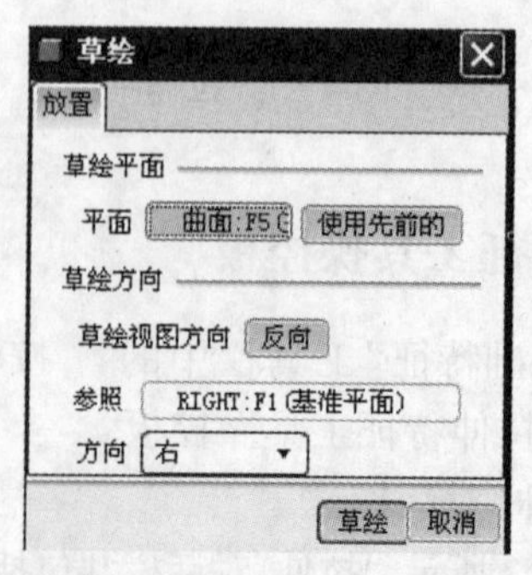

图4-5 “草绘”对话框

对在拉伸特征中所使用的草绘剖面，有着一定的要求。

对用于实体拉伸的截面，注意下列创建截面的规则：

(1) 拉伸截面可以是开放的或闭合的。

(2) 开放截面可以只有一个轮廓，但所有的开放端点必须与零件边对齐。

(3) 如果是闭合截面，可由下列几项组成：单一或多个不叠加的封闭环；嵌套环，其中最大的环用作外部环，而将其他所有环视为较大环中的孔(这些环不能彼此相交)。

对用于切口和加厚拉伸的截面，注意下列创建截面的规则：

(1) 可使用开放或闭合截面。

(2) 可使用带有不对齐端点的开放截面。

(3) 截面不能含有相交图元。

对用于曲面的截面，注意下列创建截面的规则：

(1) 可使用开放或闭合截面。

(2) 截面可含有相交图元。

向现有零件几何添加拉伸时，可在同一草绘平面上草绘多个轮廓，这些轮廓不能重叠，但可嵌套。所有的拉伸轮廓共用相同的深度选项，并且总是被一起选取。因此，可在截面轮廓内草绘多个环以创建空腔。

在“拉伸”工具操控板中，单击【选项】按钮，系统弹出“选项”上滑面板，如图 4-6 所示。“选项”上滑面板主要用于更加复杂的拉伸厚度的定义。如图 4-6 所示，可以在草绘平面两侧分别定义其拉伸厚度方式和拉伸厚度值。

“封闭端”选项表示使用封闭端创建曲面特征。在侧 2，无法使用⊟ 方式拉伸。

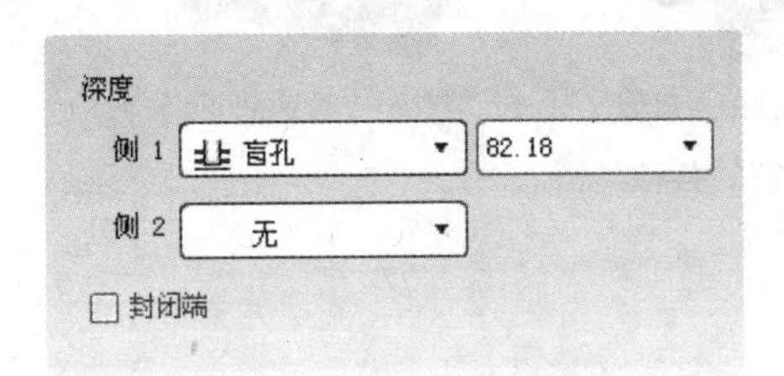

图 4-6　“选项”上滑面板

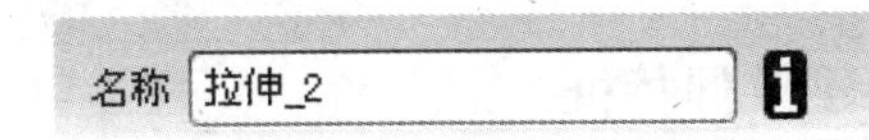

图 4-7　“属性”上滑面板

在“拉伸”工具操控板中，单击【属性】按钮，系统弹出“属性”上滑面板，如图 4-7 所示。“属性”上滑面板显示该特征的名称以及相关信息。在图 4-7 所示的“名称”文本框中，显示了该特征的缺省名称，用户也可以自由设置名称。在“属性”上滑面板中单击 按钮，系统会弹出浏览器窗口，显示该特征的相关信息，包括父项、驱动尺寸、内部特征 ID 等。

说明：几乎所有特征的“属性”上滑面板的功能完全相同，因此在后面的项目中，将省略对“属性”上滑面板的介绍。

3. “特征操控”按钮

“特征操控”按钮主要用于对该特征的操作，可以暂停特征创建、预览特征等，下面介绍各按钮的详细功能。

1) ⏸ 暂停此工具以访问其他对象操作工具。

2) ☑ 切换动态几何预览的显示。当选中时，显示动态几何预览；当取消时，取消动态几何预览。

3) ✓ 应用并保存在工具中所作的所有更改,并退出工具操控板。

4) ✕ 取消特征创建/重定义。

"特征操控"按钮在各种特征创建中都广泛存在,且功能完全相同。一般来说,只要有工具操控板,就会显示出"特征操控"按钮,因此在后面的章节中,将不再对"特征操控"按钮作说明。

二、拉伸特征的类型

合理使用拉伸特征工具,可以创建各种各样的拉伸特征。图 4-8 所示为可用"拉伸"工具创建的各种类型的几何模型。

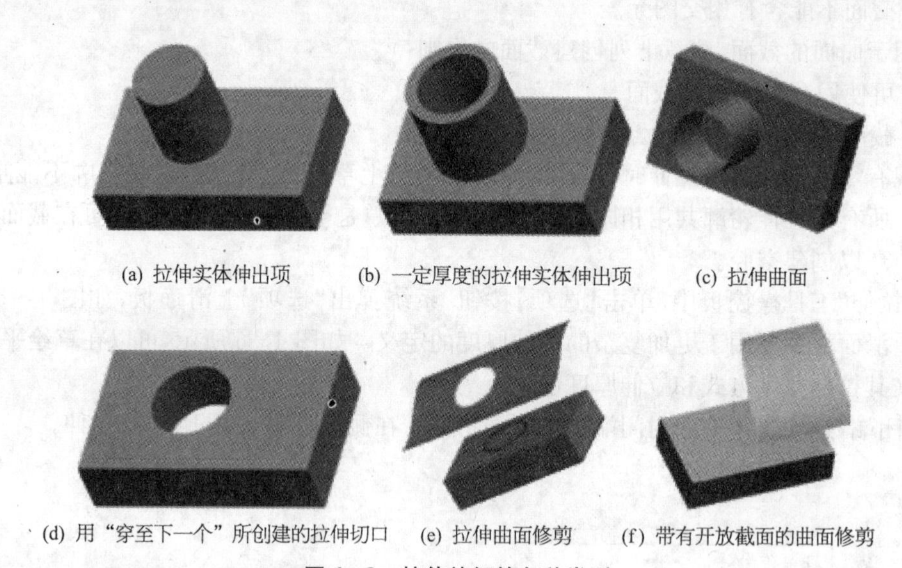

图 4-8 拉伸特征的各种类型

三、创建拉伸特征

前面已经介绍了拉伸特征的各个类型,在实际应用中,使用最多的是拉伸实体伸出项、拉伸切口、拉伸曲面和加厚拉伸。下面分别介绍这几种拉伸特征的创建步骤。

1. 创建拉伸实体伸出项

单击"基础特征"工具栏中的 按钮,进入拉伸工具操控板。系统缺省情况下, 按钮被按下,即缺省情况下创建实体特征。

单击【草绘】,系统弹出"草绘"上滑面板,单击【定义】,系统弹出"草绘"对话框,选择草绘界面后,进入草绘环境。

在草绘环境中完成剖面的草绘,单击 ✓ 按钮完成草绘。

说明:如果所绘制的剖面不符合要求,系统会弹出"不完整截面"警告框,同时在消息区中列出剖面不符合要求的具体原因,图形窗口中也会加亮显示错误的发生区域。

一般情况下,"拉伸"对话栏中的厚度定义方式已经足够,如果需要更加复杂的厚度定义方式,请单击"选项",在"选项"上滑面板中进行定义。

使用 按钮调整拉伸方向,完成后单击 ✓ 按钮完成拉伸实体特征的创建。

2. 创建拉伸切口

拉伸切口特征的创建步骤与拉伸实体伸出项的创建步骤基本相同，只是在“拉伸”工具栏中按下 按钮，以确保去除材料，创建切口。拉伸切口特征不能作为整个模型的第一个实体特征。

3. 创建拉伸曲面

单击“基础特征”工具栏中的 按钮，进入拉伸工具操控板。按下 按钮，创建曲面特征。单击【草绘】，系统弹出“草绘”上滑面板，单击【定义】，系统弹出“草绘”对话框，选择草绘界面后，进入草绘环境。在草绘环境中完成剖面的草绘，单击 按钮完成草绘。定义拉伸厚度。一般情况下，“拉伸”对话栏中的厚度定义方式已经足够，如果需要更加复杂的厚度定义方式，请单击“选项”，在“选项”上滑面板中进行定义。

如果使用草绘截面为闭合的，则“选项”上滑面板中的“封闭端”选项被激活。选择该项后，拉伸曲面的端点被封闭。

使用 按钮调整拉伸方向，完成后单击 按钮完成拉伸曲面特征的创建。

4. 创建加厚拉伸

单击“基础特征”工具栏中的 按钮，进入拉伸工具操控板。系统缺省情况下， 按钮被按下，即缺省情况下创建实体特征。按下 按钮，系统显示如图 4－9 所示的工具栏，用于设置加厚拉伸的厚度。

图 4－9　加厚拉伸厚度设置

单击【草绘】，系统弹出“草绘”上滑面板，单击【定义】，系统弹出“草绘”对话框，选择草绘界面后，进入草绘环境。在草绘环境中完成剖面的草绘，单击 按钮完成草绘。

一般情况下，“拉伸”对话栏中的厚度定义方式已经足够，如果需要更加复杂的厚度定义方式，请单击“选项”，在“选项”上滑面板中进行定义。

使用 按钮调整拉伸方向，使用图 4－9 中的 按钮调整加厚特征创建方式，在以下几种加厚方式间轮流切换：向“侧 1”添加厚度；向“侧 2”添加厚度；向两侧添加厚度。

完成各项参数定义后，单击 按钮完成拉伸曲面特征的创建。

四、拉伸特征应用实例

如图 4－10 所示，该零件是完全使用拉伸特征创建而成的，具体步骤如下：

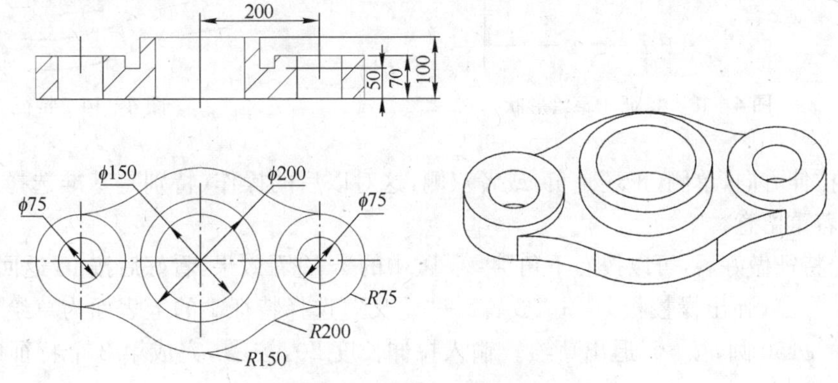

图 4－10　模型尺寸及外形图

(1) (新建)→选“零件”→输入名称(如“3-3-1”)→不使用缺省模板→确定(图4-11)→选取“mmns_part_solid”,确定。

(2) 点击,弹出拉伸操控板(图4-12),点击“放置”→“定义”,选择草绘平面如TOP面,画最下面底盘轮廓(图4-13),按,退出草绘。输入拉伸长度50,在模型区单击鼠标左键,让模型生效,按,完成第1个特征的创建(图4-14)。

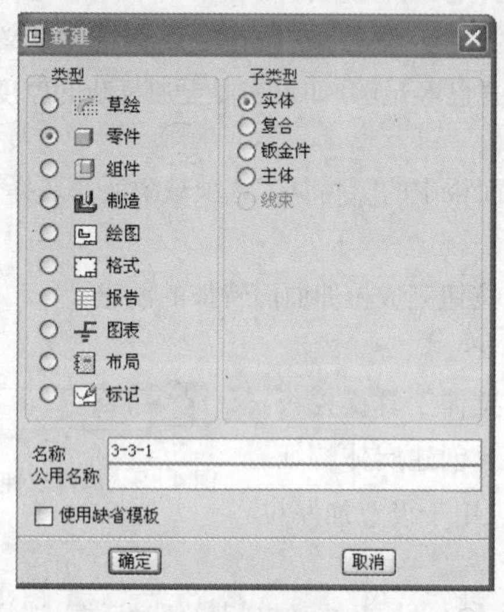

图4-11 定义模型名称

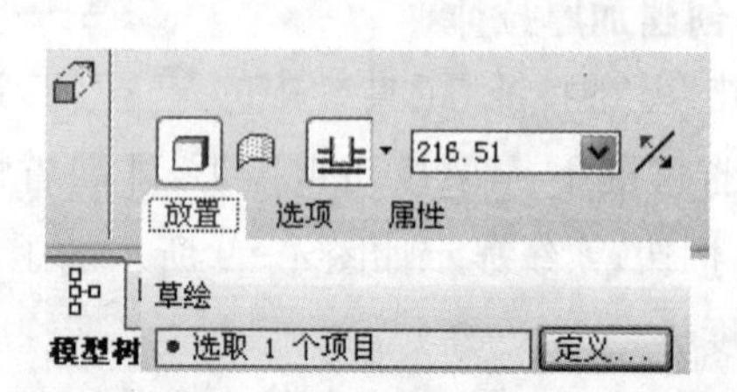

图4-12 拉伸操控板

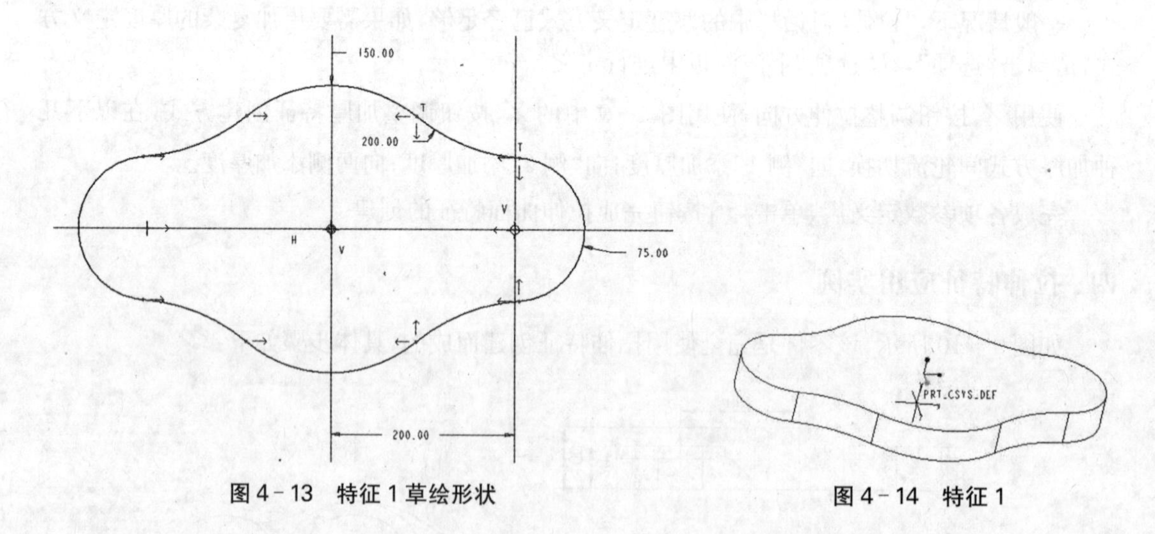

图4-13 特征1草绘形状

图4-14 特征1

说明:拉伸方向,单侧(正还是负)或者双侧,这对以后的操作(特别是基准选择)会有很大帮助,应该着重留意。

每一个特征做好后,可以按右下角中的查看效果,看好后按返回。

(3) 点击,弹出操控板,点击“放置”→“定义”,选择特征1的上表面为草绘平面,用同心圆画两个$\phi 150$圆,按,退出草绘。输入拉伸长度20,按,完成第2个特征的创建(图4-15)。

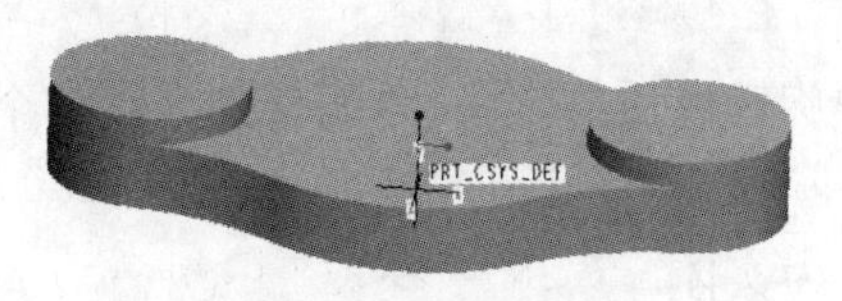

图 4-15　特征 2

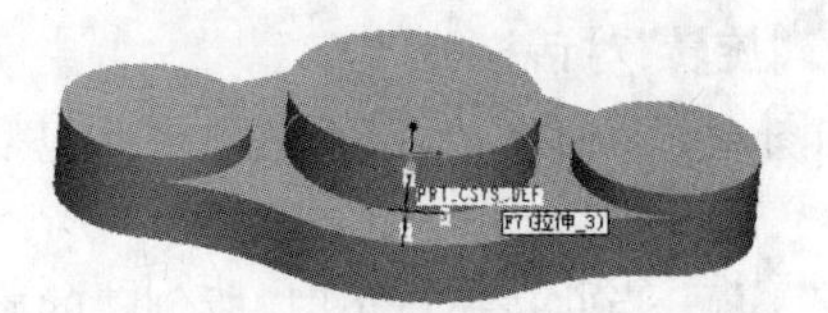

图 4-16　特征 3

(4) 点击 ，弹出操控板，选择特征 1 的上表面为草绘平面，用同心圆画中间的 ϕ200 圆，按 ，退出草绘。输入拉伸长度 50，按 ，完成第 3 个特征的创建(图 4-16)。

(5) 点击 ，弹出操控板，按下切除按钮 ，点击“放置”→“定义”，选择特征 1 的下表面为草绘平面，画三个同心圆，边上两个 ϕ75，中间一个 ϕ150，按 ，退出草绘。输入拉伸长度 150(大于模型最大高度值)，按 ，完成第 4 个特征即三个孔的创建。

任务二　旋 转 特 征

旋转特征就是将某个平面图形围绕某一特定的轴进行一定角度的旋转，最终形成某一实体的过程。在旋转实体中，穿过旋转轴的任意平面所截得的截面都完全相同。如图 4-17 所示为一个正六边形，对它沿旋转轴旋转 240°后，形成了如图 4-18 所示的实体。旋转特征一般用于创建关于某个轴对称的实体。

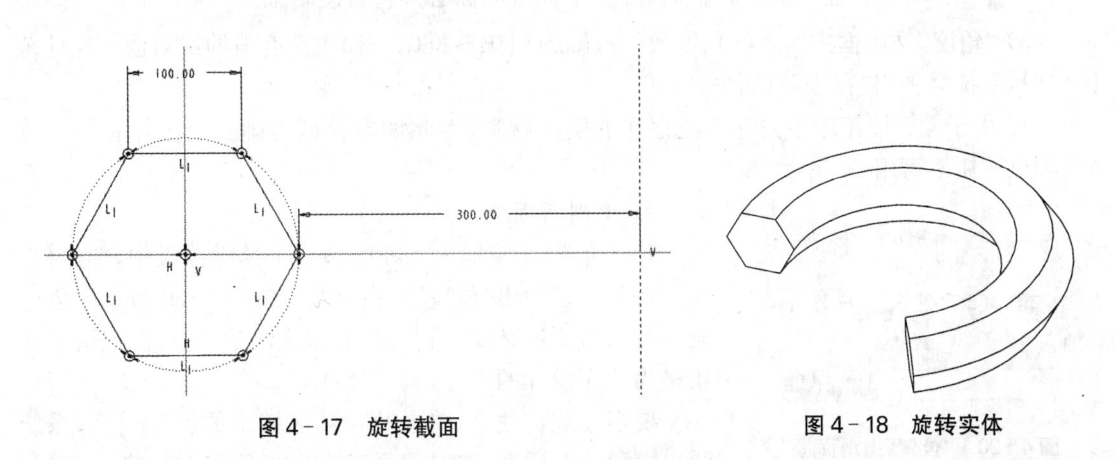

图 4-17　旋转截面

图 4-18　旋转实体

一、旋转特征工具操控板

单击“基础特征”工具栏中的 按钮，或者单击“插入”→“旋转”后，系统自动进入如图 4-19 所示的旋转特征工具操控板。

图 4-19　旋转特征工具操控板

1. "旋转"对话栏

如图 4－19 所示,"旋转"对话栏共包括了五种旋转性质的定义,下面分别介绍各个按钮的作用。

1) 当此按钮按下时,所创建的旋转特征为实体。

2) 当此按钮按下时,所创建的旋转特征为曲面。

3) 轴收集器,用于定义旋转轴。

4) 360.00 定义旋转角度,其中左侧的按钮定义旋转角度的创建方式,右侧的文本框中输入旋转角度值。

(1) :从草绘平面以指定的角度值旋转。

(2) :从草绘平面两侧分别旋转角度值的一半,即旋转特征关于草绘平面对称。

(3) :旋转至指定的点、平面或曲面。

5) 将旋转的角度方向更改为草绘平面的另一侧。

6) 在已创建的实体中,去除旋转特征部分的材料。

7) 加厚草绘。

说明:

(1) 按钮和 按钮只能按下一个。

(2) 使用 方式创建旋转特征时,终止平面或曲面必须包含旋转轴。

(3) "角度"文本框中输入的角度数值范围为 0.01～360,当输入角度值的绝对值不在此范围内时,系统会弹出"警告"对话框。

(4) 由于 按钮用于去除已经存在的实体材料,因此如果模型的第一个实体特征为旋转,则该按钮不可用。

2. 上滑面板

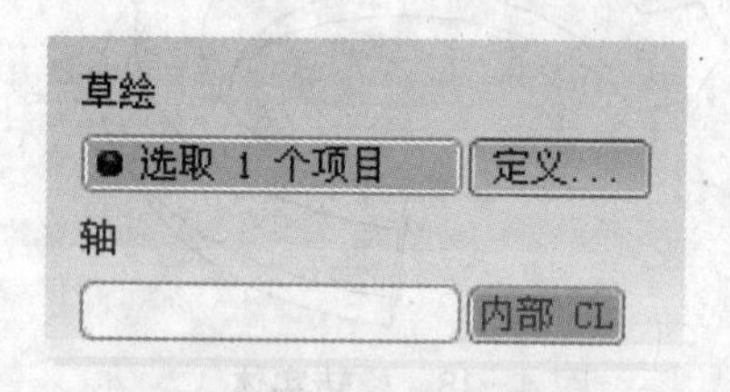

图 4－20 "位置"上滑面板

1)"位置"上滑面板　在"旋转"工具操控板中,单击【位置】按钮,系统弹出"位置"上滑面板,如图 4－20 所示。创建旋转特征需要定义要旋转的截面和旋转轴,"位置"上滑面板正是为此而设计的。

要定义旋转截面,单击"草绘"区域中的【定义】后,系统弹出"草绘"对话框,选取需要草绘的平面后,进入草绘环境。完成草绘图后,单击 按钮,返回"拉伸"工具操控板。

"轴"收集器用于定义旋转特征的旋转轴。如果草绘平面内有中心线,则系统缺省选择首先创建的中心线为旋转轴;如果草绘平面内无中心线,则用户需手动选择旋转轴。如果当前设定的旋转轴不满意,可以右击"轴"列表框,然后在弹出的快捷菜单中单击"移除",再重新定义旋转轴。定义旋转轴时,可以在图形窗口中直接选择,也可以使用"位置"上滑面板中的【内部 CL】按钮,使用缺省的草绘图中的旋转轴。

2)"选项"上滑面板　在"旋转"工具操控板中,单击【选项】按钮,系统弹出"选项"上滑面板,如图 4－21 所示。"选项"上滑面板主要用于更加复杂的旋转角度的定义,可以在草绘平面两侧分别定义其旋转方式和旋转角度值。

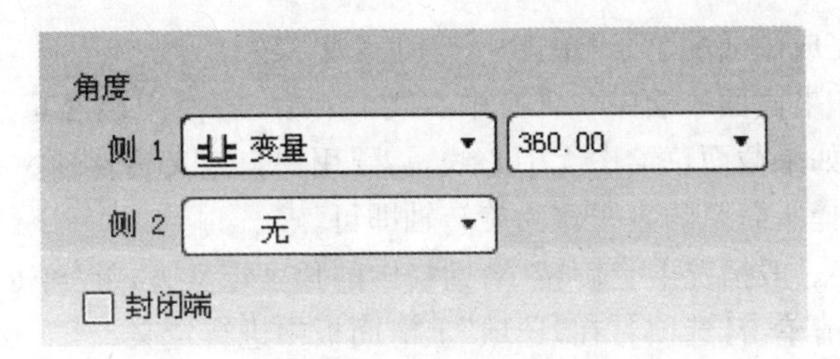

图 4－21　“选项”上滑面板

“封闭端”选项表示使用封闭端创建曲面特征。

3）“属性”上滑面板　和前一任务中所述的拉伸特征的“属性”上滑面板基本相同，不再赘述。

3. “特征操控”按钮

和前一节中所述的拉伸特征的“特征操控”按钮完全相同，不再赘述。

二、旋转特征的类型

合理使用旋转特征工具，可以创建各种类型的旋转特征。图 4－22 显示了可用“旋转”工具创建的各种类型的几何模型。

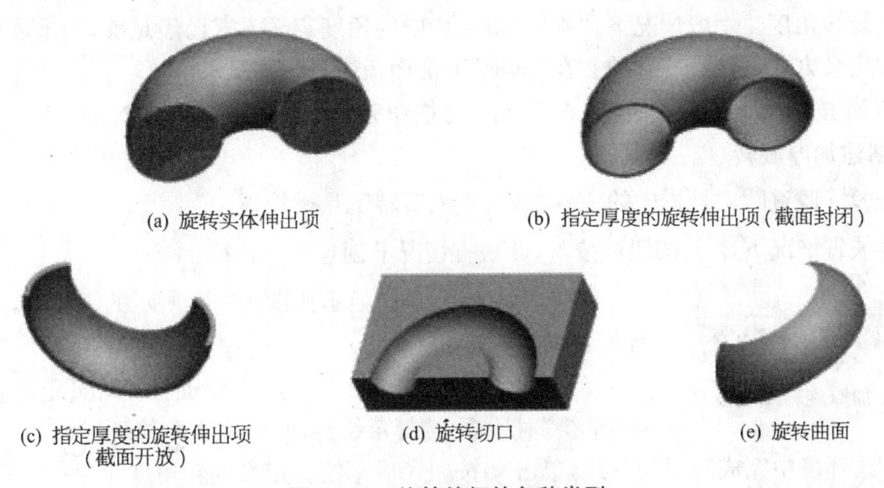

(a) 旋转实体伸出项　(b) 指定厚度的旋转伸出项（截面封闭）

(c) 指定厚度的旋转伸出项（截面开放）　(d) 旋转切口　(e) 旋转曲面

图 4－22　旋转特征的各种类型

三、创建旋转特征

前面已经介绍了旋转特征的各个类型，在实际应用中，使用最多的是旋转实体伸出项、旋转切口、旋转曲面和加厚旋转。下面分别介绍这几种旋转特征的创建步骤。

1. 创建旋转实体伸出项

单击“基础特征”工具栏中的 按钮，进入旋转工具操控板。

系统缺省情况下， 按钮被按下，即缺省情况下创建实体特征。

单击【位置】，系统弹出“位置”上滑面板，单击【定义】，系统弹出“草绘”对话框，选择草绘界面后，进入草绘环境。

在草绘环境中完成截面的草绘，单击✓按钮完成草绘。

定义旋转轴。如果截面草绘中包含有中心线，系统缺省使用截面草绘中所创建的第一条中心线作为旋转轴；如果截面草绘中无中心线，需要用户自定义旋转轴。在轴收集器中单击后，在图形窗口中选择所需要的直线作为旋转轴即可。

定义旋转角度。一般情况下，“旋转”对话栏中的角度定义方式已经足够，如果需要更加复杂的角度定义方式，请单击【选项】，在“选项”上滑面板中进行定义。

使用按钮调整旋转方向，完成后单击按钮完成旋转实体特征的创建。

2. 创建旋转切口

旋转切口特征的创建步骤与旋转实体伸出项的创建步骤基本相同，只是在“旋转”工具栏中按下按钮，以确保去除材料，创建切口。

3. 创建旋转曲面

单击“基础特征”工具栏中的按钮，进入旋转工具操控板。

按下按钮，创建曲面特征。

单击【位置】，系统弹出“位置”上滑面板，单击【定义】，系统弹出“草绘”对话框，选择草绘界面后，进入草绘环境。

在草绘环境中完成剖面的草绘，单击✓按钮完成草绘。

定义旋转轴，方法在前一任务中已经详细说明，不再赘述。

定义旋转角度。一般情况下，“旋转”对话栏中的角度定义方式已经足够，如果需要更加复杂的角度定义方式，请单击【选项】，在“选项”上滑面板中进行定义。

使用按钮调整拉伸方向，完成后单击按钮完成旋转曲面特征的创建。

4. 创建加厚旋转

单击“基础特征”工具栏中的按钮，进入旋转工具操控板。

系统缺省情况下，按钮被按下，即缺省情况下创建实体特征。

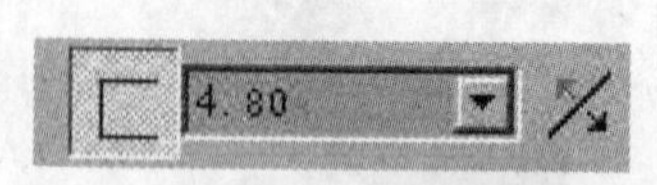

图4-23 加厚旋转厚度设置

按下按钮，系统显示如图4-23所示的工具栏，用于设置加厚旋转的厚度。

单击【草绘】，系统弹出“草绘”上滑面板，单击【定义】，系统弹出“草绘”对话框，选择草绘界面后，进入草绘环境。

在草绘环境中完成剖面的草绘，单击✓按钮完成草绘。定义旋转角度。

使用按钮调整拉伸方向，使用图4-23中的按钮调整加厚特征创建方式，可在以下几种加厚方式间轮流切换：向“侧1”添加厚度；向“侧2”添加厚度；向两侧添加厚度。

完成各项参数定义后，单击按钮完成拉伸曲面特征的创建。

四、旋转特征应用实例

如图4-24所示，该轴零件的主要特征是使用旋转特征创建而成的，具体步骤如下：

(1) (新建)→选“零件”→输入名称(如“zhou”)→不使用缺省模板→确定→选取“mmns_part_solid”，确定。

(2) 点击，弹出操控板，点击“放置”→“定义”，选择草绘平面如FRONT面，画图4-25所示形状，按✓，退出草绘。确认旋转度数为360°，按。

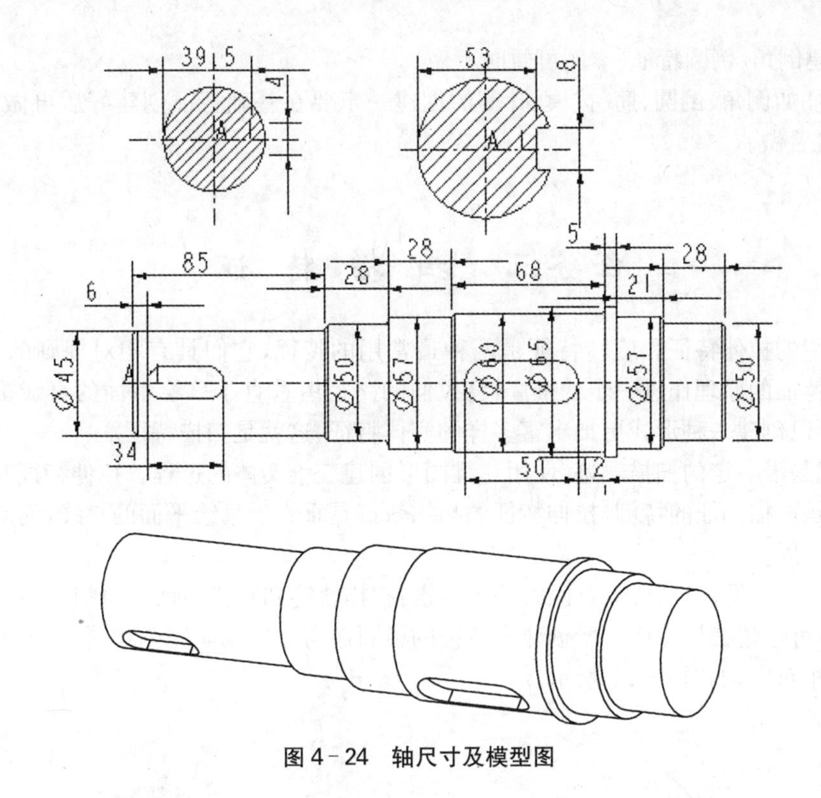

图 4－24　轴尺寸及模型图

图 4－25　轴截面图

草绘好后，标注尺寸时，标注直径（点 ，单击某圆柱母线和中心线，再单击该圆柱母线，在标注位置按鼠标中键）而不是半径，这样在工程图中将自动标注直径。

（3）创建轴 ϕ60 处的键槽。创建一基准面 DTM1：与 FRONT 面平行且偏距 23（偏距取决于键槽深度）。点击 ，弹出操控板，按下 ，点击“放置”→“定义”，选择 DTM1 面为草绘平面，画键槽形状，按 ，退出草绘。拉伸长度选 ，在模型区单击鼠标左键，如果切除方向不对，单击 ，让模型生效，按 。

（4）创建轴 ϕ45 处的键槽。创建一基准面 DTM5：与 FRONT 面平行且偏距 17（偏距取决于键槽深度）。点击 ，弹出操控板，按下 ，点击“放置”→“定义”，选择 DTM5 面为草绘平面，画键槽形状，按 ，退出草绘。拉伸长度选 ，在模型区单击鼠标左键，如果切除方向不对，单击 ，让模型生效，按 。

(5) 创建倒角、倒圆特征(本例可暂时不做)。

辅助特征如倒角、倒圆、筋、拔模、孔等的创建一定要在基础特征创建好后再做,特别是倒角、倒圆要最后做。

任务三 扫描特征

前面介绍的拉伸特征和旋转特征是两种最常用的特征,它们具有相对规则的几何形状。将创建拉伸特征的原理作进一步的推广,将拉伸的路径由垂直于草绘平面的直线推广成任意的曲面,则可以创建一种形式更加丰富多样的实体特征,这就是扫描特征。

扫描,就是沿一定的扫描轨迹,使用二维图形创建三维实体的过程。拉伸特征和旋转特征都可以看作是扫描特征的特例,拉伸特征的扫描轨迹是垂直于草绘平面的直线,而旋转特征的扫描轨迹是圆周。

由图4-26可见,扫描特征有两大基本要素:扫描轨迹和扫描截面。将扫描截面沿扫描轨迹扫描后,即可创建扫描特征。所创建的特征的横断面与扫描剖面完全相同,特征的外轮廓线与扫描轨迹相对应,如图4-27所示。

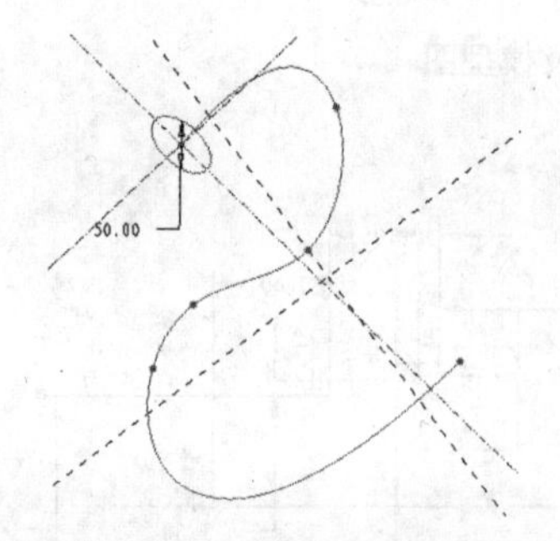

图4-26 扫描特征的两大要素

图4-27 扫描实体特征

一、扫描对话框

单击“插入”→“扫描”后,系统弹出如图4-28所示的菜单。扫描特征的种类非常多,但它们都具有前面所说的两大基本要素。下面就以图4-29所示的“伸出项:扫描”对话框为例,介绍扫描轨迹和扫描截面的定义方法。

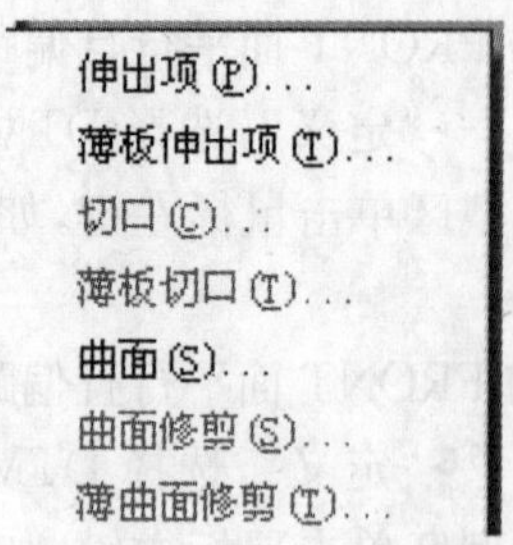

伸出项(P)...
薄板伸出项(T)...
切口(C)...
薄板切口(T)...
曲面(S)...
曲面修剪(S)...
薄曲面修剪(T)...

图4-28 扫描种类

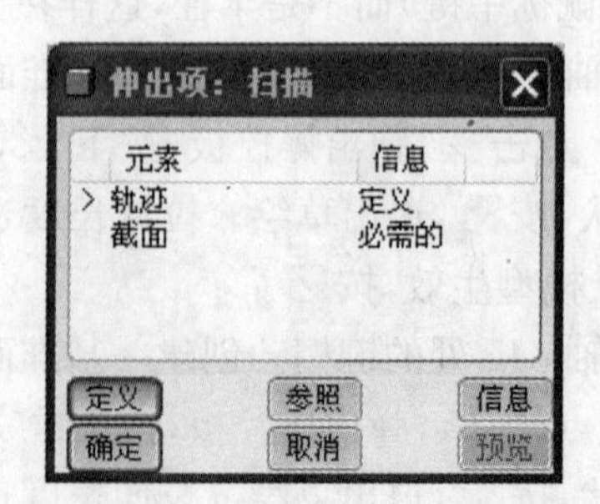

图4-29 “伸出项:扫描”对话框

单击“插入”→“扫描”→“扫描伸出项”后，系统自动弹出如图 4－29 所示的“伸出项：扫描”对话框。

1. 扫描轨迹定义

在“伸出项：扫描”对话框中，选中“轨迹”后，单击【定义】，系统弹出如图 4－30 所示的“扫描轨迹”菜单。“扫描轨迹”菜单中有两个选项：“草绘轨迹”和“选取轨迹”。

1）草绘轨迹　如果用户需要使用草绘的方法创建扫描轨迹，则可单击“草绘轨迹”，系统自动弹出如图 4－31 所示的“设置草绘平面”菜单，用户可以在此选择草绘轨迹的草绘平面。单击“使用先前的”，则系统使用与创建前一个特征相同的草绘平面；单击“新设置”后，使用新的草绘平面设置。

在“设置草绘平面”菜单中，用户可以单击“平面”，直接使用已经存在的平面作为平面；也可以单击“产生基准”，系统弹出如图 4－32 所示的“基准平面”菜单，用于创建临时基准平面。无论使用何种草绘平面，最终都是进入草绘环境中，绘制任意的二维扫描轨迹。

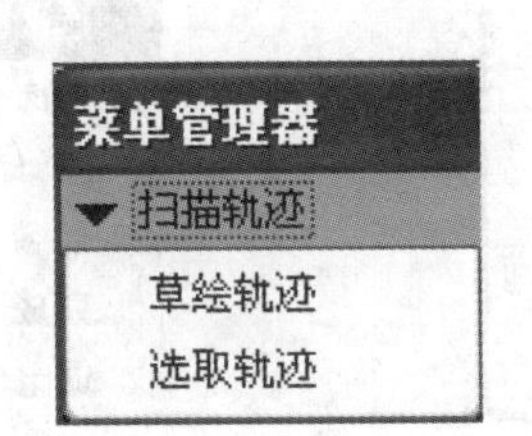

图 4－30　“扫描轨迹”菜单

图 4－31　“设置草绘平面”菜单

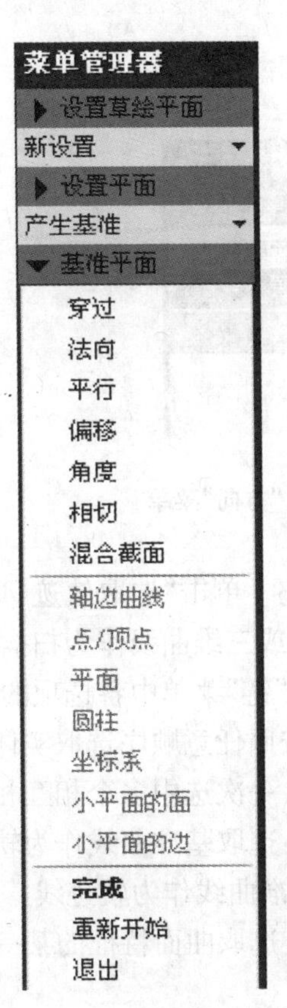

图 4－32　“基准平面”菜单

说明——关于临时基准平面：

（1）临时基准平面和基准平面不同。临时基准平面在需要时可临时创建，当相应的设计完成后自动撤销，不再显示在设计界面上，也不保留在模型树窗口中。

（2）临时基准是对基准的补充。在设计中，如果某个基准需要多次重复地使用，一般情况下会使用基准；如果某一基准只使用一次，则使用临时基准是一个更好的办法。合理使用临时基准，不仅使设计界面整洁明了，而且有利于系统管理。

确定草绘平面后，还需要定义草绘视图的方向及草绘参考平面。

如图 4－33 所示，在“方向”菜单中可以设置草绘视图方向。当图形窗口中箭头所指方向与所需要草绘视图方向相同时，直接点击“正向”即可；当图形窗口中箭头所指方向与所需要草绘视图方向相反时，点击“反向”，图形窗口中的箭头反向，再点击“正向”即可。

如图 4－34 所示，在“草绘视图”菜单中设置草绘参考平面。点击“顶”、“底部”等选项后，可以定义相应的草绘参考平面，若使用缺省设置，直接点击“缺省”即可。

使用“草绘轨迹”选项所创建的扫描轨迹只能是二维曲线，对于三维扫描曲线则无能为力。这时候就需要使用“选取轨迹”选项。

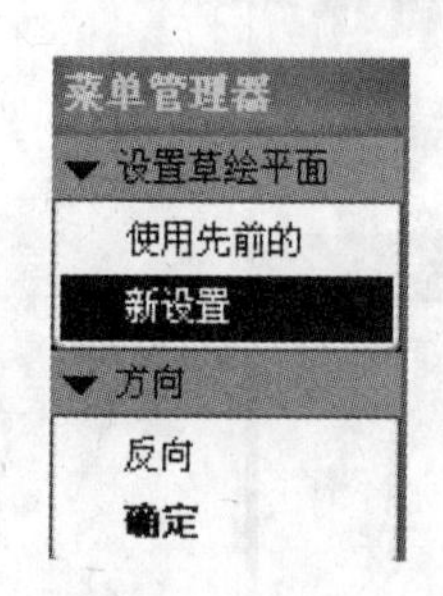

图 4－33 “方向”菜单

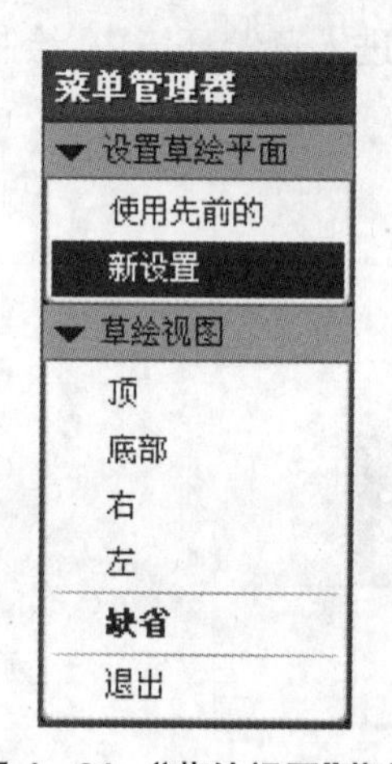

图 4－34 “草绘视图”菜单

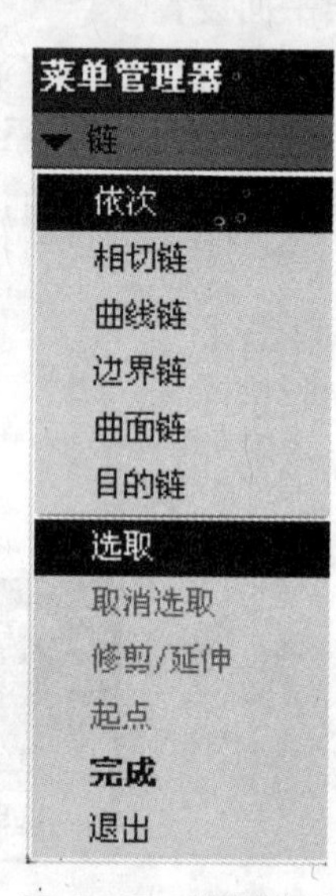

图 4－35 “链”菜单

2）选取轨迹　单击“选取轨迹”选项后，系统弹出如图 4－35 所示的“链”菜单，可以选取已经存在的二维或三维曲线作为扫描轨迹。例如，可以选取三维实体模型的边线、基准曲线等作为扫描轨迹。“链”菜单中各选项的意义为：

(1) 依次：按照任意顺序选取实体边线或者基准曲线作为轨迹线。

(2) 相切链：一次选中多个相互相切的边线或者基准曲线作为轨迹线。

(3) 曲线链：选取基准曲线作为轨迹线。当选取指定的基准曲线后，系统还会自动选取所有与之相切的基准曲线作为轨迹线。

(4) 边界链：选取曲面特征的某一边线后，可以一次选中与该边线相切的边界曲线作为轨迹线。

(5) 曲面链：选取某曲面，将其边界曲线作为轨迹线。

(6) 目的链：选取环形的边线或者曲线作为轨迹线。

当选中轨迹线后，还可以对选取的轨迹线进行操作：

(1) 选取：选取轨迹线。

(2) 取消选取：放弃已经选取的轨迹线。

(3) 修剪/延伸：对已经选取的轨迹线进一步裁剪或延伸以改变其形状和长度。

(4) 起点：指定扫描轨迹线的起始位置。

当所有扫描轨迹的参数定义完成后，单击“完成”，系统自动进入草绘环境，绘制扫描截面。

2. 扫描特征属性设置

属性参数用于确定扫描实体特征的外观以及与其他特征的连接方式。

1）端点属性　如果在一个已经存在的实体特征上创建扫描实体特征，同时扫描轨迹线为开放曲线，则需要在如图 4-36 所示的“端点属性”菜单中设置扫描实体特征与已经存在实体特征的连接方式。“端点属性”菜单中有两个选项：“合并端”和“自由端”。

(1) 合并端：新建扫描实体特征与原有实体特征相接后，两者自然整合，光滑连接。

(2) 自由端：新建扫描实体特征与原有实体特征相接后，两者保持自然状态，互不融合。

图 4-36　“端点属性”菜单

图 4-37　“内部属性”菜单

2）内部属性　如果扫描轨迹线为闭合曲线，则需要在如图 4-37 所示的“内部属性”菜单中设置扫描内部属性。“内部属性”菜单中有两个选项：“添加内表面”和“无内表面”。

(1) 添加内表面：草绘剖面沿轨迹线产生实体特征后，自动补足上、下表面，形成闭合结构，此时要求使用开放型剖面。

(2) 无内表面：草绘剖面沿轨迹线产生实体特征后，不会补足上、下表面，此时要求使用闭合剖面。

3. 扫描截面定义

确定扫描轨迹后，就需要定义扫描截面。在此之前，需要了解关于扫描轨迹方向的定义。所有定义的扫描轨迹都有一个起始点，在起始点处有一个箭头指向起始点处扫描轨迹线的切线方向，如图 4-38 所示。

扫描截面始终垂直于扫描轨迹。在“伸出项：扫描”对话框中，选中“截面”后，单击【定义】，系统自动选取与扫描轨迹垂直，并经过起始点的平面作为草绘平面，如图 4-39 所示，在该平面内可草绘扫描截面。

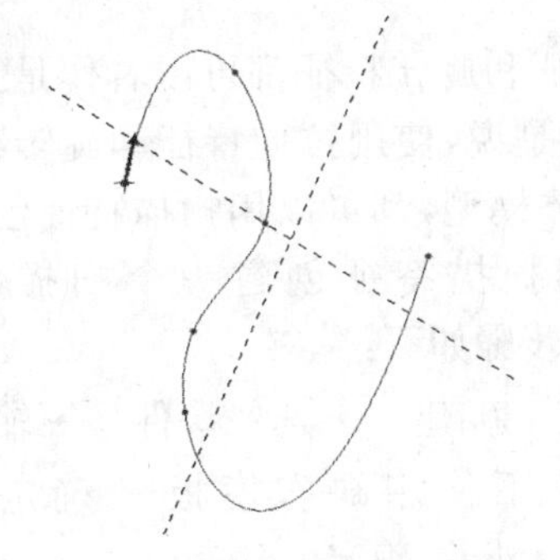

图 4-38　扫描轨迹的起始点及方向

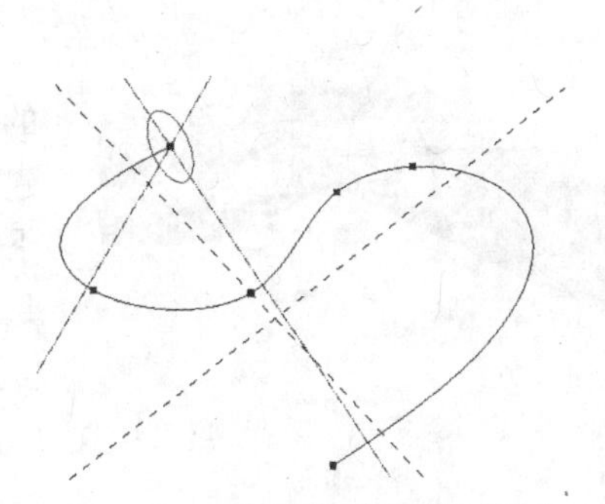

图 4-39　扫描截面的草绘平面

二、创建扫描特征

扫描特征的种类繁多，其中最常用的是扫描伸出项、扫描切口、扫描曲面和扫描薄板伸出项。

1. 创建扫描伸出项

单击“插入”→“扫描”→“伸出项”后，系统弹出“伸出项：扫描”对话框，并自动出现“扫描轨迹”菜单。单击“草绘轨迹”草绘扫描轨迹，或单击“选取轨迹”选取扫描轨迹。如果轨迹位于多个曲面上，系统将提示选取法向曲面，用于扫描横截面。根据扫描轨迹的情况，系统弹出“属性”对话框，用于定义端点属性和内部属性。创建或检索将沿扫描轨迹扫描的截面。扫描伸出项特征的所有元素定义完成后，在“伸出项：扫描”对话框中单击【确定】，系统生成扫描伸出项特征。

2. 创建扫描切口

扫描切口特征的创建步骤与扫描伸出项的创建步骤基本相同，只是在“切剪：扫描”对话框（图 4-40）中，需要额外定义所需要去除的材料侧。下面介绍“材料侧”的设定方法。

在“切剪：扫描”对话框中，完成扫描轨迹和扫描截面定义后，系统弹出如图 4-41 所示的“方向”菜单，同时在图形窗口中显示用黄色箭头表示材料去除的方向，如图 4-42 所示。如果需要去除材料的方向与箭头方向一致，则单击“正向”；如果需要去除材料的方向与箭头方向相反，则单击“反向”，调整箭头方向后再单击“正向”。所有元素定义完成后，在“切剪：扫描”对话框中单击【确定】，系统生成扫描切口特征。

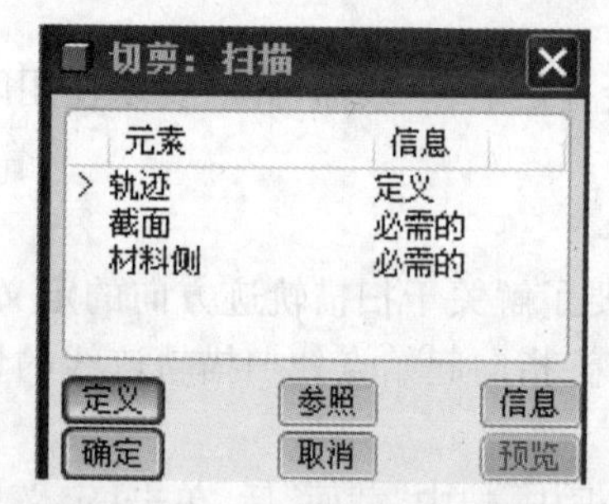

图 4-40 “切剪：扫描”对话框

图 4-41 “方向”菜单

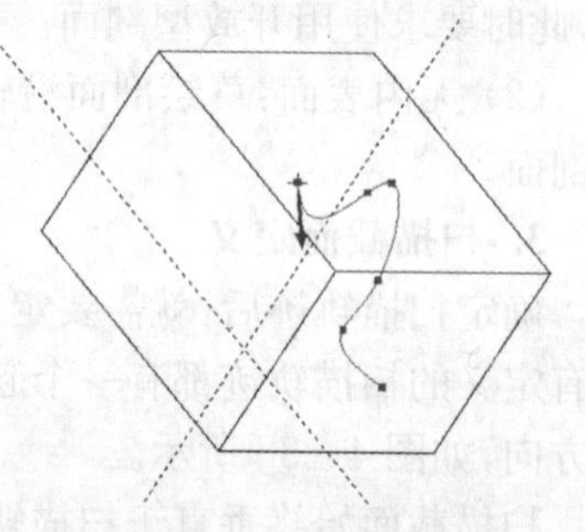

图 4-42 材料侧示意图

三、扫描特征应用实例

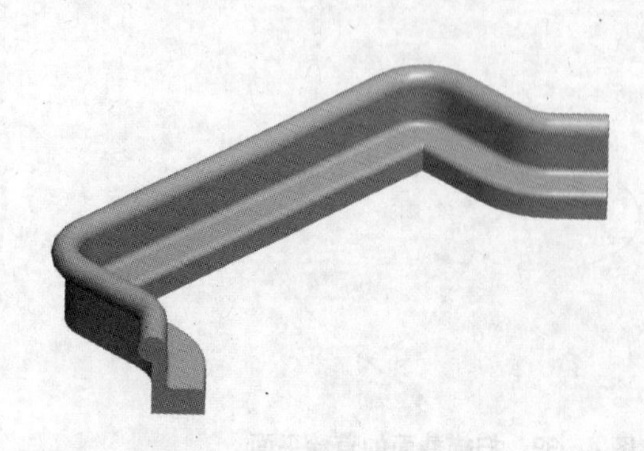

图 4-43 扫描实例

拉伸特征和旋转特征都可以看作是扫描特征的特例，也就是说，使用拉伸特征和旋转特征所创建的三维实体模型，都可以用扫描特征创建出来。下面就使用扫描特征创建一个扫描实例（图 4-43），具体步骤如下：

（1）（新建）→选“零件”→输入名称“saomiao”→不使用缺省模板→确定→选取“mmns_part_solid”，确定。

（2）选择“插入”→“扫描”→“伸出项”→“扫描轨

迹”→“草绘轨迹”→“设置草绘平面”→“设置平面”→“平面”，在图形区选择 TOP 作为草绘平面。“方向”→“正向”→“草绘视图”→“缺省”，进入草绘环境，使用菜单的具体过程如图 4－44 所示。

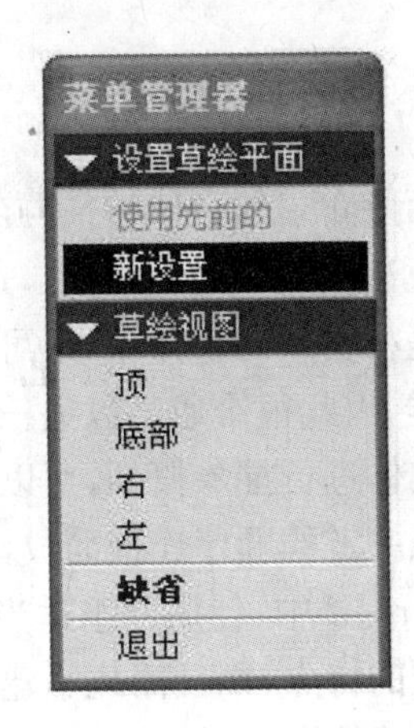

图 4－44　设置草绘平面的过程

(3) 草绘轨迹如图 4－45 所示，注意约束及尺寸的标注样式，按 ✔，完成扫描轨迹定义，系统自动进入扫描截面的定义状态，草绘尺寸和约束如图 4－46 所示的扫描截面。按 ✔ 完成扫描截面定义。

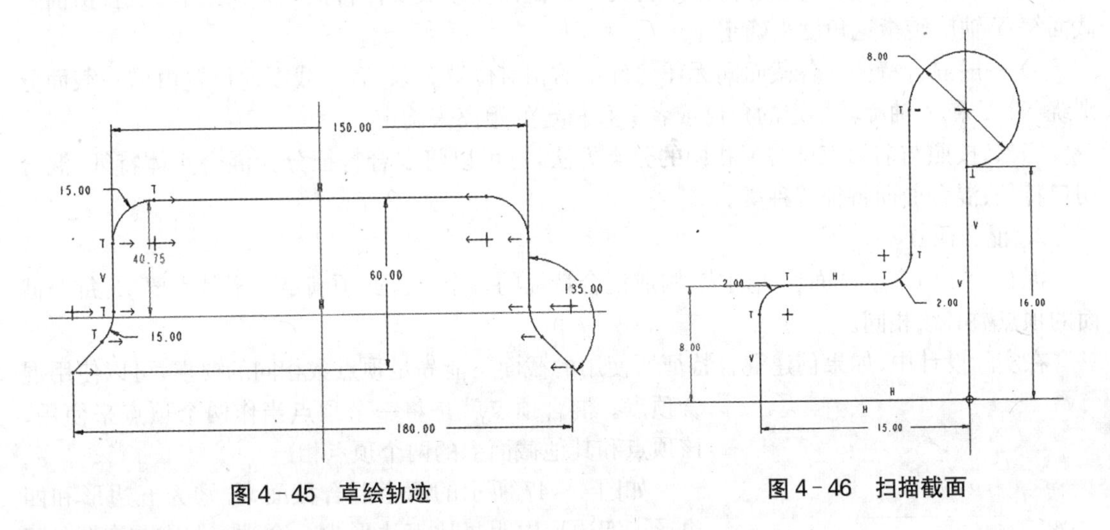

图 4－45　草绘轨迹　　　　图 4－46　扫描截面

改变起始点位置时，可以在图形区选择轨迹另一端点，单击鼠标右键，在弹出的快捷菜单选择“起点”命令。

创建草绘轨迹时要注意以下两点：①相对于截面而言，扫描轨迹中的弧线或者样条半径不能太小；②轨迹本身不能相交。

(4) 在“扫描”对话框，单击【预览】按钮预览扫描特征。如果符合，单击【确定】完成扫描。

任务四　混合特征

一、混合特征概述

前面所介绍的拉伸特征、旋转特征和扫描特征都可以看作是草绘剖面沿一定的路径运动，其运动轨迹生成了这些特征。这三类实体特征的创建过程中都有一个公共的草绘剖面。

但是在实际的物体中，不可能只有相同的剖面。很多结构较为复杂的物体，其尺寸和形状变化多样，因此很难通过以上三种特征得到。

对实体进行抽象概括，可以认为任意的一个特征都可以看作由不同形状和大小的无限个截面按照一定的顺序连接而成，Pro/E中，这种连接称为混合。

在Pro/E中，使用一组适当数量的截面来构建一个混合实体特征，不仅可以清楚地表达实体模型的特点，而且简化了建模过程。创建混合特征，也就是定义一组截面，然后再定义这些截面的连接混合手段。

1. 混合特征分类

混合特征由多个截面按照一定的顺序相连构成，根据建模时各截面间的相对位置关系，可以将混合特征分为三类：

1）平行混合特征　将相互平行的多个截面连接成实体特征。

2）旋转混合特征　将相互并不平行的多个截面连接成实体特征，后一截面的位置由前一截面绕Y轴旋转指定角度来确定。

3）一般混合特征　各截面间无任何确定的相对位置关系，后一截面的位置由前一截面分别绕X、Y和Z轴旋转指定的角度或者平移指定的距离来确定。

当然，按照与前面三种特征相同的分类方法，也可以将混合特征分为混合实体特征、混合切口特征、混合曲面特征等种类。

2. 混合顶点

混合特征由多个截面连接而成，构成混合特征的各个截面必须满足一个基本要求：每个截面的顶点数必须相同。

在实际设计中，如果创建混合特征所使用的截面不能满足顶点数相同的要求，可以使用混合顶点。混合顶点就是将一个顶点当作两个顶点来使用，该顶点和其他截面上的两个顶点相连。

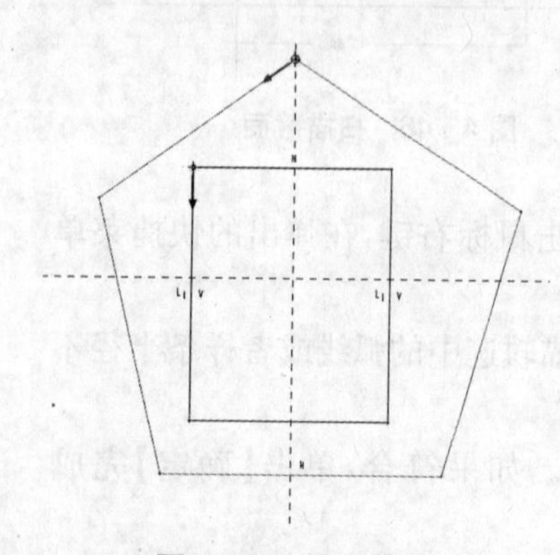

图4-47　混合截面

如图4-47所示的两个混合截面，分别为五边形和四边形。四边形中明显比五边形少一个顶点，因此需要在四边形上添加一个混合顶点(图4-48)，所创建完成的混合特征如图4-49所示，可以看到，混合顶点和五边形上两个顶点相连。

创建混合顶点非常简单。在草绘环境中创建截面时，选中所要创建的混合顶点，然后单击“草绘”→“特征工具”→“混合顶点”，所选点就成为了混合顶点。在封闭环的起始点不能有混合顶点。

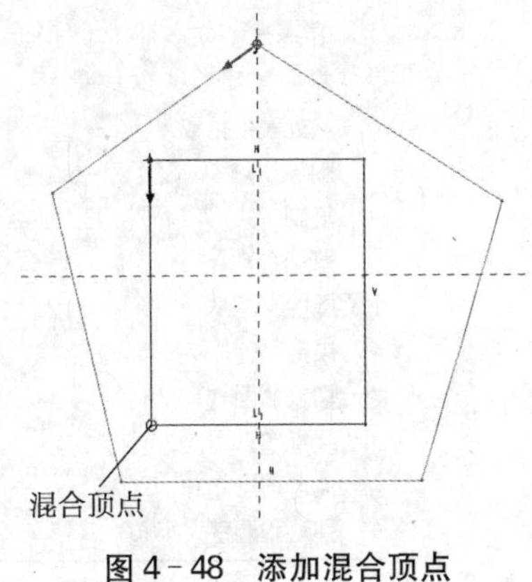

图 4-48　添加混合顶点

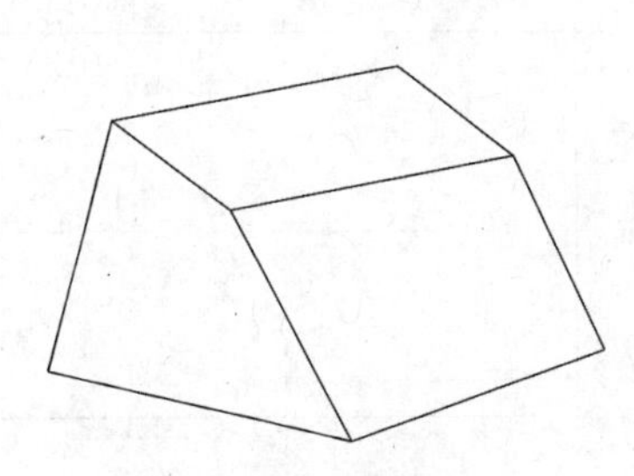

图 4-49　混合特征

3. 截断点

对于像圆形这样的截面，上面没有明显的顶点。如果需要与其他截面混合生成实体特征，必须在其中加入与其他截面数量相同的顶点，这些人工添加的顶点就是截断点。

如图 4-50 所示，两个截面分别是五边形和圆形。圆形没有明显的顶点，因此需要手动加入顶点。在草绘环境中创建截面时，使用 按钮即可将一条曲线分为两段，中间加上顶点。如图 4-50 所示的圆形截面上，一共加入了五个截断点，最后完成的混合实体特征如图 4-51 所示。

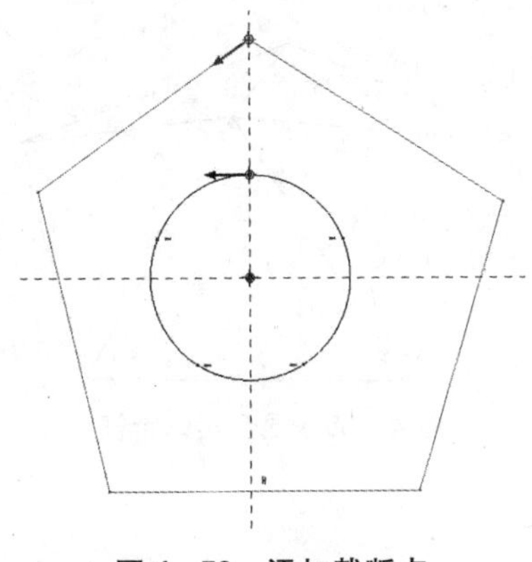

图 4-50　添加截断点

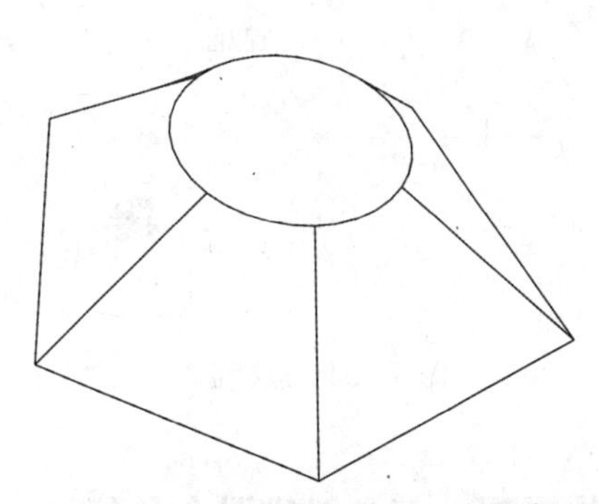

图 4-51　完成的混合实体特征

4. 起始点

起始点是多个截面混合时的对齐参照点。每一个截面中都有一个起始点，起始点上用箭头标明方向，两个相邻截面间起始点相连，其余各点按照箭头方向依次相连。

通常，系统自动取草绘时候所创建的第一个点作为起始点，而箭头所指方向由草绘截面中各边线的环绕方向所决定，如图 4-52 所示。

如果用户对系统缺省生成的起始点不满意，可以手动设置起始点，方法是：选中将要作为起始点的点后，单击“草绘”→“特征工具”→“起点”，选中的点就成为起始点；或者选中将要作为起始点的点后，单击鼠标右键，在弹出的快捷菜单(图 4-53)中单击“起点”。

如果截面为环形，用户还可以自定义箭头的指向，方法是：选中起始点后，单击鼠标右键，在弹出的快捷菜单中单击“起点”，箭头则会立刻反向。

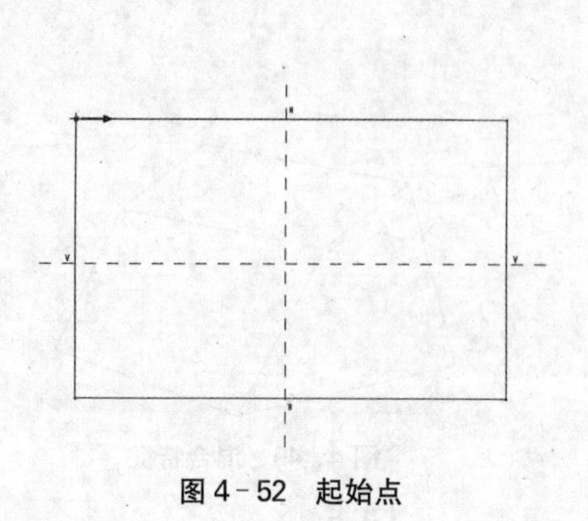

图 4-52 起始点

下一个
前一个
从列表中拾取
删除(D) Del
复制(C)
剪切(T)
属性...
锁定
切换截面(T)
起点(S)
混合顶点(B)
移动和调整大小(O)

图 4-53 右键快捷菜单

5. 点截面

创建混合特征时,点可作为一种特殊的截面与各种截面混合,这时候点可以看作一个只有一个点的截面,称为点截面,如图 4-54 所示。点截面可以和混合截面的所有顶点相连,构成混合特征,如图 4-55 所示。

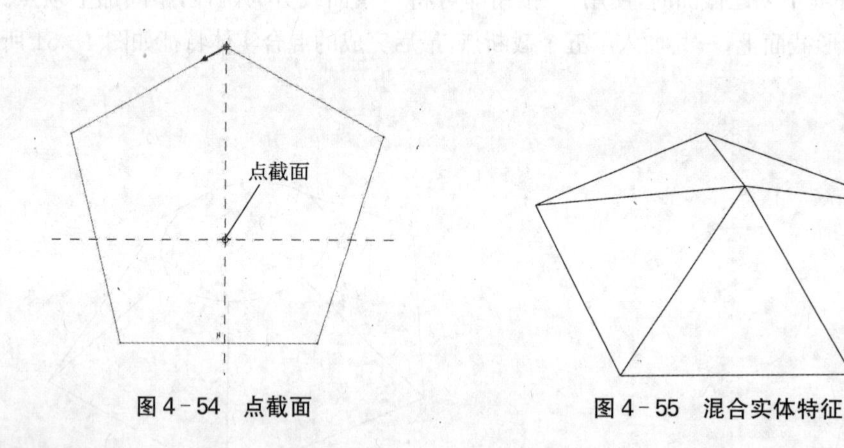

图 4-54 点截面　　图 4-55 混合实体特征

二、创建混合特征

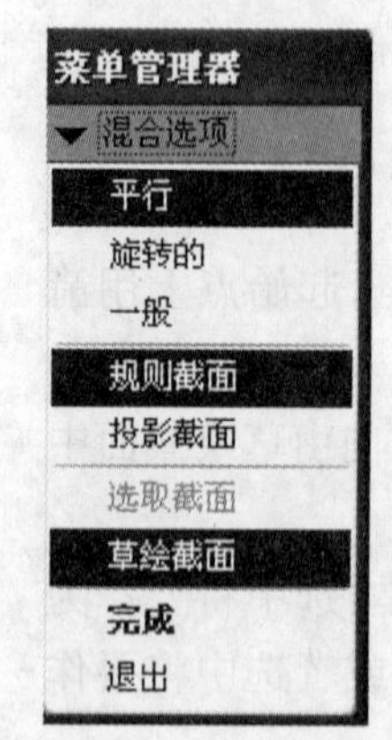

图 4-56 “混合选项”菜单

以创建混合实体伸出项为例,分别介绍三类混合特征的创建步骤。

1. 创建平行混合特征

平行混合特征的各个截面间是相互平行的,最为简单,其创建步骤如下:

(1) 单击“插入”→“混合”→“伸出项”,在弹出的“混合选项”菜单(图 4-56)中使用缺省配置,直接单击“完成”。

(2) 设定特征属性。系统自动弹出“混合”对话框(图 4-57)和“属性”菜单(图 4-58)。“属性”菜单中有两个选项,“直”选项表示各个截面之间使用直线连接,截面间的过渡有明显的转折,如图 4-59 所示;而“光滑”选项表示各个截面之间使用样条曲线连接,截面间平滑过渡,如图 4-60 所示。用户可以根据自己的需要进行设置,单击“完成”进入下一步。

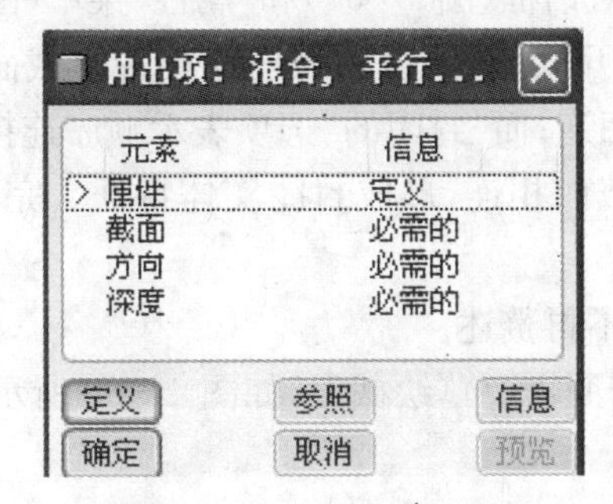

图 4-57　“混合”对话框

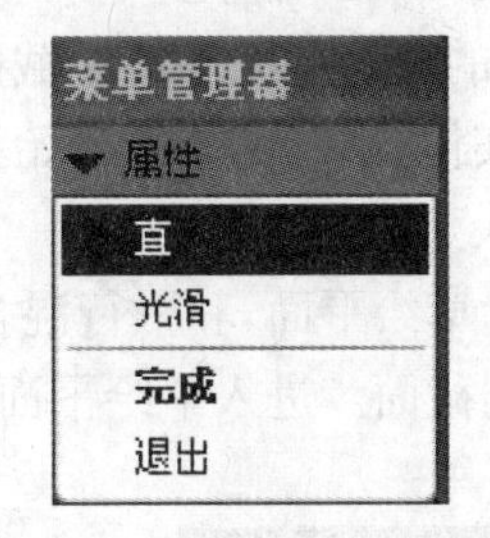

图 4-58　“属性”菜单

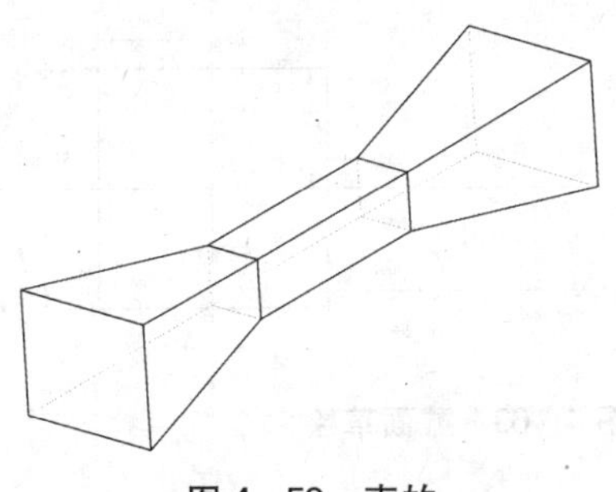

图 4-59　直的

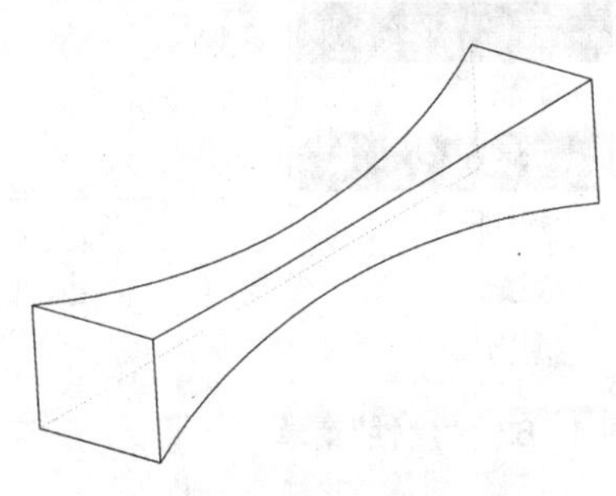

图 4-60　光滑

(3) 设置草绘平面。系统自动弹出“设置草绘平面”菜单，用于设置混合截面的草绘平面，如图 4-31 所示。混合特征草绘平面的设置方法与扫描特征相同，可以参考前一任务的内容，在此不再赘述。设置草绘平面完成后，进入草绘环境。

(4) 绘制截面。进入草绘平面后，就可以按照需要草绘截面。当一个截面草绘完成后，单击“草绘”→“特征工具”→“切换剖面”，或者在图形窗口中单击鼠标右键，在弹出的快捷菜单中单击“切换剖面”，则系统自动切换到下一个截面，同时已经绘制的截面变为灰色显示。

当所有的截面绘制完成后，单击 ✓ 按钮，完成截面绘制。混合特征中所有的截面必须满足顶点数量相等的条件。

(5) 定义截面间距。系统自动弹出输入文本框(图 4-61)，用户在文本框中输入两个相邻截面间的距离。若共有 N 个截面，则需要输入 $N-1$ 次间距。

图 4-61　定义截面间距离

(6) 生成混合实体特征。在“混合”对话框中，单击【确定】，生成混合实体特征。

2. 创建旋转混合特征

旋转混合特征中，后一截面的位置由前一截面绕 Y 轴旋转指定角度来确定。下面详细介绍旋转混合特征的创建步骤：

(1) 单击“插入”→“混合”→“伸出项”，在弹出的“混合选项”菜单(图 4-56)中单击“旋转的”后，单击“完成”。

(2) 设定特征属性。系统自动弹出“混合”对话框(图 4 - 57)和“属性”菜单(图 4 - 62)。旋转混合特征的“属性”菜单多了两个选项，其中“开放”选项表示顺序连接各个截面生成旋转混合实体，实体的起始截面和终止截面并不封闭相连；而“封闭的”选项表示顺序连接各个截面生成旋转混合实体，同时实体的起始截面和终止截面相连，形成封闭实体特征。完成设置后，单击“完成”进入下一步。

(3) 设置草绘平面，和平行混合特征相同，不再赘述。

(4) 绘制截面。进入草绘平面后，就可以按照需要草绘截面，如图 4 - 63 所示。

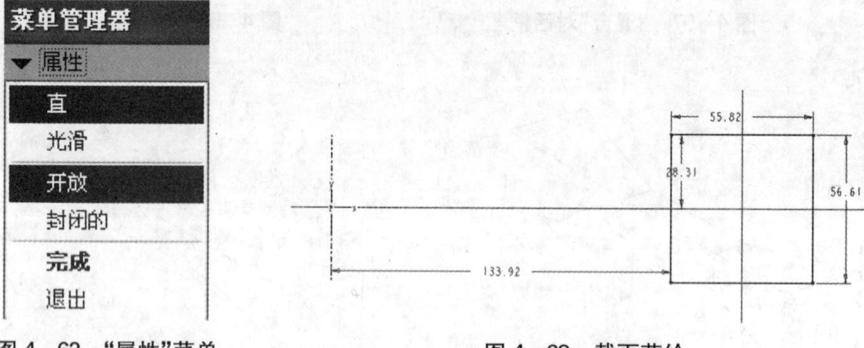

图 4 - 62 “属性”菜单　　　图 4 - 63 截面草绘

旋转混合特征的截面与平行混合特征不同。在旋转混合特征的截面中，除了截面几何外，还需要使用按钮绘制一个坐标系，用于角度定位。

当一个截面草绘完成后，单击按钮，系统在消息区中弹出如图 4 - 64 所示的文本框，用于定义下一个截面与该截面间的夹角。输入角度值后，单击按钮，系统自动新开一个草绘窗口，绘制下一个截面。

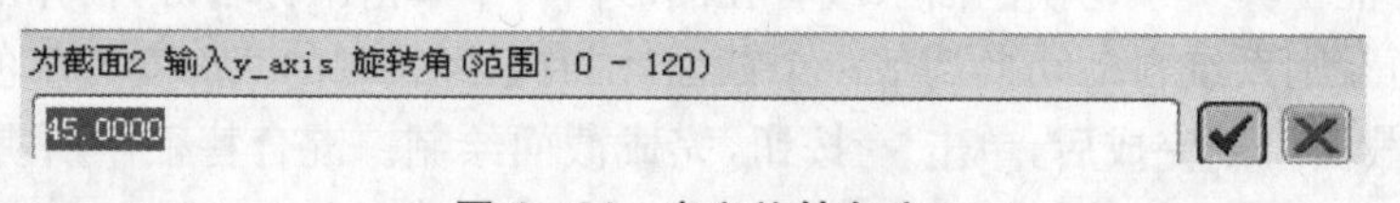

图 4 - 64 定义旋转角度

图 4 - 65 继续下一截面

第二个截面草绘完成后，单击按钮，系统在消息区中显示如图 4 - 65 所示的文本框，如果需要继续绘制截面，单击是(Y)按钮；如果所有截面都已经完成定义，单击否(N)按钮后，系统返回“混合”对话框。

(5) 生成混合实体特征。在“混合”对话框中，单击【确定】，生成混合实体特征。

3. 创建一般混合特征

一般混合特征中，后一截面的位置不确定，需要由前一截面分别绕 X、Y 和 Z 轴旋转指定角度来确定。一般混合特征也可以看作旋转混合特征的复杂情况，它的创建方法与旋转混合特征较为相似，但有几点不同。

1) “属性”对话框　一般混合特征的“属性”对话框与平行混合特征相同，没有“开放”和“封闭的”选项。

2）新截面的定位方式　一般混合特征中，新截面需要由前一截面分别绕 X、Y 和 Z 轴旋转指定的角度来确定，因此需要输入三次参数，参数输入如图 4－64 所示，输入提示框相同，不同的是每次输入依次为 X、Y、Z 的参数。

三、混合特征应用实例

1. 平行混合特征

图 4－66 中所示的实体模型，就是使用平行混合特征创建而成的，其创建过程如图 4－67 所示，下面进行详细说明。

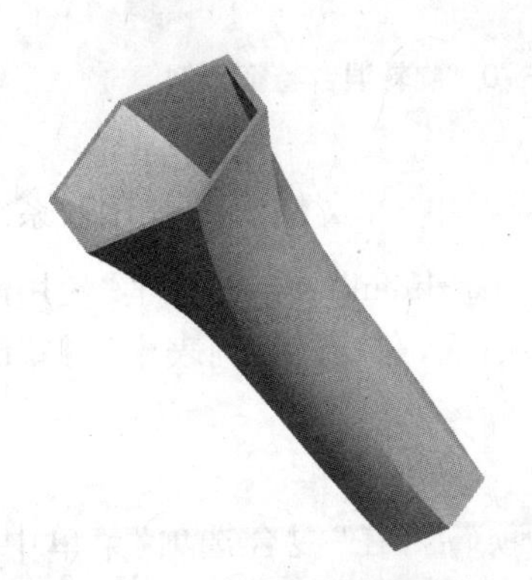

图 4－66　平行混合特征示例

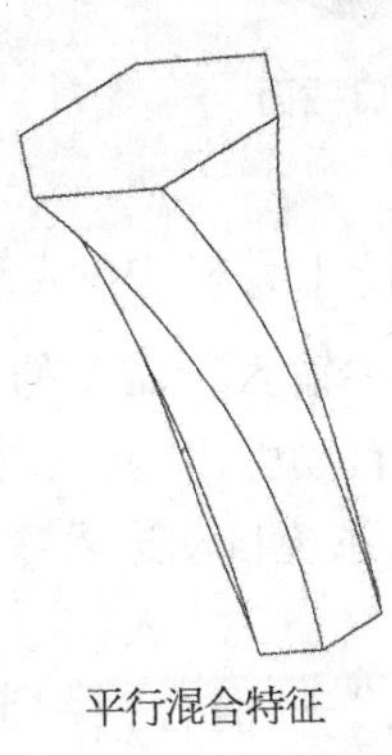

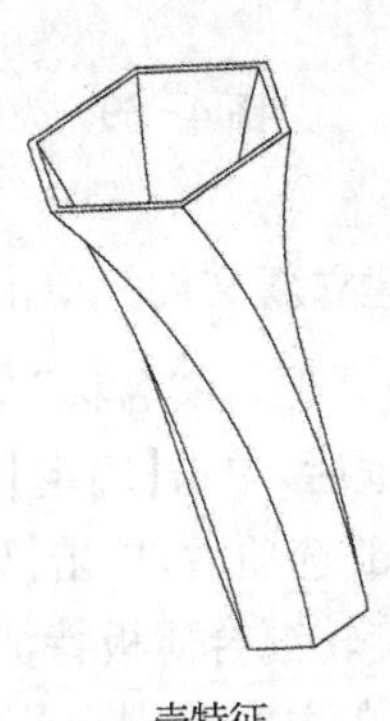

图 4－67　创建过程

1）建立新文件　单击“文件”工具栏中的 按钮，或者单击“文件”→“新建”，系统弹出“新建”对话框，在“名称”文本框中输入所需要的文件名“hunhe”，取消“使用缺省模板”复选框后，单击【确定】，系统自动弹出“新文件选项”对话框，在“模板”列表中选择“mmns_part_solid”选项后，单击【确定】，系统自动进入零件环境。

2）使用平行混合特征创建主体

（1）单击“插入”→“混合”→“伸出项”后，在“混合选项”对话框中使用缺省选项后，直接单击“完成”，选择 TOP 平面作为草绘平面，其他选项都为缺省值，进入草绘环境。

（2）绘制如图 4－68 所示的截面。一共绘制 3 个截面，其中第 1 个和第 3 个截面分别为边长为 40 和 80 的正六边形，而第 2 个截面是第一个截面的外接圆。

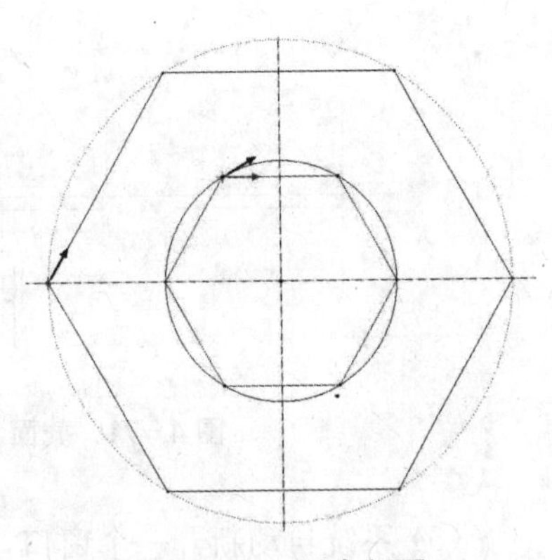

图 4－68　混合剖面

（3）设置第 1、2 截面间的距离为 100，第 2、3 截面间的距离为 200，完成后单击【确定】，生成平行混合特征。

（4）单击“工程特征”工具栏中的 按钮，进入壳特征工具操控板。

（5）在图形窗口中，按图 4－69 选定开口截面，在厚度文本框中输入壳厚度值为 5，单击 创建壳特征。

2. 旋转混合特征

如图 4－70 所示实体模型，是利用旋转混合薄板特征所创建的。下面介绍其详细的创建步骤：

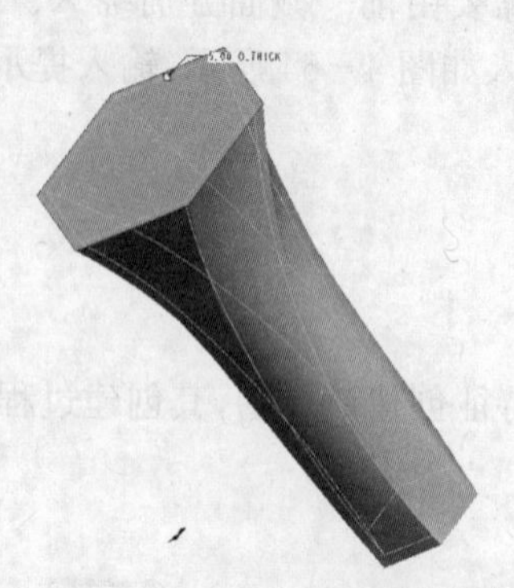

图 4-69 壳特征开口截面

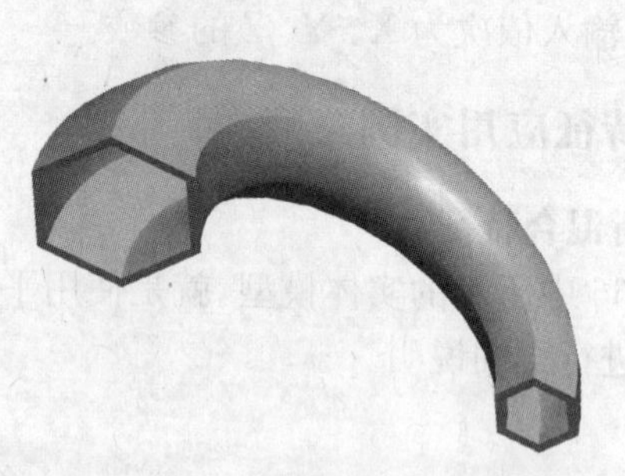

图 4-70 旋转混合特征示例

1）建立新文件 单击“文件”工具栏中的 按钮，或者单击“文件”→“新建”，系统弹出“新建”对话框，在“名称”文本框中输入所需要的文件名“xuanzhuanhunhe”，取消“使用缺省模板”复选框后，单击【确定】，系统自动弹出“新文件选项”对话框，在“模板”列表中选择“mmns_part_solid”选项后，单击【确定】，系统自动进入零件环境。

2）旋转混合薄板特征设置

(1) 在主菜单中单击“插入”→“混合”→“薄板伸出项”后，在“混合选项”菜单中，单击“旋转的”选项后，直接单击“完成”。在“属性”菜单中选择“光滑”和“开放”选项后，单击“完成”。

(2) 选择 TOP 平面为草绘平面，进入草绘环境。

(3) 在草绘环境中，草绘截面 1 如图 4-71 所示。说明，在截面草绘图中，包括一个边长为 200 的正六边形和一个坐标系，两者间的距离为 500。

(4) 完成截面 1 草绘后，单击✔退出草绘环境。由于创建的是薄板伸出项，系统弹出“薄板选项”菜单(图 4-72)，单击“两者”选项后，系统弹出图中所示的文本框，用于设置截面 2 到截面 1 的旋转距离，输入 90 后，单击 。

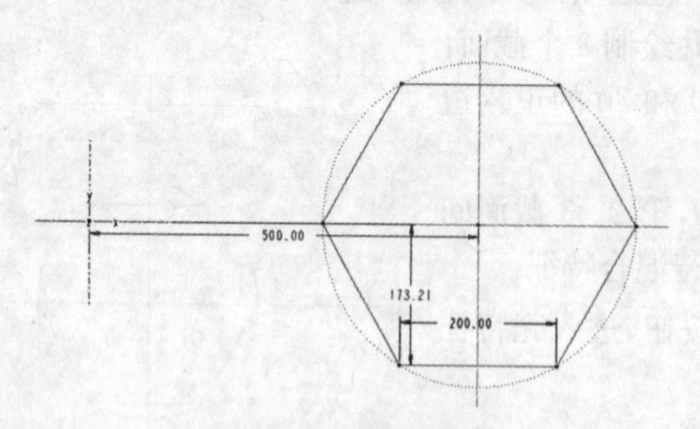

图 4-71 截面 1 草绘

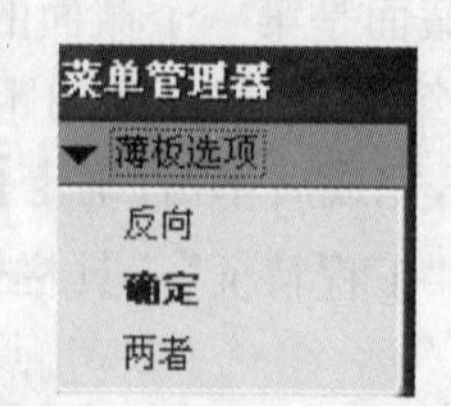

图 4-72 “薄板选项”菜单

(5) 系统自动新开一个窗口，用于绘制截面 2。截面 2 如图 4-73 所示，包括一个直径为 250 的圆和一个坐标系。注意，由于混合特征的各个截面的顶点数必须相等，因此要在圆周上添加 6 个截断点，使用草绘环境中的 工具即可。完成后，在弹出的“薄板选项”菜单中单击“两者”，并设置截面 3 到截面 2 的旋转角度为 90，完成后单击 。系统在消息区弹出如图

4－65 所示的选择框，单击是(Y)按钮，继续创建截面 3。

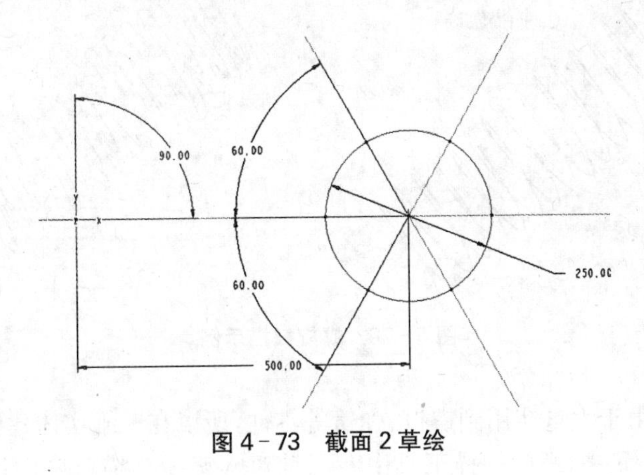

图 4－73　截面 2 草绘

(6) 在绘制环境中绘制截面 3，六边形边长为 100，如图 4－74 所示。完成后，在弹出的“薄板选项”菜单中单击“两者”，并设置截面 3 到截面 2 的旋转角度为 90，完成后单击✔。在弹出的选择框中单击否(N)按钮后，在图 4－75 所示的文本框中输入薄板厚度为 20。

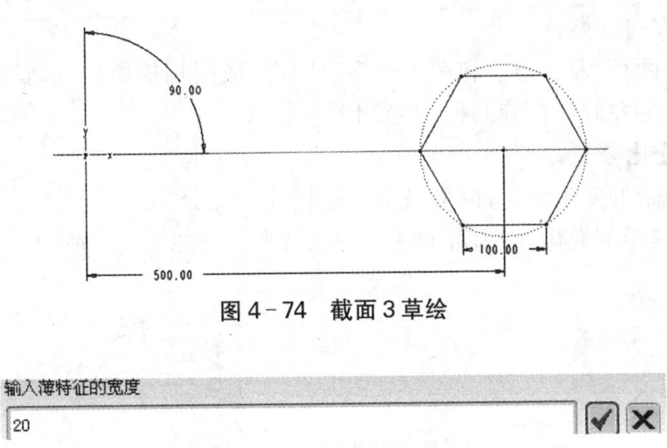

图 4－74　截面 3 草绘

输入薄特征的宽度

20

图 4－75　定义薄板厚度

3) 生成混合特征　在“混合”对话框中，单击【确定】，完成旋转混合特征的创建，如图 4－70 所示。

任务五　螺旋扫描特征

一、螺旋扫描特征概述

螺旋扫描特征可以看作是普通扫描特征的特征。如图 4－76 所示，螺旋扫描也是将草绘剖面沿着特征的轨迹进行扫描，最后生成实体模型，只是其中的扫描轨迹为固定的螺旋线。

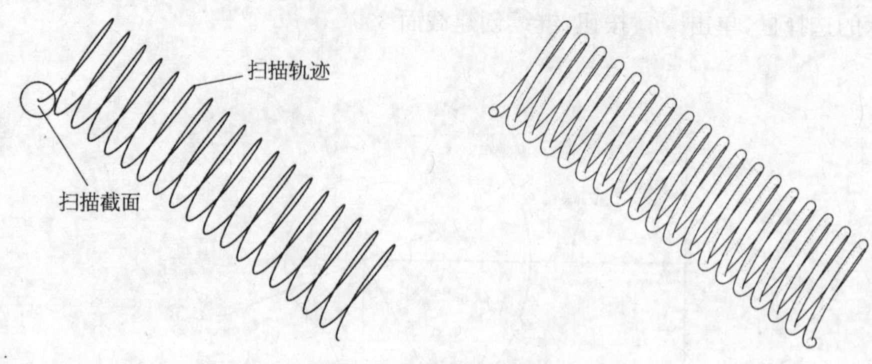

图4-76 螺旋扫描示例

在实际工程中，由于大量使用到螺钉、弹簧等零件，所以在三维实体建模中，螺旋扫描的应用也非常多。在Pro/E中，螺旋扫描工具中专门针对螺旋线扫描轨迹设计了特征创建方法。与普通扫描相比，螺旋扫描使用方便、步骤简便，可以较大地提高设计效率。

二、螺旋扫描的分类

螺旋扫描的分类方式多种多样，但在工程中，一般有以下两种分类方式。

1. 依据螺旋方向分类

螺旋可以分为两种：左手螺旋和右手螺旋。同样，依据扫描螺旋线轨迹的旋向不同，螺旋扫描特征也可以分为左旋和右旋两种，如图4-77所示。

2. 依据螺距变化分类

依据螺旋中螺距的变化情况，也可以将螺旋扫描特征分为两种：若螺距值不变，则为固定螺旋扫描特征；若螺距值变化，则为可变螺旋扫描特征。如图4-78所示。

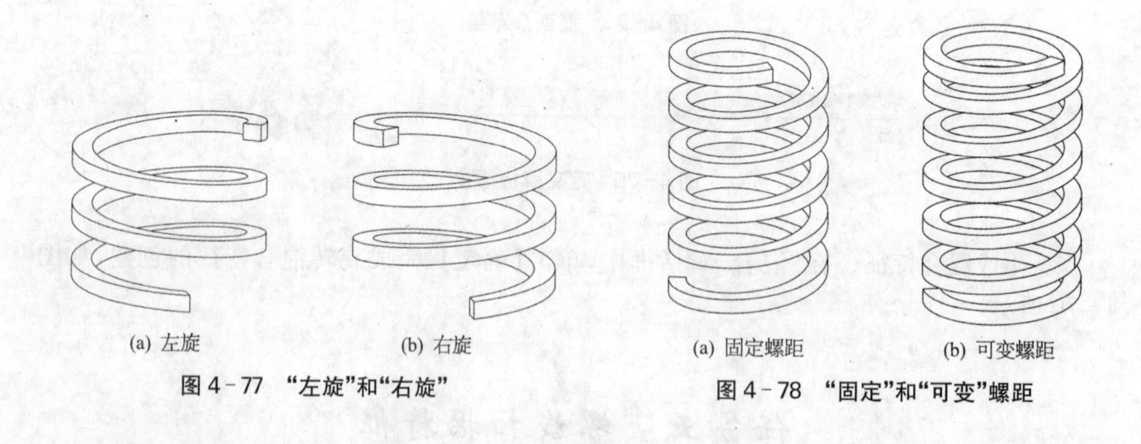

(a) 左旋 (b) 右旋

图4-77 “左旋”和“右旋”

(a) 固定螺距 (b) 可变螺距

图4-78 “固定”和“可变”螺距

三、螺旋扫描工具

在主菜单中，单击“插入”→“螺旋扫描”，系统会显示如图4-79所示的菜单。无论是实体伸出项、薄板伸出项还是曲面、切口等，都可以用前面所述的分类方法加以分类。下面以螺旋实体伸出项特征为例，介绍螺旋扫描工具的使用方法。另外的螺旋扫描薄板伸出项、螺旋扫描切口等特征的创建工具与此类似，不再赘述，读者可以自行研究。

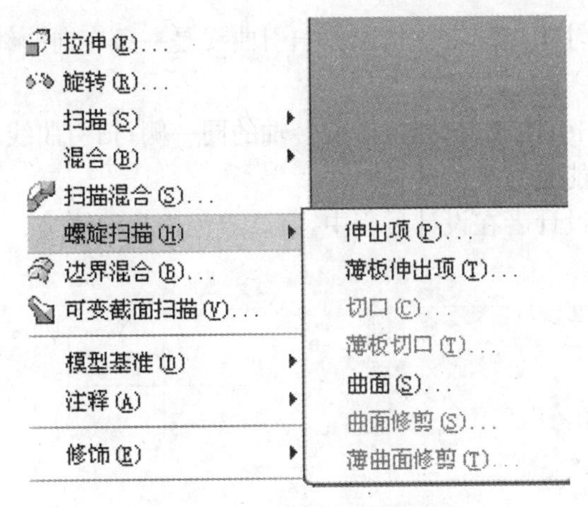

图 4-79 使用螺旋扫描特征

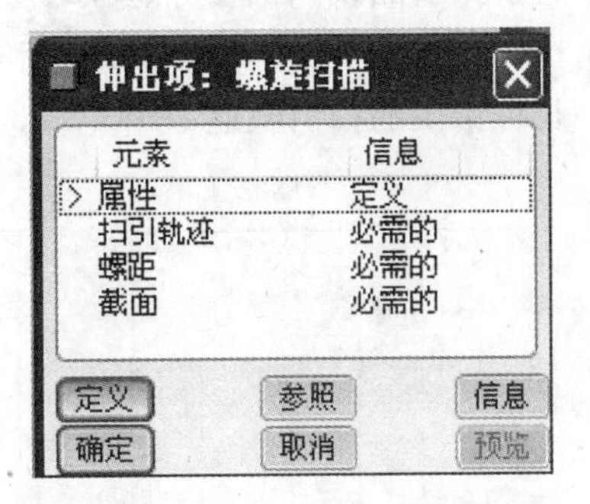

图 4-80 “伸出项:螺旋扫描”对话框

在主菜单中,单击“插入”→“螺旋扫描”→“伸出项”后,系统弹出图 4-80 所示的“伸出项:螺旋扫描”对话框。由“伸出项:螺旋扫描”对话框可以看出,一个完整的螺旋扫描特征,需要定义四种元素:属性、扫引轨迹、螺距和截面。下面一一介绍这些元素的定义方法。

1. 螺旋扫描属性设置

创建螺旋扫描特征过程中,当弹出“伸出项:螺旋扫描”对话框时,系统也会同时弹出图 4-81 所示的“属性”菜单。“属性”菜单用于设置所创建的螺旋扫描特征的属性,在该菜单中,有以下几个选项:

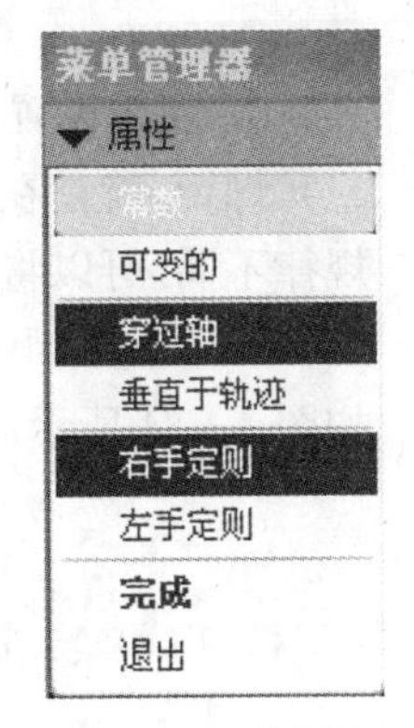

图 4-81 “属性”菜单

(1) 常数:使用该选项后,所创建的螺旋扫描特征的螺距值为常数。

(2) 可变的:使用该选项后,所创建的螺旋扫描特征的螺距值可变,可以使用特定方法控制螺旋扫描特征螺距的变化规律。

(3) 穿过轴:使用该选项后,扫描平面垂直于旋转轴。

(4) 垂直于轨迹:使用该选项后,扫描平面垂直于扫描轨迹。

(5) 右手定则:使用该选项后,螺旋扫描特征为右旋。

(6) 左手定则:使用该选项后,螺旋扫描特征为左旋。

完成螺旋扫描特征属性设置后,单击“完成”,系统自动进入下一步,设置扫引轨迹。

2. 扫引轨迹设置

此处所讲的扫引轨迹和前面扫描特征中的扫描轨迹相似,但不相同。由于螺旋扫描特征的特殊性,其扫描轨迹都是螺旋线,因此专门设计了其扫描轨迹的定义方法,就是使用扫引轨迹和螺旋一起定义扫描轨迹。

图 4-82 扫引轨迹示意

完成螺旋扫描特征的属性定义后,系统自动开始进入扫引轨迹定义步骤。螺旋扫描特征中使用的扫引轨迹是用草绘方法创建的。在使用和扫描、混合等特征相同的草绘平面设置步骤后,就可以进入草绘环境,创建扫引轨迹。

如图 4-82 所示,扫引轨迹包括两部分:旋转轴和扫引曲线。旋转轴也就是整个螺旋扫描特征的旋转轴,扫描截面绕旋转轴旋转,生成螺旋扫描规律;扫引曲线用于定义螺旋扫描特征的外轮廓,这包括了扫描截面的起始位置和终止位置，以及扫描截面与旋转轴距离的变化情况。扫引曲线是一条有向曲线，起点处有一个箭头沿其切线方向指向终点。

对于扫引曲线，有着几点要求：所有的扫引曲线，只能位于旋转轴的同一侧；扫引曲线不能封闭；扫引曲线上任何一点的切线方向都不能垂直于旋转轴。

几种错误的扫引轨迹如图 4-83 所示，设计者在设计过程中，应该避免这几种轨迹。

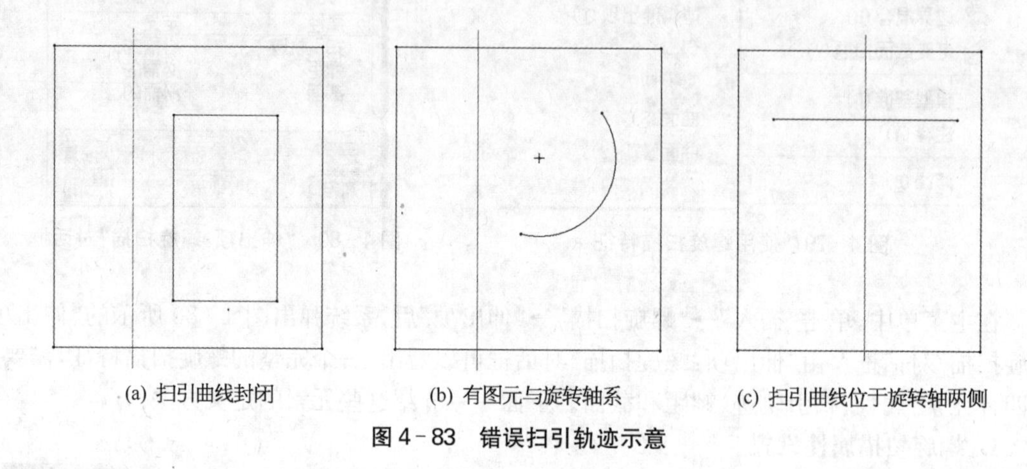

(a) 扫引曲线封闭　　(b) 有图元与旋转轴系　　(c) 扫引曲线位于旋转轴两侧

图 4-83　错误扫引轨迹示意

3. 螺距设置

螺距，就是在旋转轴方向上，螺旋的相邻两节间的距离。前面已经提到，根据螺距的变化规律不同，可以将螺旋扫描特征分为两类，下面分别介绍这两类螺距的设置情况。

1）固定螺距　固定螺距的设置非常简单。完成扫引轨迹设置后，系统自动在消息区弹出如图 4-84 所示的文本框，输入螺距值后，单击 按钮即可。

图 4-84　定义固定螺距

2）可变螺距　可变螺距的设置比较复杂。当使用可变螺距时，完成扫引轨迹定义后，系统自动弹出如图 4-85 和图 4-86 所示的对话框，用于设置起始点和终止点的螺距值。

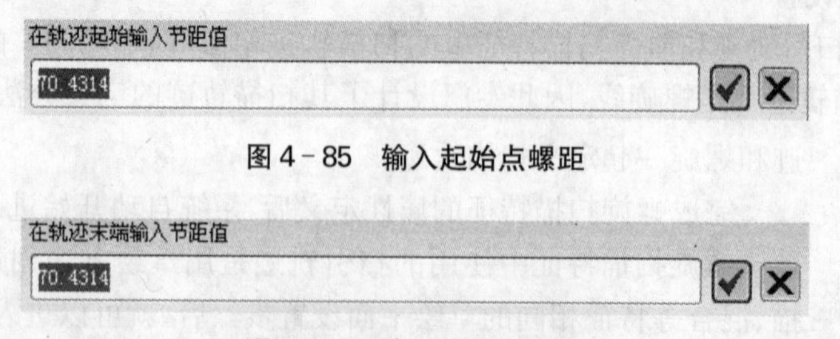

图 4-85　输入起始点螺距

图 4-86　输入终止点螺距

完成起始点和终止点的螺距定义后，系统自动弹出图 4-87 所示的窗口和图 4-88 所示的“控制曲线”菜单，窗口的黄色曲线表示从起始点到终止点的螺距值变化关系，而“控制曲线”菜单用于控制螺距变化曲线。

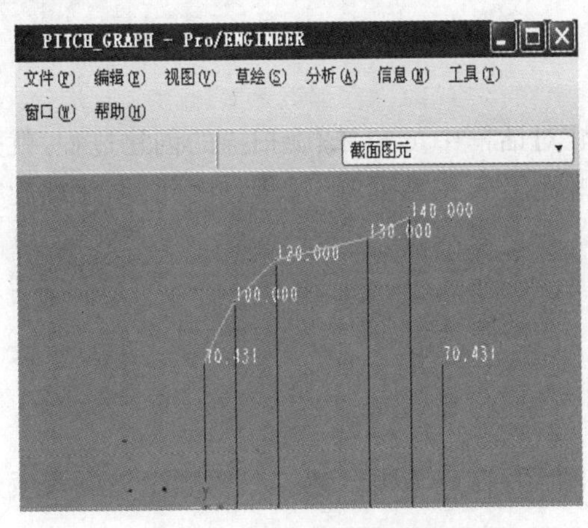

图 4-87　螺距控制曲线

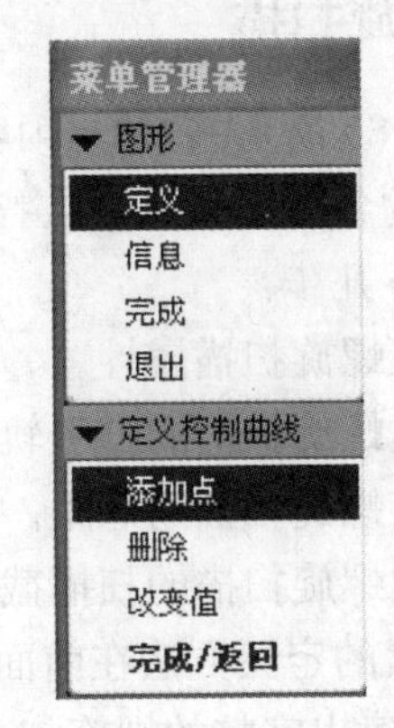

图 4-88　“控制曲线”菜单

在“控制曲线”菜单中，单击“定义”选项，系统弹出“定义控制曲线”对话框，其中包括以下几项：

(1) 添加点：向螺距控制曲线中添加控制点。

(2) 删除：删除螺距控制曲线中的控制点。

(3) 改变值：改变控制点处的螺距值。

(4) 完成/返回：完成螺距控制曲线的定义。

在“定义控制曲线”对话框中，单击“添加点”选项后，在主窗口中选择一个控制点，系统弹出对话框中输入螺距值，如图 4-89 所示，则在图 4-87 中的曲线上会动态增加控制点。而单击“删除”选项后，在主窗口中选择一个控制点，则该控制点会从螺距控制曲线中被删除。

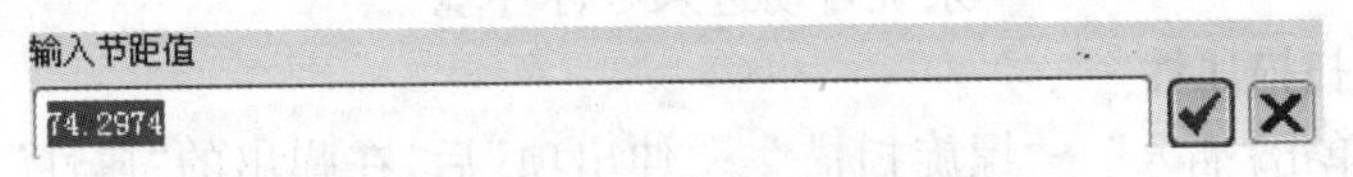

图 4-89　定义控制点处螺距值

完成螺距定义后，在“控制曲线”菜单中单击“完成”，结束螺距定义。

所有的螺距控制点都位于主窗口中显示的扫引轨迹上，图 4-87 所示的窗口中只能显示整个扫引曲线上螺距的变化关系，并没有编辑功能。所有的螺距控制点必须在扫引轨迹上预先定义，起始点和终止点也是螺距控制点，但它们不能被删除。

4. 扫描截面设置

完成螺距设置后，系统自动进入扫描截面设置步骤。螺旋扫描特征的扫描截面是草绘所得，其草绘平面也是用于创建扫引轨迹的草绘平面。

进入草绘环境草绘扫描截面后，为方便用户，系统自动在扫引曲线的起始点处增加两条临时基准直线，分别平行或者垂直于旋转轴，如图 4-90 所示。

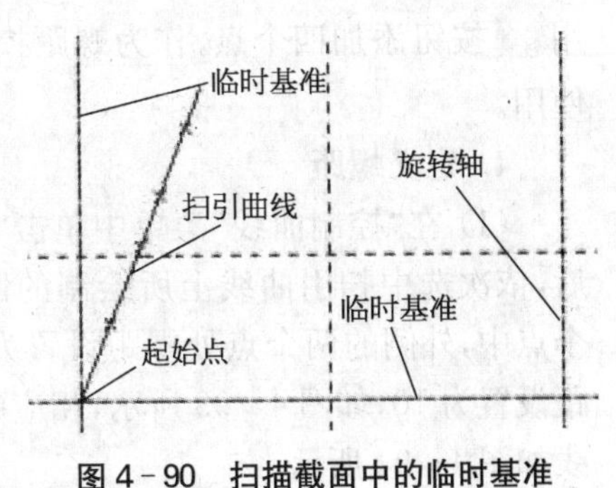

图 4-90　扫描截面中的临时基准

一般情况下，所创建的扫描截面应该遵循以下规则：扫描截面在旋转轴方向上的最大高度应小于最小螺距值;扫描截面应位于旋转轴的一侧。

四、创建螺旋扫描

由图 4－80 所示的“伸出项:螺旋扫描”对话框中可知,螺旋扫描的创建过程,就是逐次定义螺旋扫描的各项元素(属性、扫引轨迹、螺距及扫描截面)的过程。因此,创建螺旋扫描特征可以分为以下几步:

(1) 定义螺旋扫描属性。

(2) 定义螺旋扫描的扫引轨迹。

(3) 定义螺旋扫描的螺距。

(4) 定义螺旋扫描的扫描截面。

各个元素的定义方法在前面已经详细介绍,在此不再赘述。只要顺序完成各项元素的定义,就可以创建出完整的螺旋扫描特征。

五、螺旋扫描特征应用实例

图 4－91　螺旋扫描特征示例

图 4－91 所示的特征是使用螺旋扫描特征所创建,具体步骤如下:

1. 创建新文件

单击“文件”工具栏中的 按钮,或者单击“文件”→“新建”,系统弹出“新建”对话框,在“名称”文本框中输入所需要的文件名“helix_scan_example_1”,取消“使用缺省模板”复选框后,单击【确定】,系统自动弹出“新文件选项”对话框,在“模板”列表中选择“mmns_part_solid”选项后,单击【确定】,系统自动进入零件环境。

2. 定义螺旋扫描属性

在主菜单中单击“插入”→“螺旋扫描”→“伸出项”后,在弹出的“属性”菜单中选中“可变的”、“穿过轴”、“右手定则”后,单击“完成”。系统弹出“伸出项:螺旋扫描”对话框。“属性”菜单中的定义表明,所创建的螺旋扫描特征的螺距可变,其扫描截面垂直于旋转轴且为右手螺旋。

3. 定义螺旋扫描的扫引轨迹

使用 TOP 平面为草绘平面,在草绘平面中创建如图 4－92 所示的扫引轨迹。在扫引曲线上使用 按钮添加四个点,作为螺距控制点,供后面使用。

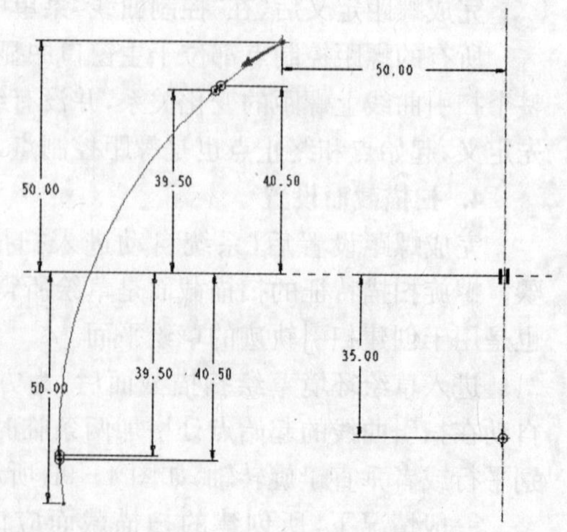

图 4－92　扫引轨迹

4. 定义螺距

(1) 在“控制曲线”菜单中单击“添加点”选项后,依次选中扫引曲线上所绘制的四个点。这四个点中,外侧的两个点处螺距设置为 5,内侧的螺距设置为 10,如图 4－93 所示,相应的螺距控制曲线如图 4－94 所示。

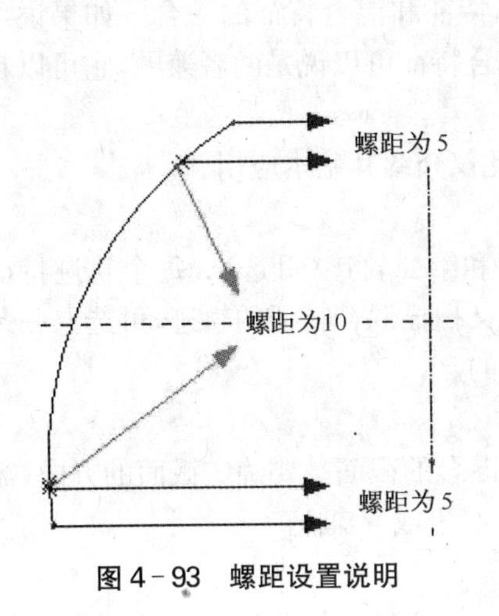

图 4-93 螺距设置说明

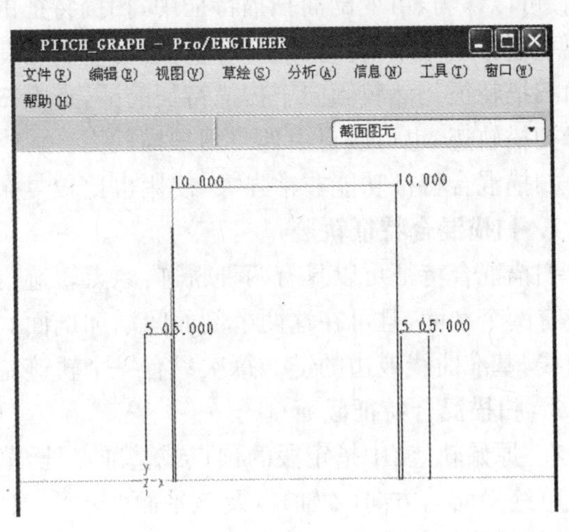

图 4-94 螺距控制曲线

(2) 螺距设置完成后，单击"控制曲线"菜单中的"完成"选项。

5. 定义扫描截面

绘制图 4-95 所示的扫描截面，一个圆心位于扫引曲线起始点处、直径为 5 的圆。

6. 生成螺旋扫描特征

所有元素定义完成后，在"伸出项:螺旋扫描"对话框中单击【确定】，生成螺旋扫描实体伸出项，如图 4-96 所示。

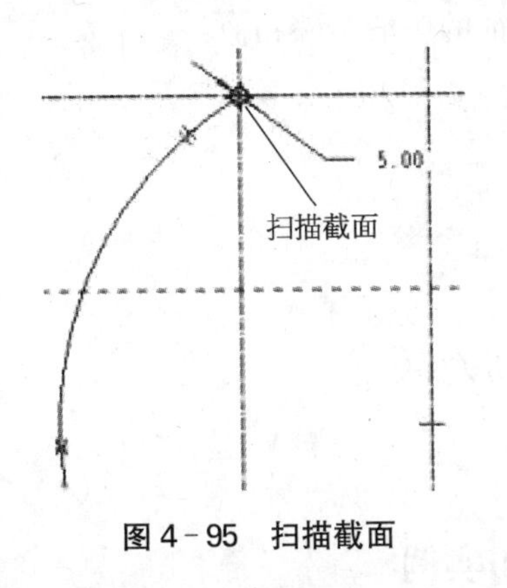

图 4-95 扫描截面

图 4-96 螺旋扫描实体伸出项

任务六 扫描混合特征

一、扫描混合特征概述

前面已经介绍过，可变剖面扫描特征可以看作是扫描特征和混合特征的综合，它可以像扫描特征一样，自定义扫描轨迹，而且扫描截面也是可变的。但可变剖面扫描特征的剖面变化是不完全的，它只能按照一定规律，使扫描截面发生较少的变化(例如某个驱动尺寸值大小的变化)。可以认为,可变剖面扫描特征中,扫描特征的比例更大些。

本任务中介绍的扫描混合特征,也可以看作是扫描特征和混合特征的综合。如果说可变剖面扫描特征仍然较倾向于扫描特征的话,那么扫描混合特征可以说是两者兼顾,它可以自由选择扫描轨迹,也可以自由地使用扫描截面。

扫描混合特征功能非常强大,使用也比较复杂,在此仅介绍其基本应用。

1. 扫描混合特征轨迹

扫描混合特征可以具有两种轨迹:原点轨迹(必需)和第二轨迹(可选)。每个轨迹特征至少应有两个剖面,且可在这两个剖面间添加剖面。要定义扫描混合特征的轨迹,可选取一条草绘曲线,基准曲线或边的链。每次只有一个轨迹是活动的。

2. 扫描混合特征截面

在"原始轨迹"中指定段的顶点或基准点处,草绘要混合的截面。要确定截面的方向,需要指定草绘平面的方向(Z 轴)以及该平面的水平/垂直方向(X 或 Y 轴)。

对于混合截面,有以下要求:

(1) 对于闭合轨迹轮廓,在起始点和其他位置必须至少各有一个截面。

(2) 轨迹的链起点和终点处的截面参照是动态的,并且在修剪轨迹时会更新。

(3) 截面位置可以参照模型几何(例如一条曲线),但修改轨迹会使参照无效。在此情况下,扫描混合特征会失败。

(4) 所有截面必须包含相同的顶点数。

二、创建扫描混合特征

创建扫描混合特征的步骤与创建可变剖面扫描特征的一般步骤相似:

(1) 打开"可变截面扫描"工具。

(2) 选取原始轨迹。

(3) 根据需要添加轨迹。

(4) 指定截面以及水平和垂直方向控制。

(5) 选取或者草绘截面进行扫描。

(6) 定义扫描混合的端点和相邻模型几何间的相切关系。

(7) 设置扫描混合面积和周长控制选项。

(8) 预览几何并完成特征。

三、扫描混合特征应用实例

图 4-97 扫描混合特征实例

如图 4-97 所示的环状实体模型是使用扫描混合特征所创建的,具体步骤如下:

1. 创建新文件

单击"文件"工具栏中的 按钮,或者单击"文件"→"新建",系统弹出"新建"对话框,输入所需要的文件名"scan_blend_example_1",取消"使用缺省模板"复选框后,单击【确定】,系统自动弹出"新文件选项"对话框,在"模板"列表中选择"mmns_part_solid"选项,单击【确定】,系统自动进入零件环境。

2. 创建扫描轨迹

(1) 单击"基准"工具栏中的按钮,使用草绘工具创建扫描轨迹。

(2) 选择 TOP 平面为草绘平面,绘制图 4-98 所示的直径为 100 的圆作为扫描轨迹。完成后,单击按钮完成草绘。

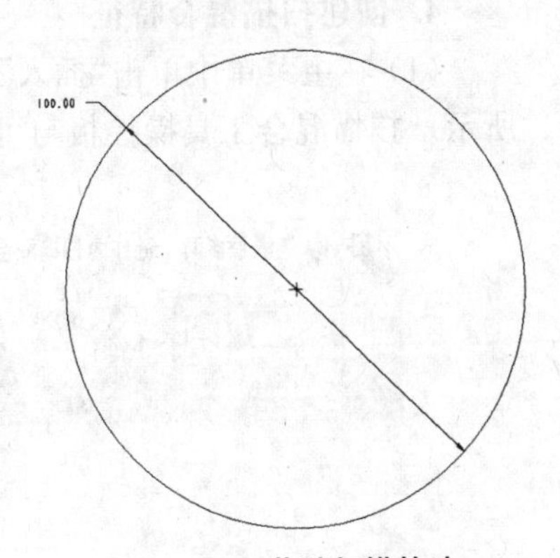

图 4-98　草绘扫描轨迹

3. 创建混合截面

(1) 单击"基准"工具栏中的按钮,使用草绘工具创建扫描轨迹。

(2) 选择 FRONT 平面为草绘平面,绘制混合截面 1,如图 4-99 所示。完成后,单击按钮完成草绘。注意,图中使用工具在圆上等距离添加了四个截断点。

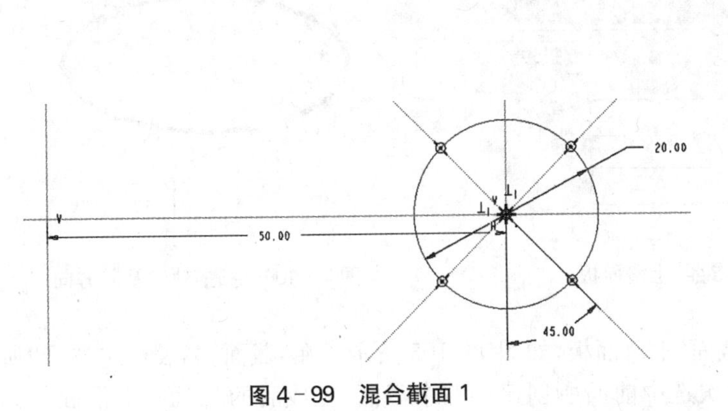

图 4-99　混合截面 1

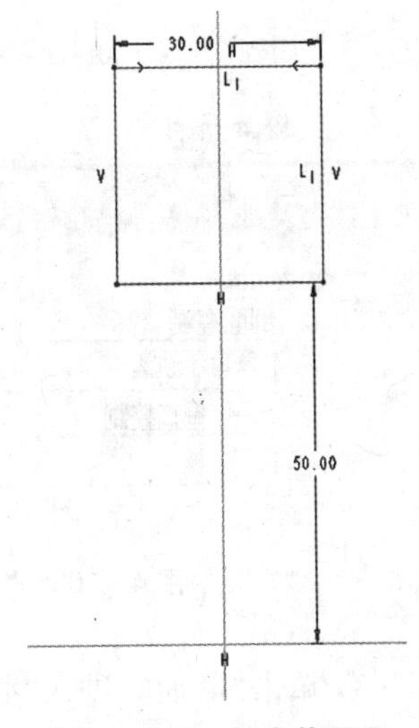

图 4-100　混合截面 2

(3) 单击"基准"工具栏中的按钮,选择 RIGHT 平面为草绘平面,绘制混合截面 2,如图 4-100 所示。完成后,单击按钮完成草绘。

(4) 单击"基准"工具栏中的按钮,选择 FRONT 平面为草绘平面,绘制混合截面,该截面与截面 1 关于 RIGHT 平面对称。完成后,单击按钮完成草绘。

(5) 单击"基准"工具栏中的按钮,选择 RIGHT 平面为草绘平面,绘制混合截面,该截面与截面 2 关于 TOP 平面对称。完成后,单击按钮完成草绘。

(6) 草绘完成的扫描轨迹与截面如图 4-101 所示。

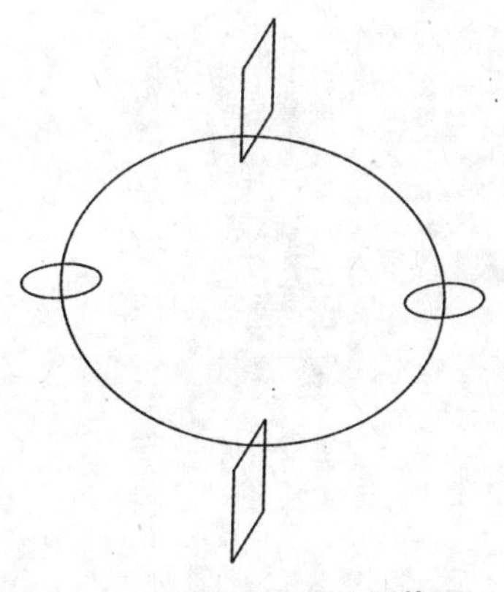

图 4-101　扫描轨迹与截面

4. 创建扫描混合特征

(1) 在主菜单中单击“插入”→“混合扫描”后，系统进入扫描混合工具操控板，如图 4－102 所示。扫描混合工具操控板与可变剖面扫描工具操控板非常相似。

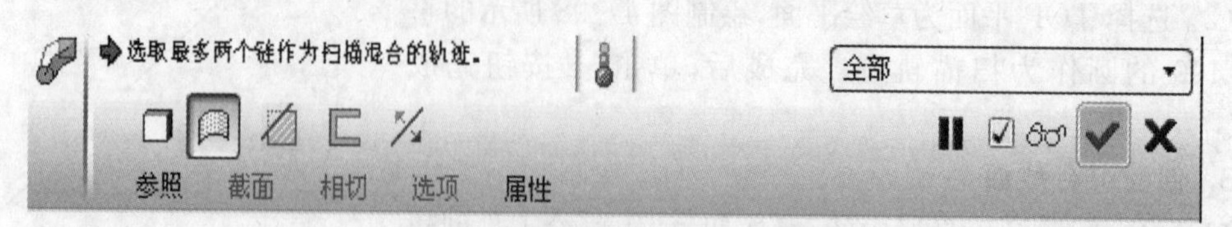

图 4－102 扫描混合工具操控板

(2) 单击“参照”，进入“参照”上滑面板，如图 4－103 所示。单击“选取项目”后，在图形窗口中选择所绘制的扫描轨迹线，图形窗口中，加亮显示所选择的轨迹线，并用箭头指明扫描方向，如图 4－104 所示。

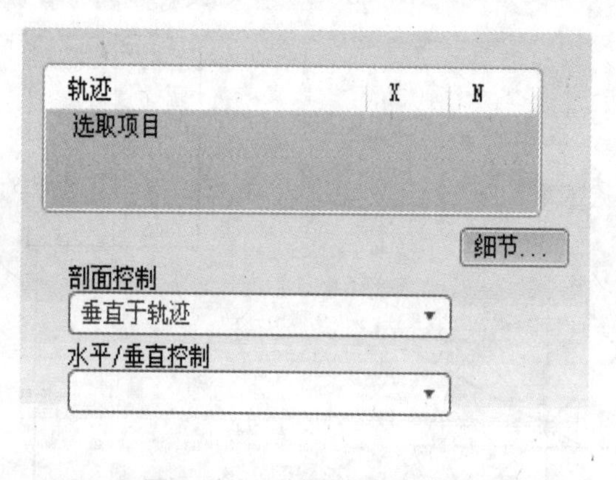

图 4－103 “参照”上滑面板

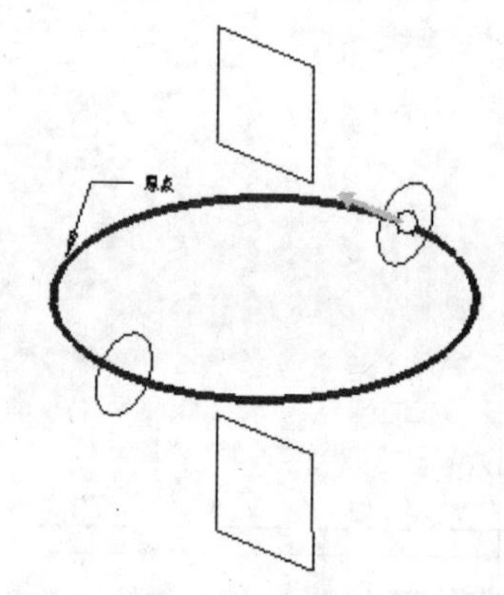

图 4－104 扫描轨迹及其方向

(3) 单击“截面”，进入“截面”上滑面板，如图 4－105 所示。在“截面”列表框中选择“所选截面”选项后，单击【插入】，逐次选中前面所创建的四个截面，完成后的“截面”上滑面板如图 4－106 所示。

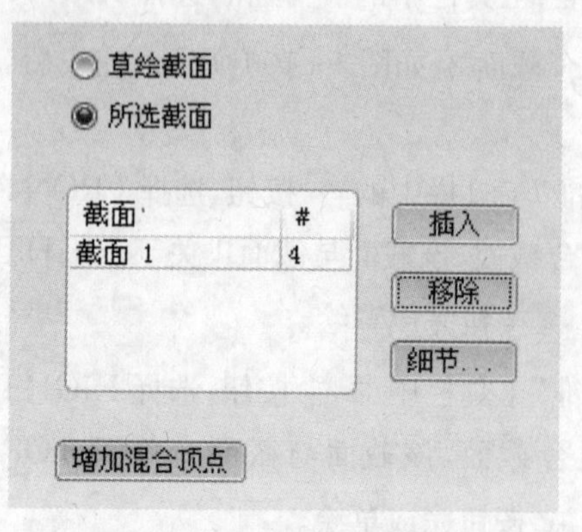

图 4－105 “截面”上滑面板

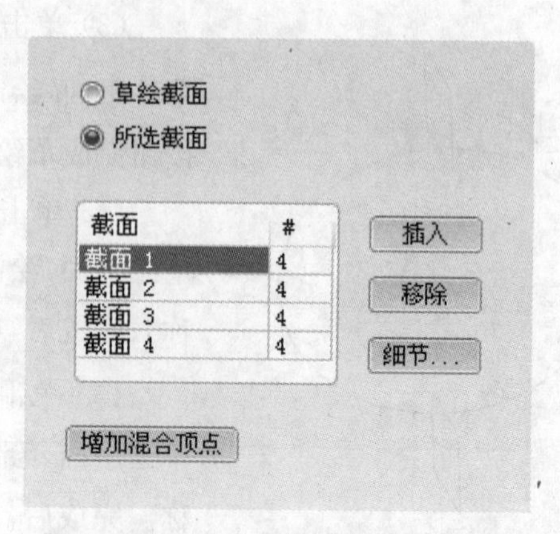

图 4－106 完成后的“截面”上滑面板

(4) 插入混合截面后，系统会自动在图形窗口中显示所要创建实体的几何预览，如图 4-107 所示。

(5) 和混合特征一样，扫描混合特征中的截面中也有起始点，并且起始点的位置和方向影响所创建特征的几何。如图 4-97 所示，可以在图形窗口中修改截面的起始点位置和起始方向。用鼠标选中起始点后，按住左键拖动，就可以将起始点移动到拖动方向上的下一个顶点；同样，用鼠标选中起始方向后，按住左键拖动，就可以修改起始方向。

(6) 在扫描混合工具操控板中，按下□按钮，确保生成实体特征。

(7) 完成后，单击☑按钮，完成特征创建。

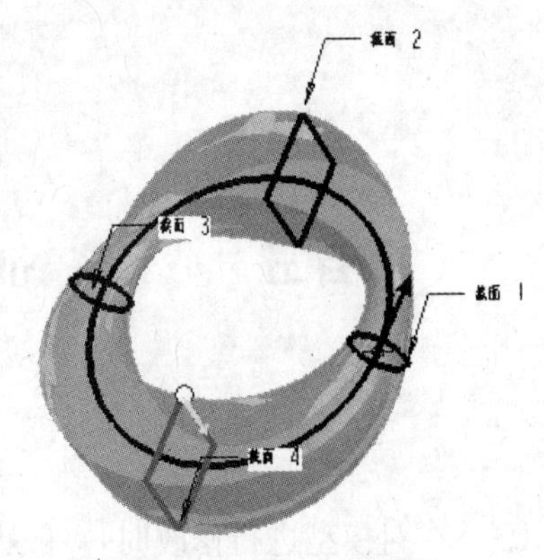

图 4-107 几何预览

思考与练习

1. 实体伸出项和切口有什么不同？模型中的第一个特征可以用切口吗？
2. 实体伸出项和加厚特征有什么不同，它们的截面各有什么要求？
3. 为什么可以说拉伸特征和旋转特征都可以看作特征的扫描特征？
4. 从创建思想上来讲，扫描特征和混合特征有什么区别？可变剖面扫描和扫描混合是如何将扫描特征和混合特征综合起来的？
5. 创建拉伸特征时，都有哪几种深度选项，各有什么意义？
6. 在混合特征中，对于截面有什么要求？简述混合顶点、截断点、点截面的定义，并说明它们在混合特征中的作用。
7. 绘制如图 4-108 所示的零件。

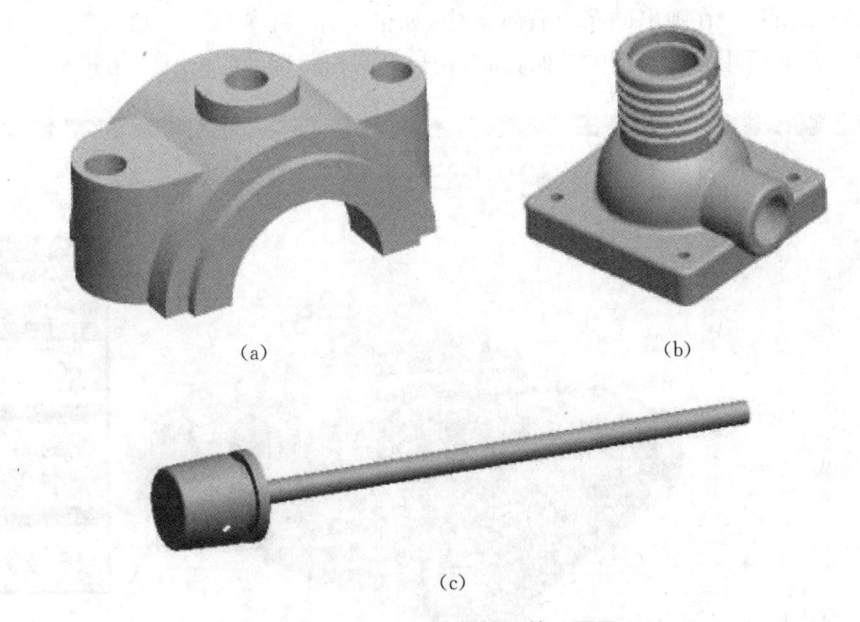

图 4-108 思考与练习第 7 题图

项目五　特征编辑

在对模型进行修改时，一般也只是修改需要修改的特征。在 Pro/E Wildfire 5.0 中，提供了丰富的特征编辑方法，设计人员可以使用复制、移动、镜像等方法快速创建与模型中已有特征相似的新特征，也可以使用阵列的方法大量复制已经存在的特征。

特征的编辑操作是对以特征为基础的 Pro/E 实体建模技术的一个极大补充，合理地使用特征编辑，可以大大简化设计流程、提高设计效率、实现对模型的参数化管理。在本项目中，将重点介绍特征编辑的方法。

任务一　特征的编辑

一、特征的复制与粘贴

在特征操作中，可以对特征进行复制与粘贴，把特征移动到确定位置。具体操作方法如下。

1. 选择复制特征

首先，选择图 5－1 中的圆孔为进行复制的特征，选择"编辑"→"特征操作"→"复制"，弹出界面如图 5－1 所示。在弹出的菜单管理器中，如果选择"新参照"→"独立"→"完成"，"新参照"表示复制新孔所用参照为新的参照，而不是被复制孔所选参照；如选"相同参考"，则表示新

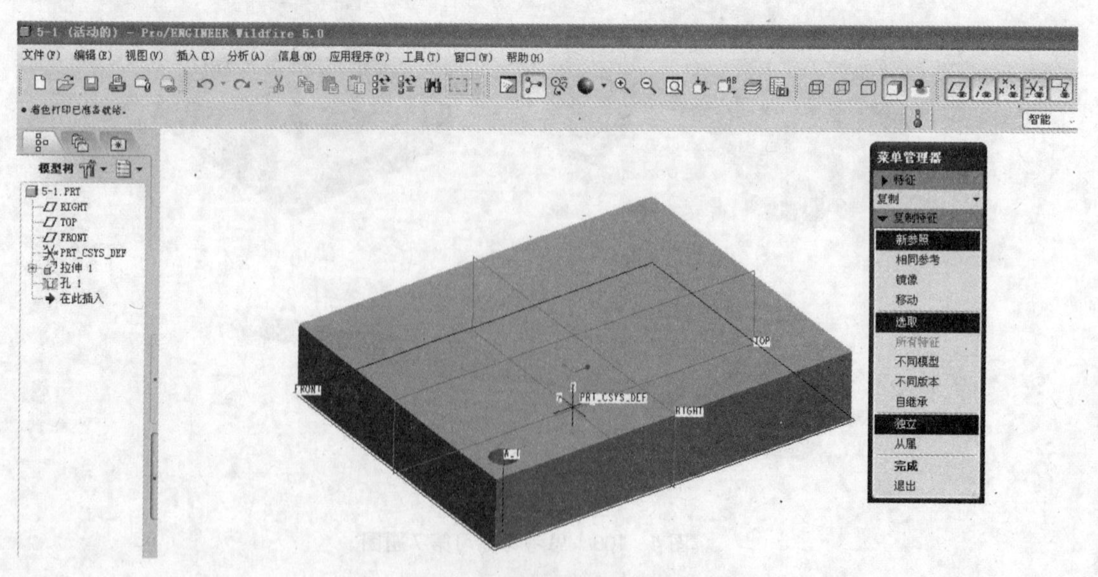

图 5－1　复制孔特征界面

孔所选参照与被复制孔一致。“独立”表示修改新孔或被复制孔的尺寸不会影响被复制孔或新孔的尺寸;“从属”表示修改新孔尺寸时,被复制孔尺寸也会随之改变。

2. 对复制特征进行编辑

单击“完成”之后,选择孔特征,如图 5-2 所示。在弹出的菜单管理器中,选择 Dim1～Dim3 尺寸中任意参照尺寸进行修改,从而确定新孔的位置。三个尺寸全选,分别输入 20、20、260,单击“完成”。

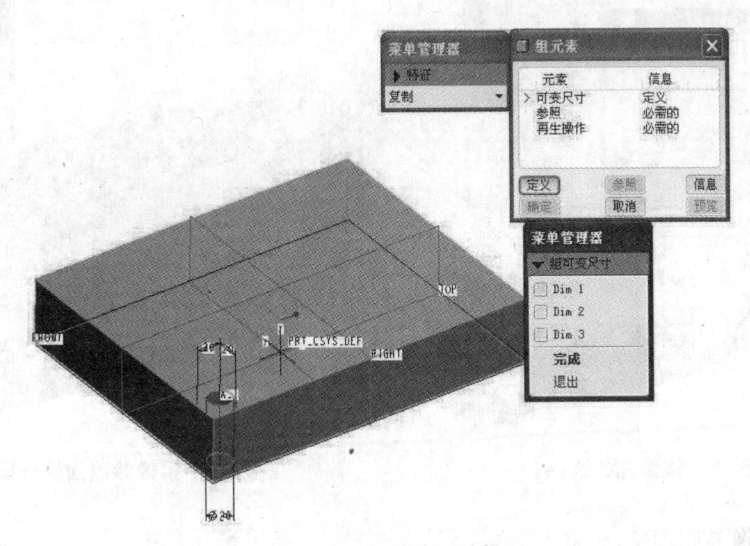

图 5-2 复制特征编辑

3. 参照面的选择

孔位置尺寸确定之后,会弹出如图 5-3 所示的菜单,“替换”表示选择新的参照面替换被复制孔的参照面,“相同”表示继续使用被复制孔的参照面。在本例中,全部使用“相同”,结果如图 5-4 所示。

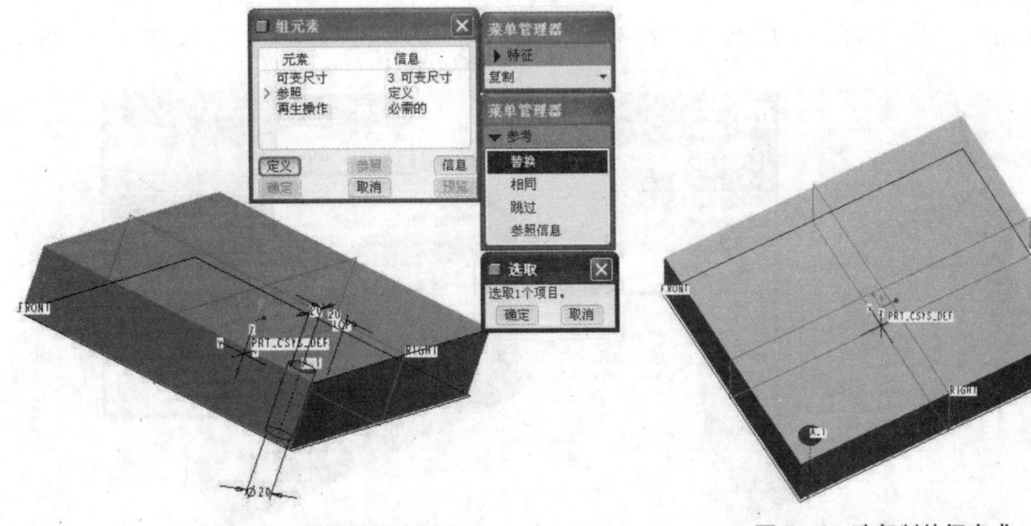

图 5-3 参照面的选择　　　　图 5-4 孔复制特征完成

二、特征的镜像与移动

1. 选择镜像

在特征的镜像操作中，操作步骤与复制类似，仍然先要进入到如图 5-1 所示的界面中，然后选择“镜像”→“从属”→“完成”，弹出界面如图 5-5 所示。

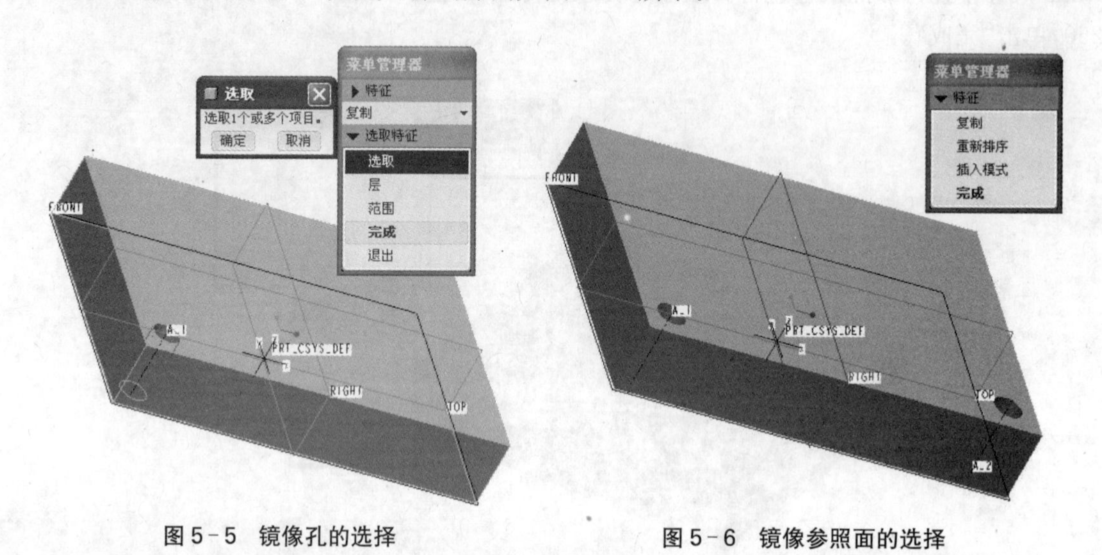

图 5-5 镜像孔的选择　　　　图 5-6 镜像参照面的选择

2. 选择镜像参照面

选择 RIGHT 基准面为参照面进行镜像，单击“完成”，即完成对孔关于 RIGHT 基准面的镜像，如图 5-6 所示。

说明：此时，无论修改哪个孔的尺寸，另外一个孔的尺寸也会随之改变。

3. 选择移动

图 5-1 中的“移动”选项表示将圆孔移动到一个新的位置。具体操作步骤如下：选择“移动”→“独立”→“完成”，弹出界面如图 5-7 所示，选取圆孔，单击完成。

4. 选择移动方法

在图 5-7 所示界面中，可以选择“平移”或“旋转”，如果选择“平移”，弹出界面如图 5-8 所示。

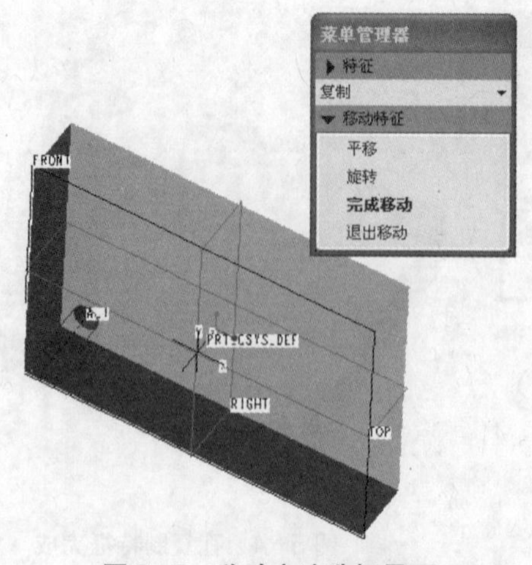

图 5-7 移动方法选择界面

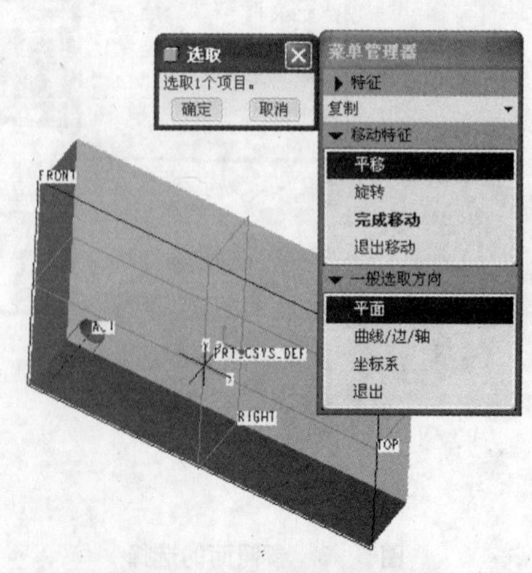

图 5-8 平移种类选择界面

可以选择沿着“平面”,即沿着平面法向移动圆孔;也可以选择沿着某一棱边或坐标轴的某一个轴线方向移动圆孔。在本例中,选择沿着长方体的棱边移动圆孔。输入距离 240,结果如图 5-4 所示。

三、减速器箱体实例操作

本实例的目的是让读者了解减速器箱体的结构造型,掌握利用各种工具或命令来创建减速器箱体的具体结构;重点学习如何创建壳特征、拔模特征、筋特征,以及创建特征内部的基准平面等知识。

1. 新建零件文件

(1) 单击工具栏中的新建文件图标,弹出“新建”对话框,文件类型选择为“零件”,子类型为“实体”,在名称栏输入文件名“jiansuqi”,取消勾选“使用缺省模板”,单击【确定】按钮。弹出“新文件选项”对话框,在模板列表中选择“mmns_part_solid”,单击【确定】,进入零件设计界面。

(2) 进入零件设计界面后,单击“文件”菜单,选择“设置工作目录”。然后选择零件要存放的文件夹,这样本次打开 Pro/E 创建的所有零件就可以存放到设置的工作目录中。

2. 以拉伸方式创建底座

(1) 单击(拉伸工具)按钮,打开拉伸工具操控板。在拉伸工具操控板上指定要创建的模型特征为(实体),然后单击(厚度),输入厚度为 8。

(2) 单击拉伸工具操控板中的【放置】按钮,打开“放置”上滑面板,在该面板上单击【定义】按钮,弹出“草绘”对话框。

(3) 选择 TOP 基准面为草绘平面,接受默认方向参照设置,单击【草绘】按钮,进入草绘模式。

(4) 绘制如图 5-9 所示拉伸剖面,单击✔(继续)。

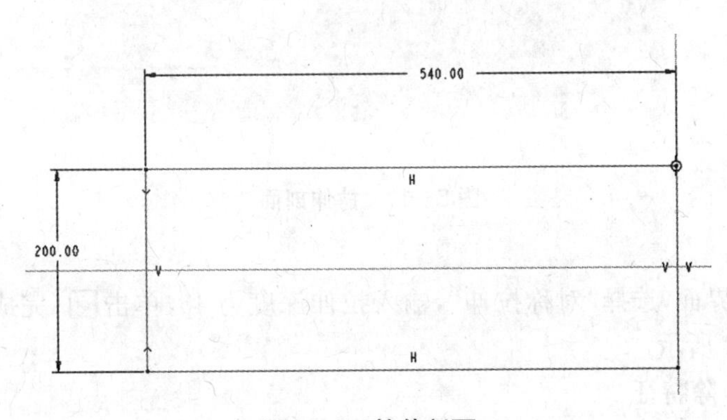

图 5-9 拉伸剖面

(5) 进入实体界面,输入拉伸深度为 200,单击(完成)按钮,完成拉伸体创建。

3. 以拉伸方式创建轴承凸台

(1) 单击(拉伸工具)按钮,打开拉伸工具操控板。在拉伸工具操控板上指定要创建的模型特征为(实体)。

(2) 单击拉伸工具操控板中的【放置】按钮,打开“放置”上滑面板,在该面板上单击【定义】

按钮,弹出“草绘”对话框。

(3) 选择如图5-10中箭头A所指的实体表面为草绘平面,以箱体底面为参照面,方向朝下,单击【草绘】按钮,进入草绘界面。

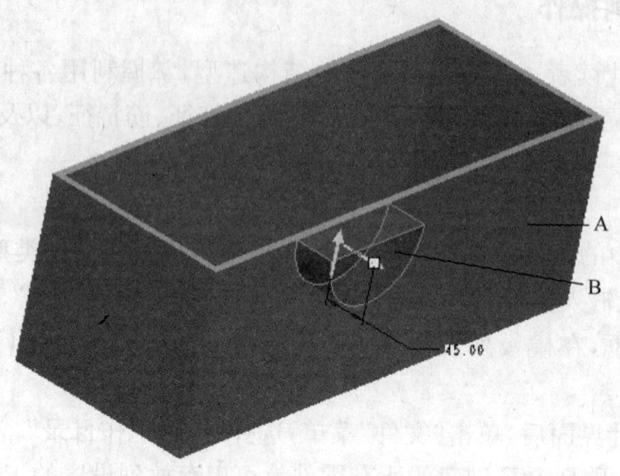

图5-10 创建拉伸凸台

(4) 绘制如图5-11所示拉伸剖面,单击✔(继续)。

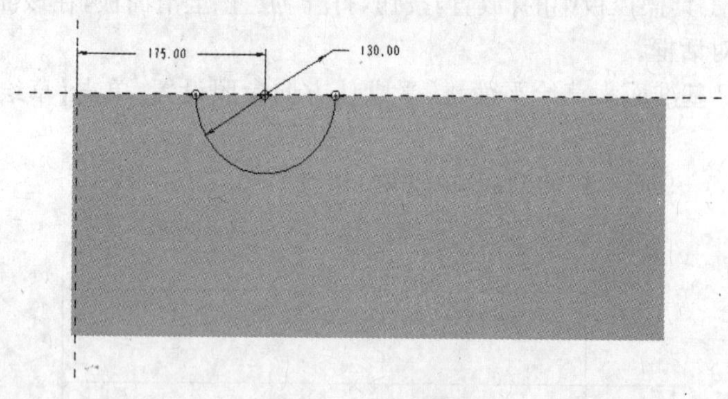

图5-11 拉伸剖面

(5) 进入实体界面,选择“对称拉伸”,输入拉伸深度为45,单击☑(完成)按钮,完成拉伸体创建,如图5-10所示。

4. 创建拉伸切除特征

(1) 单击(拉伸工具)按钮,打开拉伸工具操控板。在拉伸工具操控板上指定要创建的模型特征为(实体),同时,在拉伸操控板上单击(切除)命令。

(2) 单击拉伸工具操控板中的【放置】按钮,打开“放置”上滑面板,在该面板上单击【定义】按钮,弹出“草绘”对话框。

(3) 选择凸台表面(如图5-10箭头B所指表面)为草绘平面,以系统默认面方向参照,单击草绘,进入草绘界面。

(4) 在草绘界面绘制如图5-12所示拉伸切除剖面,单击✔(继续)。

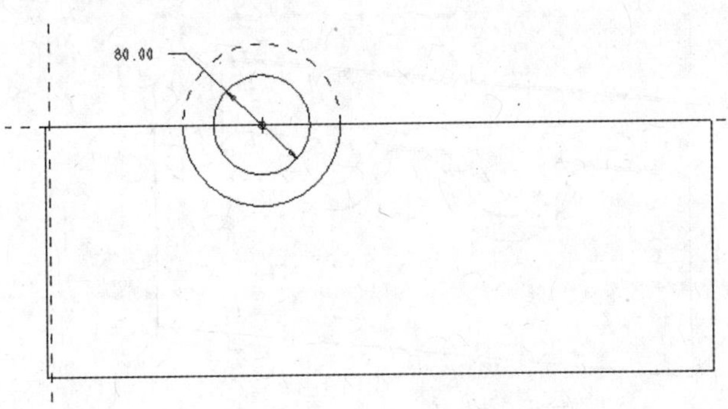

图 5-12 拉伸切除剖面

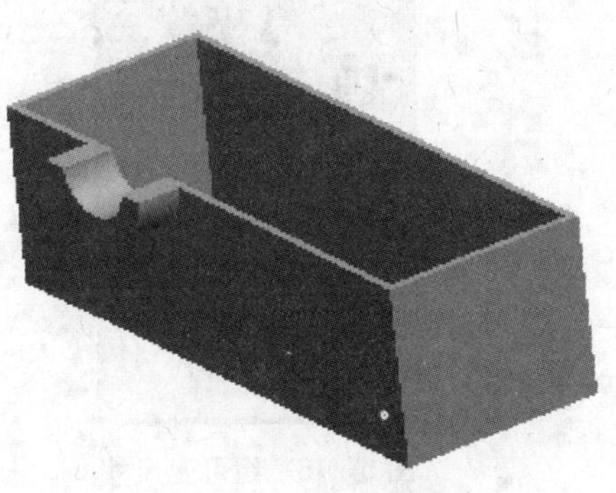

图 5-13 拉伸切除实体

(5) 进入实体界面,单击 (拉伸至下一曲面)按钮,单击 (完成)按钮,完成拉伸体创建,如图 5-13 所示。

5. 复制凸台特征

(1) 按住 Ctrl 键单击步骤 3 和步骤 4 中创建的特征,单击鼠标右键选取"组",将两个特征组合成一个特征"组 LOCAL_GROUP"。

(2) 选择"编辑"→"特征操作"→"复制",选择"相同参考"→"选取"→"独立"→"完成"。

(3) 选择"模型树"中的"组 LOCAL_GROUP",单击"完成"。弹出如图 5-14 所示菜单,选择四个尺寸,单击"完成"。

(4) 修改尺寸,拉伸深度还是 45,外圆直径 130 变为 100,定位距离 175 变为 350,内圆直径 80 变为 50,生成如图 5-15 所示凸台。

图 5-14 组可变尺寸

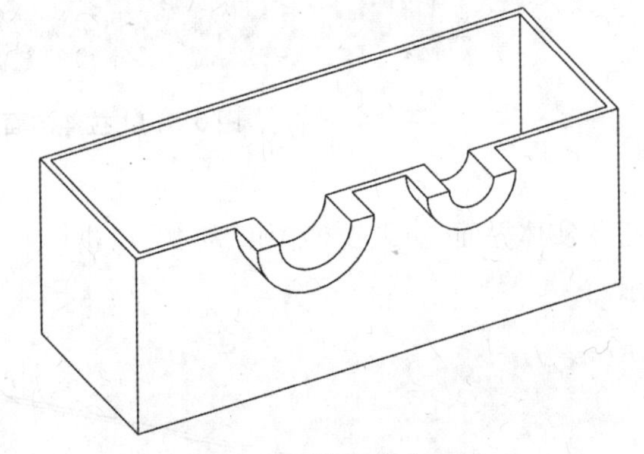

图 5-15 复制凸台特征

(5) 重复(1)、(2)步操作,选择复制的"组特征",单击"完成"。

(6) 选择三个尺寸,如图 5-16 所示,单击"完成"。

(7) 分别将尺寸 100 改成 80,尺寸 350 改为 480,单击"完成",尺寸 50 改为 35。生成复制特征如图 5-17 所示。

6. 创建顶盾特征

(1) 单击 (拉伸工具)按钮,打开拉伸工具操控板。在拉伸工具操控板上指定要创建的模型特征为 (实体)。

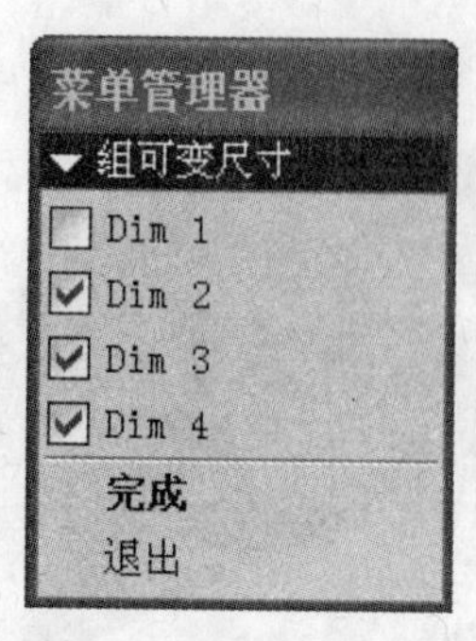

图 5-16 组可变尺寸

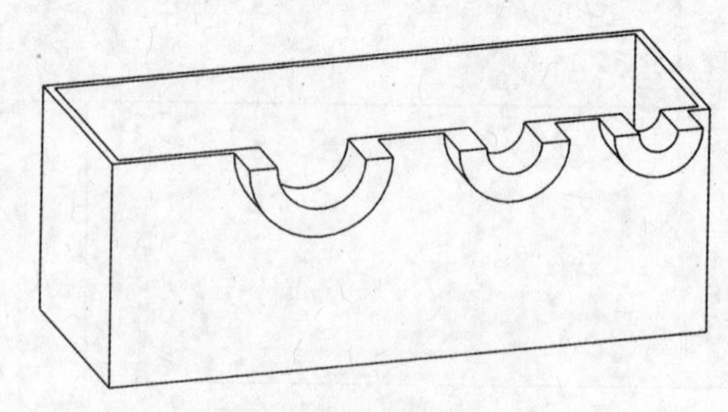

图 5-17 复制特征

(2) 单击拉伸工具操控板中的“放置”→“定义”，弹出“草绘”对话框。

(3) 选择凸台表面(如图 5-10 箭头 A 所指表面)为草绘平面，以系统默认面方向参照，单击【草绘】，进入草绘界面。

(4) 在草绘界面绘制如图 5-18 所示拉伸剖面，单击✔(继续)。

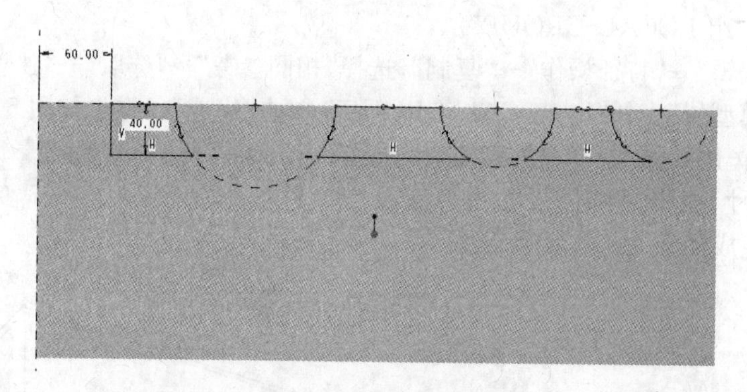

图 5-18 拉伸剖面

(5) 进入实体界面，输入拉伸深度为 40，单击✅(完成)按钮，完成顶唇特征创建，如图 5-19 所示。

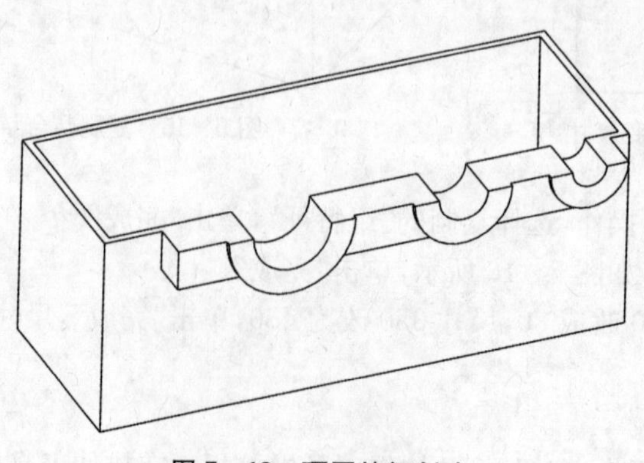

图 5-19 顶唇特征创建

7. 镜像凸台与顶唇特征

(1) 按住 Ctrl 键选择凸台与顶唇特征,单击鼠标右键,选择“组”特征。

(2) 单击“镜像”命令,选择 RIGHT 基准面为参照面,单击(完成)按钮,完成镜像特征,如图 5-20 所示。

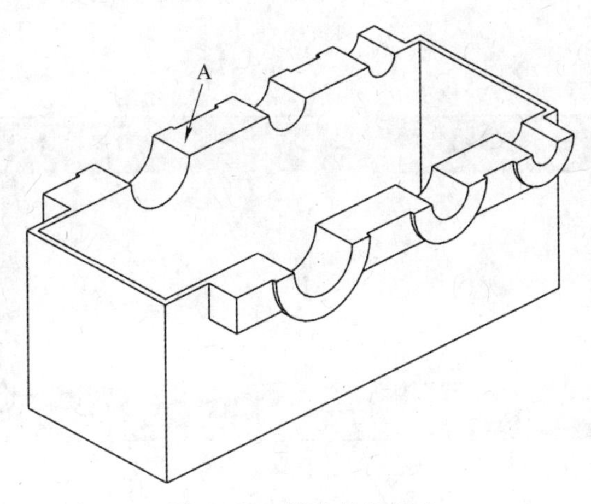

图 5-20 镜像特征创建

8. 创建顶板特征

(1) 单击(拉伸工具)按钮,打开拉伸工具操控板。在拉伸工具操控板上指定要创建的模型特征为(实体)。

(2) 单击拉伸工具操控板中的“放置”→“定义”,弹出“草绘”对话框。

(3) 选择凸台表面(如图 5-20 箭头 A 所指表面)为草绘平面,以系统默认面为方向参照,单击【草绘】,进入草绘界面。

(4) 在草绘界面绘制如图 5-21 所示顶板剖面,单击(继续)。

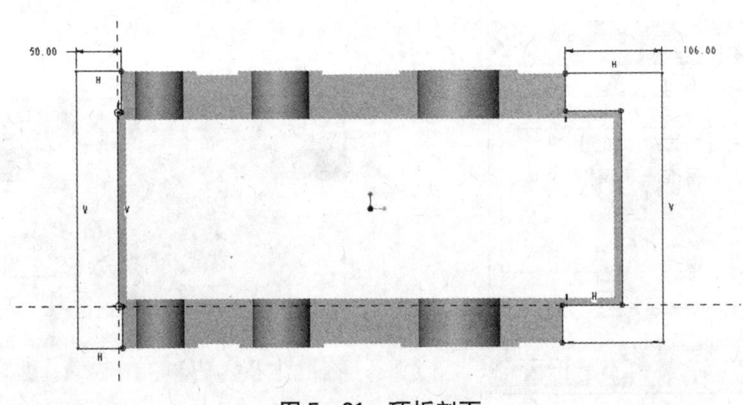

图 5-21 顶板剖面

(5) 输入拉伸深度为 12,单击(完成)按钮,完成顶板创建。

9. 创建底板特征

(1) 单击(拉伸工具)按钮,打开拉伸工具操控板。在拉伸工具操控板上指定要创建的模型特征为□(实体)。

(2) 单击拉伸工具操控板中的"放置"→"定义",弹出"草绘"对话框。

(3) 选择凸台表面(如图5-20箭头A所指表面)为草绘平面,以系统默认面为方向参照,单击【草绘】,进入草绘界面。

(4) 在草绘界面绘制如图5-22所示底板剖面,单击✔(继续)。

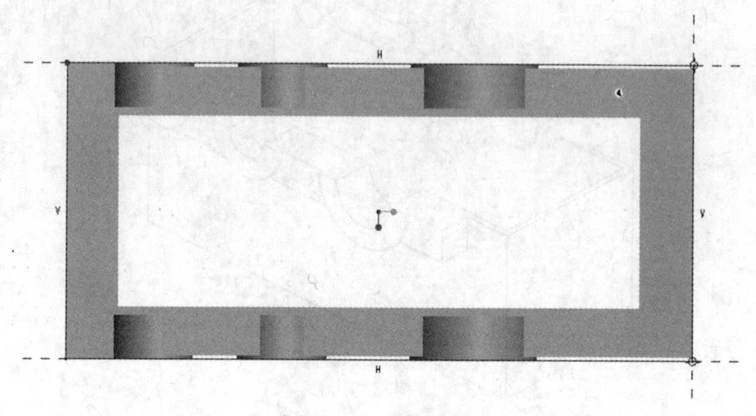

图5-22 底板剖面

(5) 输入拉伸深度为20,单击✔(完成)按钮,完成底板创建。

10. 创建筋特征

(1) 单击工具栏中的▱(基准平面)按钮,系统打开"基准平面"对话框,按住Ctrl键选择凸台内表面的轴线和RIGHT基准面,输入旋转角度为0,如图5-23所示。单击【确定】完成基准面DTM1的创建。

(2) 单击工具栏中的◺(筋特征)按钮,打开筋特征操控板。单击"参照"→"定义",进入草绘界面,选择凸台下边与底板上边为参照,绘制直线,如图5-24所示。

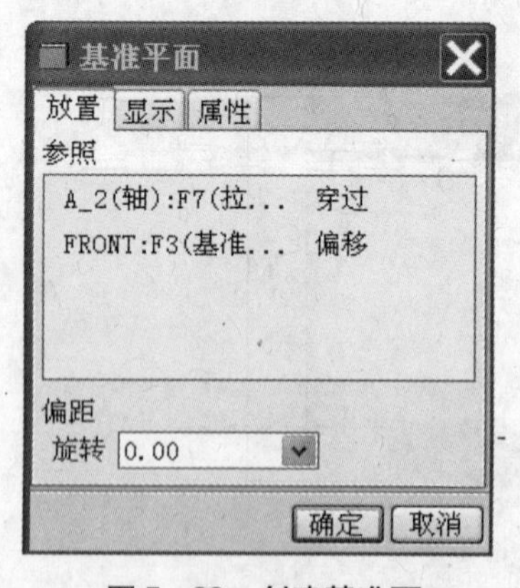

图5-23 创建基准面

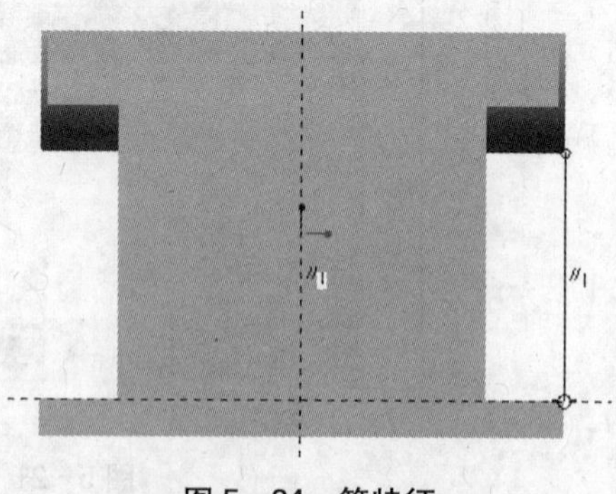

图5-24 筋特征

(3) 单击✔(继续),进入实体界面。注意选择筋特征创建方向应朝内,输入筋特征厚度为8,单击✔(完成)按钮,完成筋特征创建。

(4) 用同样的方法创建同侧另外两个筋板,如图5-25所示。

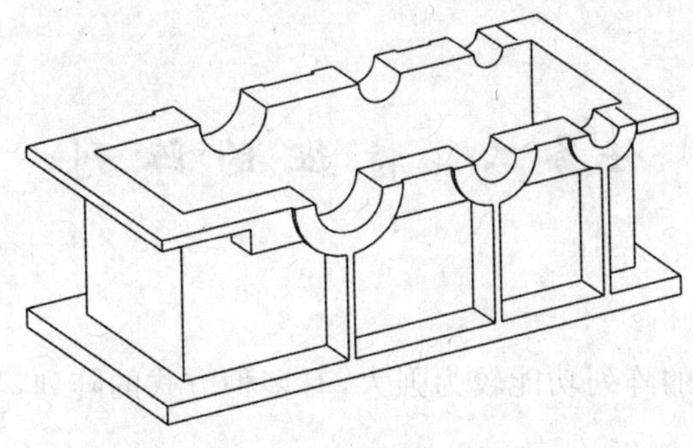

图 5-25 筋特征创建

(5) 按住 Ctrl 键，选择三个筋板，单击鼠标右键，选择“组”，创建组特征。

(6) 选择刚创建的“组特征”，单击 (镜像)按钮，选择 RIGHT 基准面为镜像参照平面，单击 (完成)按钮，完成另一侧筋特征创建，如图 5-26 所示。

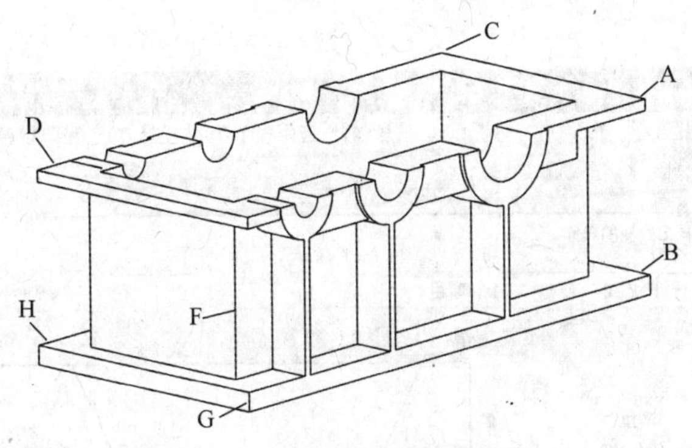

图 5-26 另一侧筋特征创建

11. 创建倒圆角

(1) 单击工具栏中 (倒圆角)按钮，输入倒圆角半径为 20。按住 Ctrl 键选择如图 5-26 中箭头所指的角和边，进行倒圆角操作。

(2) 单击 (完成)按钮，完成倒圆角。至此，完成变速器箱体的建模，效果如图 5-27 所示。

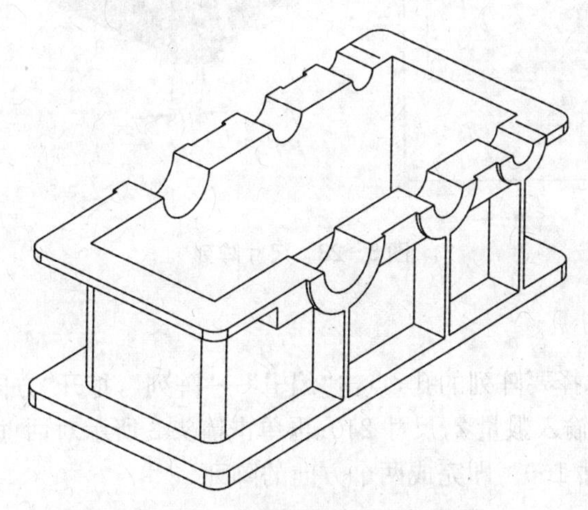

图 5-27 变速器箱体造型效果图

任务二 特征的阵列

一、尺寸与方向阵列

Pro/E Wildfire 5.0 的阵列功能较为强大，有多种方式的阵列，下面先介绍尺寸与方向阵列。

1. 尺寸阵列

如图 5-28 所示，选择要进行阵列的孔，点击“编辑”→“阵列”，打开“尺寸”上滑面板，单击如箭头 1 所指尺寸，在“方向 1”面板中点击增量，输入尺寸 240，完成横向阵列(如需阵列多个孔，需改变增量大小和阵列的数量)。然后阵列纵向，先单击“方向 2”面板，再选择箭头 2 所指尺寸，输入增量 160，单击✔(完成)按钮，完成孔的尺寸阵列。

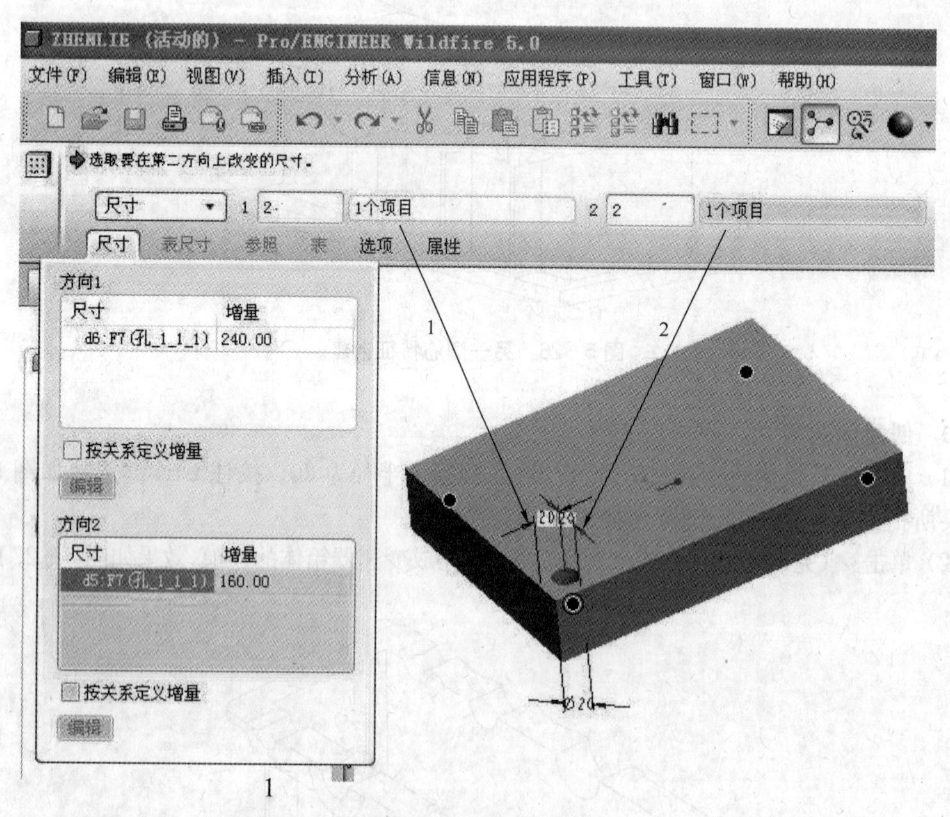

图 5-28 尺寸阵列

2. 方向阵列

如图 5-29 所示，选择要阵列的孔，点击“编辑”→“阵列”，打开“方向”上滑面板，先选择箭头 1 所指边作为方向 1，输入数量 2，尺寸 240；再单击箭头 2 所示对话框，单击箭头 2 所指长方体棱边，输入数量 2，尺寸 160。即完成两个方向的阵列。

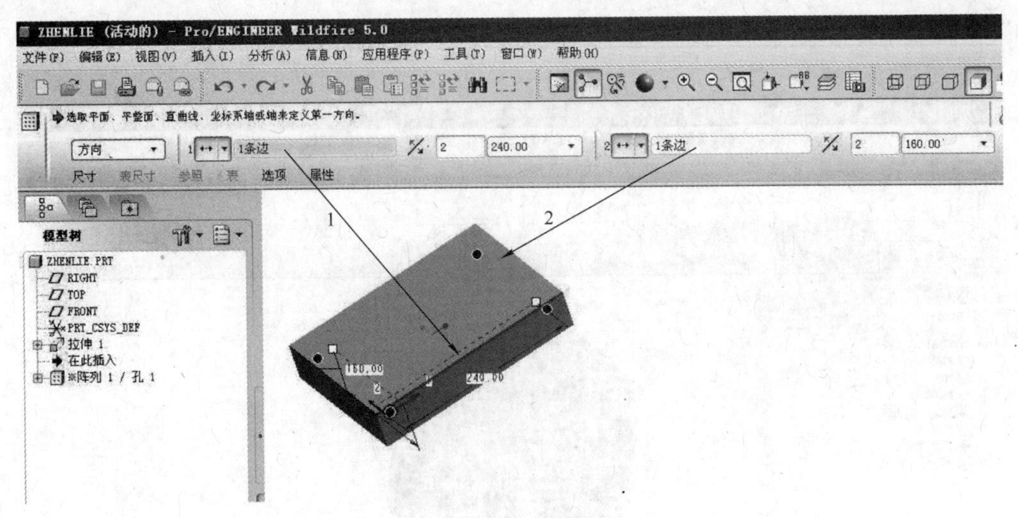

图 5-29 方向阵列

方向阵列可以控制被阵列孔的尺寸变化，如图 5-30 所示。改变被阵列孔的直径，先选择孔径 20，在尺寸面板中单击“方向 1”，输入增量 10，即在方向 1 上阵列的孔的直径增大 10。再单击“方向 2”面板，输入增量 10，即在方向 2 上阵列的孔径增大 10，与被阵列孔对角线处的孔径则增大了 20。

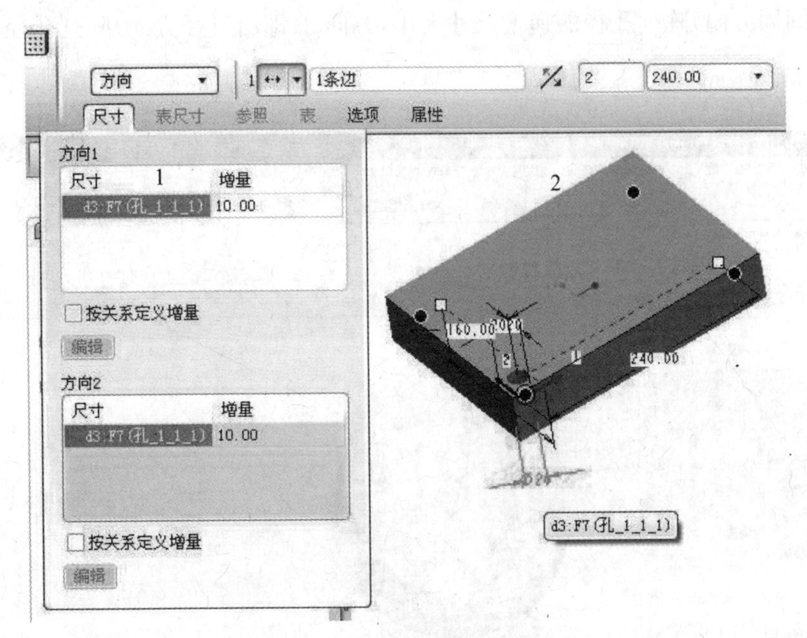

图 5-30 方向阵列孔之尺寸变化

二、轴阵列与其他阵列

1. 轴阵列

如图 5-31 所示，对孔进行轴阵列，首先，选择孔特征，然后选择“阵列”，选择阵列方式为

"轴",单击圆柱的轴线,便出现如图所示的四个点,单击确定便生成四个孔。

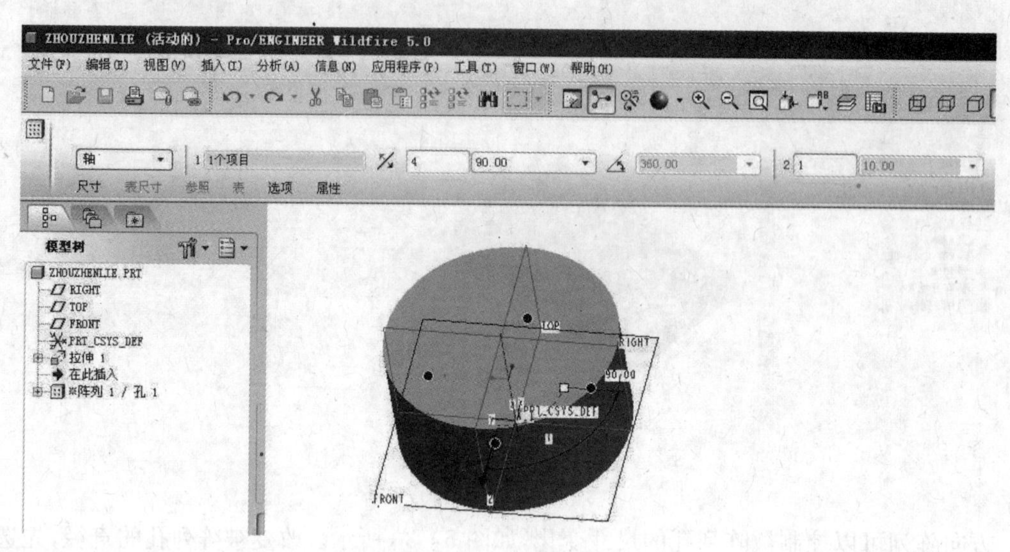

图 5-31 轴阵列 1

但轴阵列也可以分别在两个方向阵列,并且阵列孔可以进行尺寸递增或递减,如图5-32所示。箭头 2 所指面板中 2 表示沿直径方向阵列 2 个,间距是 10。而箭头 1 所指下拉面板为方向 1(即沿圆周方向)阵列孔径的递增尺寸大小,方向 2(即沿直径方向)阵列孔径的递增尺寸大小。

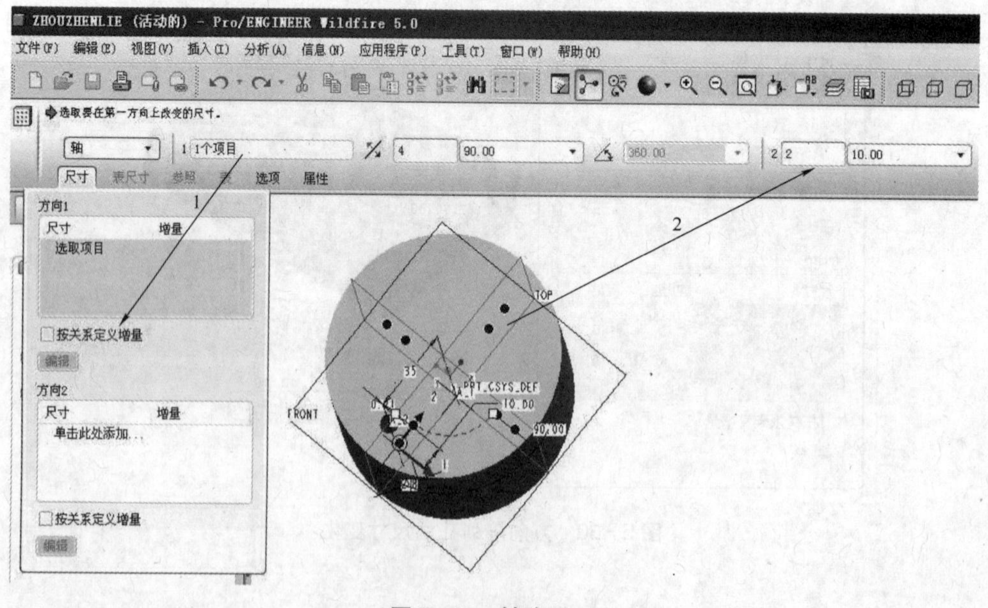

图 5-32 轴阵列 2

2. 其他阵列

Pro/E Wildfire 5.0 除了上述阵列功能外,还有填充阵列、表阵列、曲线阵列等功能。

1）填充阵列 选中被阵列孔，单击“阵列”→“填充”，单击“草绘”，用样条曲线画一封闭图形。单击【确定】，进入实体界面，如图5-33所示。

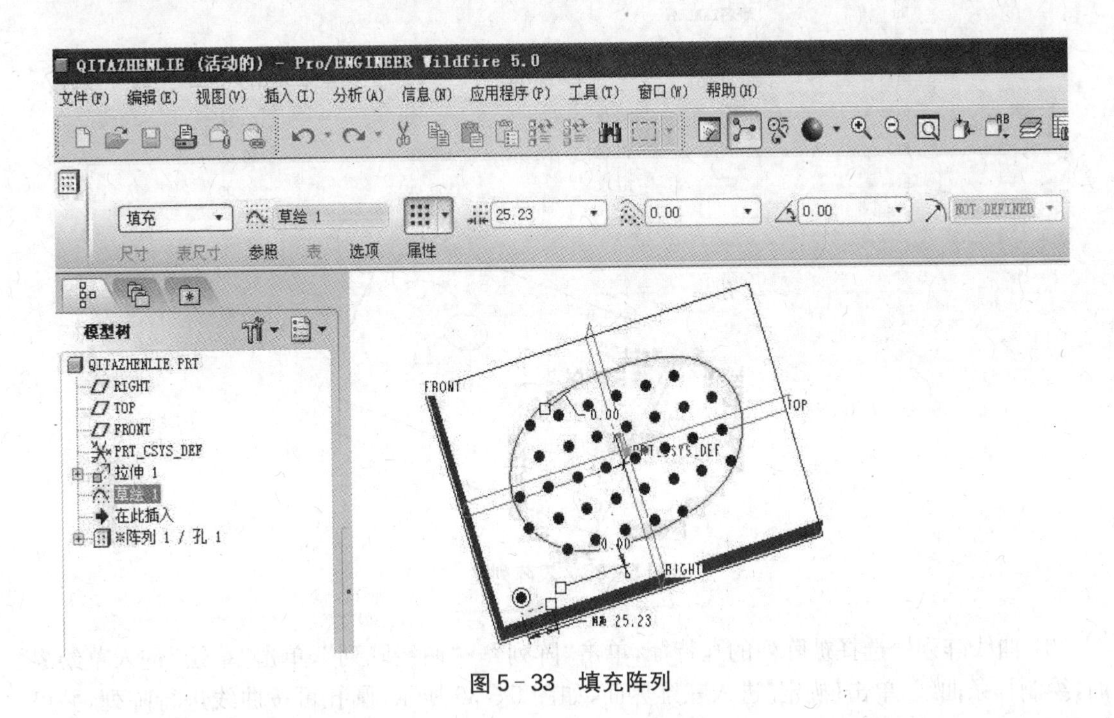

图5-33 填充阵列

2）表阵列 仍旧采用图5-33模板，进入“表阵列”，此时提示“选取项目”，按住Ctrl键，选择孔的定位尺寸及孔径共三个尺寸，单击面板上“编辑”命令，如图5-34所示。

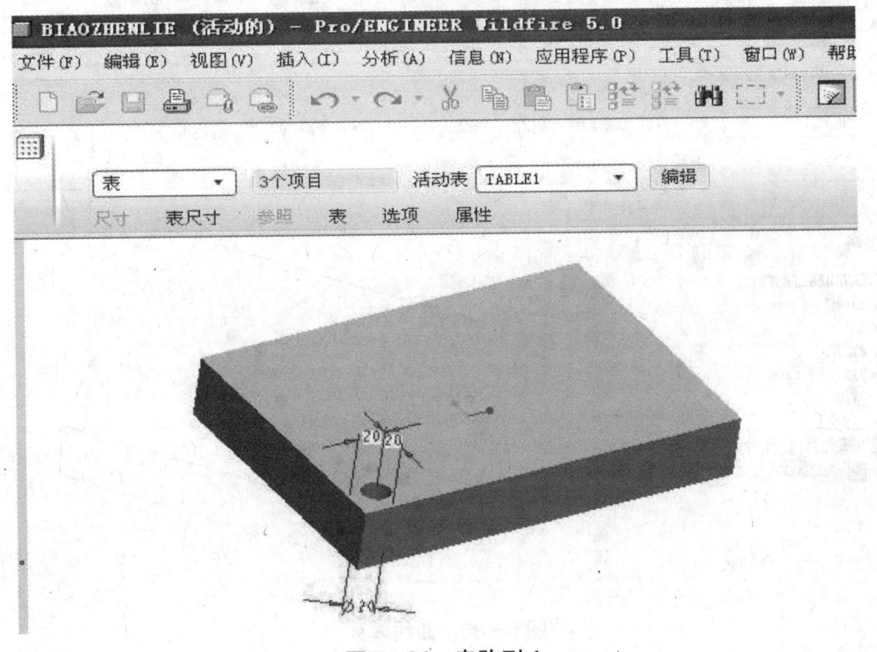

图5-34 表阵列1

进入编辑界面后，输入编号1、2、3，然后编辑孔的位置及尺寸，如图5-35所示。

R9	!		表名TABLE1.		
R10	!				
R11	! idx		d3(20.00)	d5(20.00)	d6(20.00)
R12		1	30.00	80.00	100.00
R13		2	40.00	120.00	180.00
R14		3	70.00	160.00	230.00
R15					

图5-35 表阵列2

3）曲线阵列　选择被阵列的孔特征，单击“阵列”→“曲线阵列”，单击“草绘”进入草绘界面，绘制样条曲线，单击【确定】进入三维界面，如图5-36所示，圆孔可按曲线进行阵列，并可调整孔之间的距离及夹角。

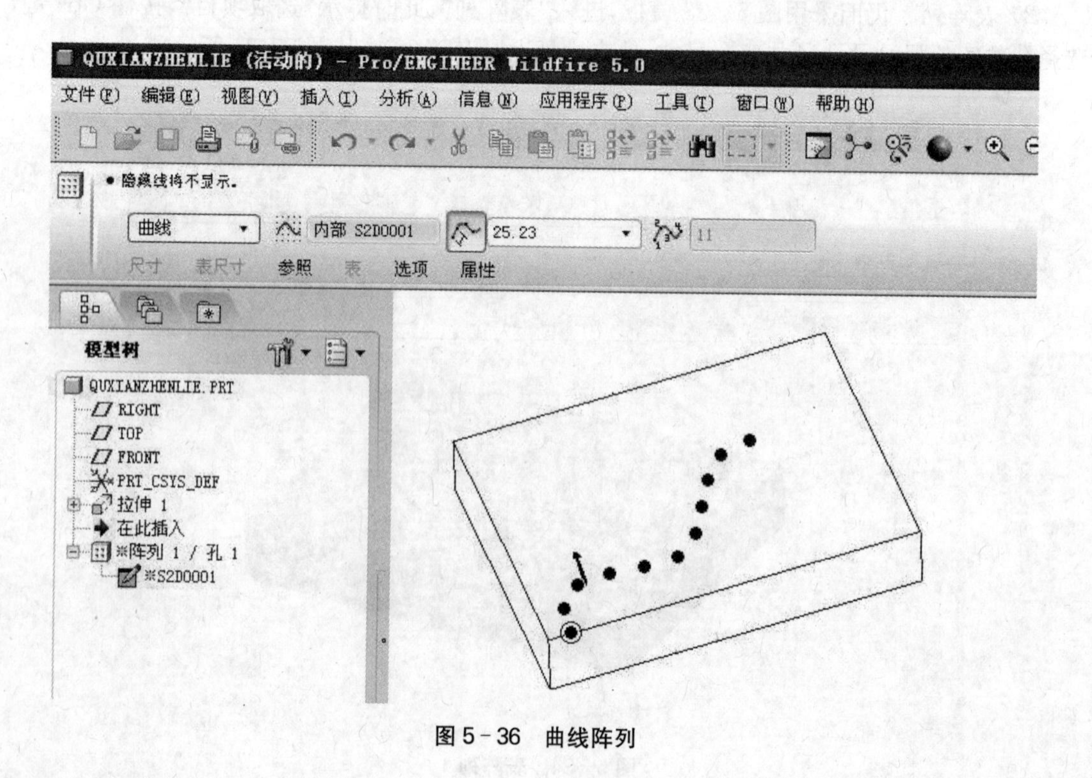

图5-36 曲线阵列

思考与练习

1. 完成图 5－37 所示板阵列。

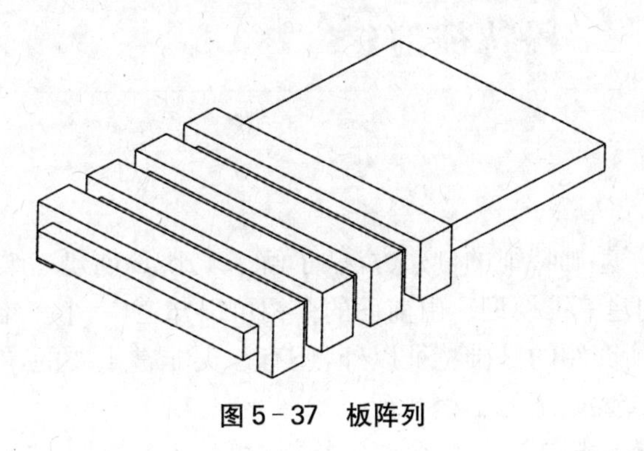

图 5－37 板阵列

2. 完成图 5－38 所示表阵列操作。

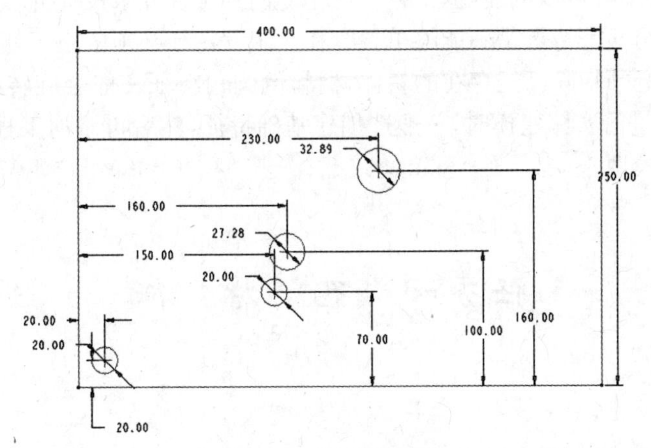

图 5－38 表阵列特征

项目六　工程特征创建

在项目四中，介绍了基础特征的创建方法，了解了 Pro/E 创建三维实体模型的一般步骤，学会了使用基础特征创建三维模型。由前面的介绍可以知道，一个三维实体模型，它最基本的单位是特征，除了前面所介绍的基础特征以外，还有一类非常重要的，在工程中使用非常多的特征，这就是本项目中所要介绍的工程特征。

工程特征，就是具有一定工程应用价值的特征，如孔特征、倒角特征、圆角特征等。工程特征是根据工程需要，使用一定方法创建的具有特征性质的特征。凡是工程特征能够创建的实体模型，使用基础特征都可以创建，但工程特征是专门为工程要求设计的，效率较高。

工程特征的一个显著特点是不能够单独存在。工程特征必须依附于其他已经存在的特征之上，例如，孔特征必须切除已经存在的实体材料，倒圆角特征一般会旋转在已经存在的边线处。在使用 Pro/E 进行实体建模时，一般选创建基础特征，然后再添加工程特征进行修饰，最后生成满意的实体模型。

任务一　孔　特　征

一、孔创建工具

在主菜单中，单击“插入”→“孔”，或者单击“工程特征”工具栏中的 按钮，系统即进入孔特征工具操控板，如图 6－1 所示。

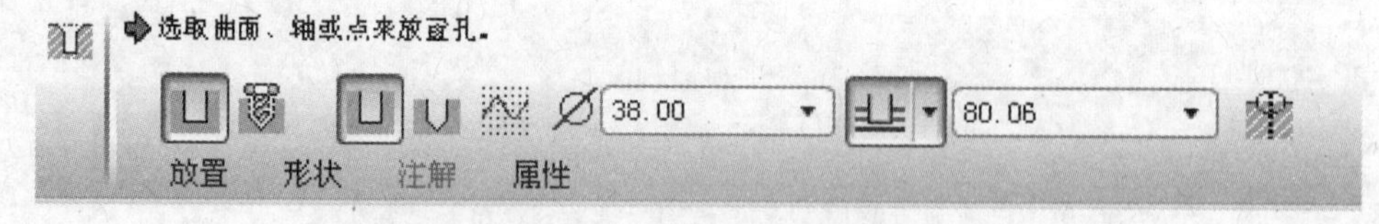

图 6－1　孔特征工具操控板

和拉伸特征工具操控板一样，孔特征工具操控板也主要由三个部分组成，分别为“孔特征”工具栏、上滑面板和特征操控按钮。

1. “孔特征”工具栏

“孔特征”工具栏中，主要用于设置孔特征的形状参数，比如直径、孔深度选项及孔深度值等。下面介绍各个工具按钮的用途：

1）　创建简单孔特征。

2) 创建标准孔特征。

3) 从放置参照以指定的深度值钻孔。

(1) :以指定深度值的一半,在放置参照的每一侧钻孔。

(2) :钻孔至下一曲面。

(3) :钻孔与所有曲面相交。

(4) :钻孔至与所选定的曲面相交。

(5) :钻孔至所选定的点、曲线、曲面或平面。

4) 80.06 孔深度值。

当使用"草绘"方式创建简单孔时,以下按钮可用:

(1) :打开现有的草绘轮廓。

(2) :激活草绘器以创建剖面。

2. 上滑面板

1)"放置"上滑面板　在孔特征工具操控板中,单击"放置",即弹出"放置"上滑面板,如图 6-2 所示。"放置"上滑面板主要用于设置特征的定位参数。孔的定位参照有两类:主参照和次参照,具体设置方法会在后面作详细介绍。

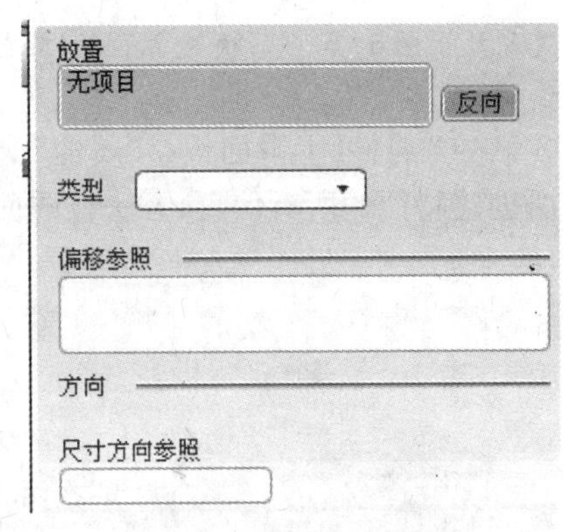

图 6-2 "放置"上滑面板

2)"形状"上滑面板　"形状"上滑面板用于详细地设置孔的形状,如图 6-3 所示。当采用不同的孔创建方式时,所创建的孔形状不同,而"形状"上滑面板也就不一样。

(1) 创建简单孔。当创建简单孔时,"形状"上滑面板如图 6-3 所示,可以分别设置主参照平面两侧的孔深度类型和深度值。根据所选择的深度类型,图 6-3 中显示的孔示意图也会随之变化。

(2) 创建草绘孔。创建草绘孔时,"形状"上滑面板中显示的草绘截面如图 6-4 所示。

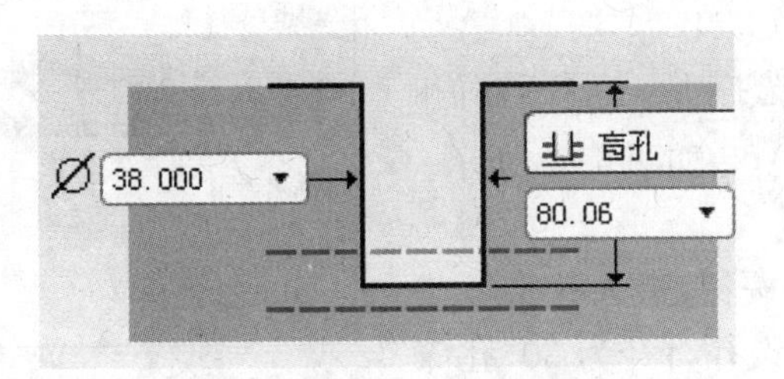

图 6-3 "形状"上滑面板

图 6-4 "形状"上滑面板(草绘孔)

(3) 创建标准孔。创建标准孔时,“形状”上滑面板中显示如图 6-5 所示,其中显示了标准孔的各种形状参数,可以根据需要进行设置。

3)“注解”上滑面板　当创建标准孔时,“注解”上滑面板中,依据所创建孔特征的形状参照,自动生成关于孔的注解,如图 6-6 所示。当创建简单孔或草绘孔时,“注解”上滑面板不可用。

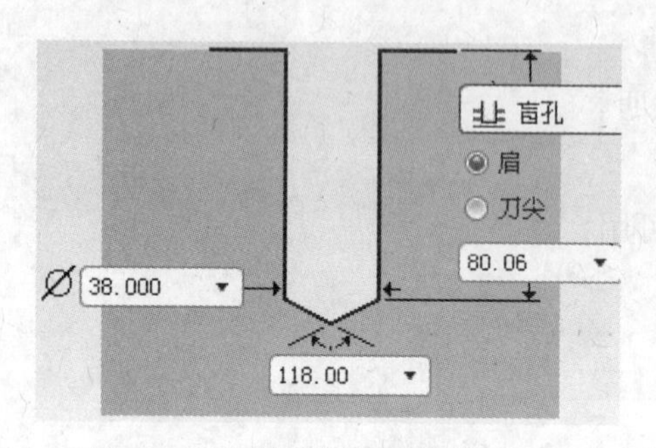

图 6-5 “形状”上滑面板(标准孔)

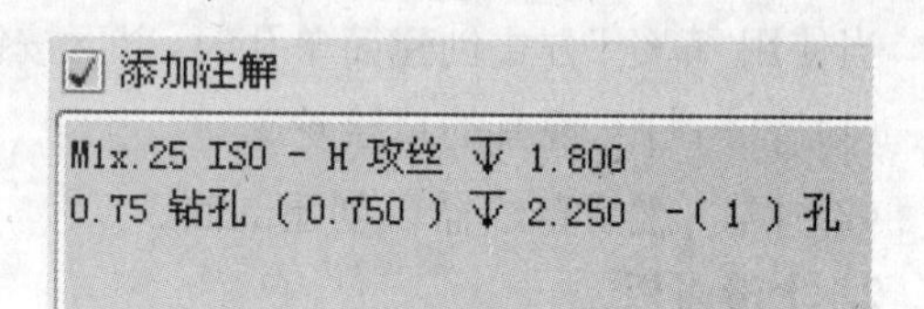

图 6-6 “注解”上滑面板

4)“属性”上滑面板　“属性”上滑面板中,可显示并修改当前特征名称,还可以查看当前所创建特征的所有信息,方法在前面已经介绍过,在此不再赘述。

二、孔特征创建实例

下面分别使用三种定位方式(线性、直径、同轴)创建三种不同形状(简单、草绘、标准)的孔特征,完成后如图 6-7 所示。下面详细介绍其创建过程。

图 6-7 孔特征实体模型

1. 创建新文件

单击“文件”工具栏中的 按钮,或者单击“文件”→“新建”,系统弹出“新建”对话框,输入所需要的文件名“hole_example_1”,取消“使用缺省模板”复选框后,单击【确定】,系统自动弹出“新文件选项”对话框,在“模板”列表中选择“mmns_part_solid”选项,单击【确定】,系统自动进入零件环境。

2. 使用拉伸特征创建基底

以 TOP 平面为草绘平面,草绘边长为 400 的正方形,设拉伸深度为 100,创建拉伸实体伸出项特征。

3. 创建基准轴

单击“基准”工具栏中的 按钮,选择 FRONT 平面和 RIGHT 平面作为基准参照,创建基准轴 A_1,如图 6-8 所示。

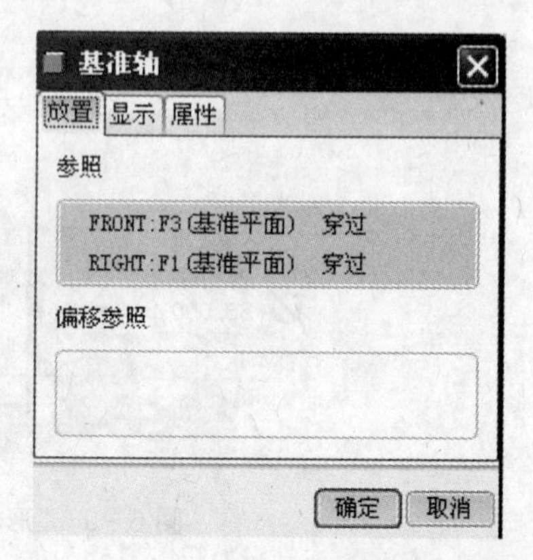

图 6-8 “基准轴”对话框

4. 使用“直径”定位方式创建简单孔

(1) 单击“工程特征”工具栏中的 按钮,进入孔特征工具操控板,选择孔的创建方式为“简单”,设孔直径为 30,孔深度选项为 ,深度值为 60。

(2) 单击“放置”，系统弹出“放置”上滑面板。选择拉伸实体上表面为主参照后，选择次参照定位方式为“直径”，如图 6－9 所示，使用基准轴 A_1 和拉伸实体特征侧面为次参照，参照直径值为 200，旋转角度值为 135。

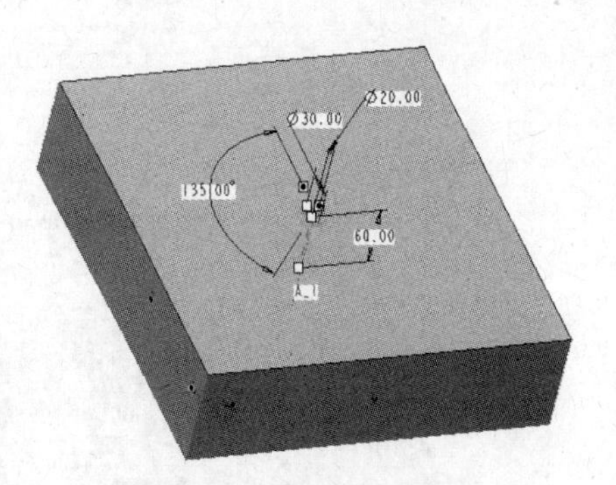

图 6－9　“直径”定位方式

(3) 单击✔按钮，完成孔特征创建。

5. 使用“线性”定位方式创建草绘孔

(1) 单击“工程特征”工具栏中的 按钮，进入孔特征工具操控板，选择孔的创建方式为“草绘”。

(2) 单击 按钮，进入草绘环境，绘制截面如图 6－10 所示，完成后单击✔。

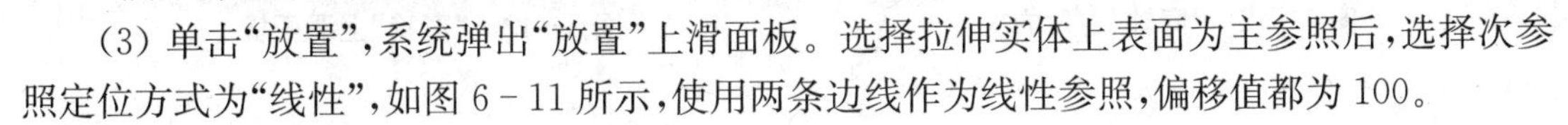
(3) 单击“放置”，系统弹出“放置”上滑面板。选择拉伸实体上表面为主参照后，选择次参照定位方式为“线性”，如图 6－11 所示，使用两条边线作为线性参照，偏移值都为 100。

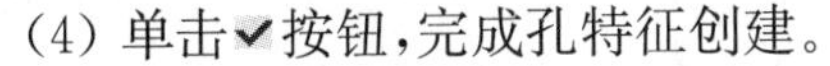
(4) 单击✔按钮，完成孔特征创建。

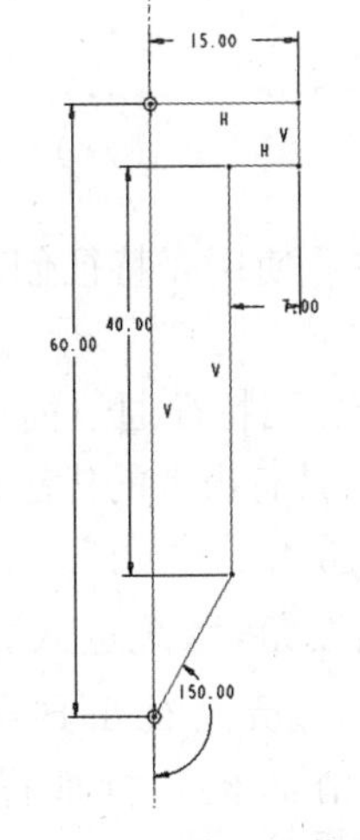

图 6－10　草绘孔截面

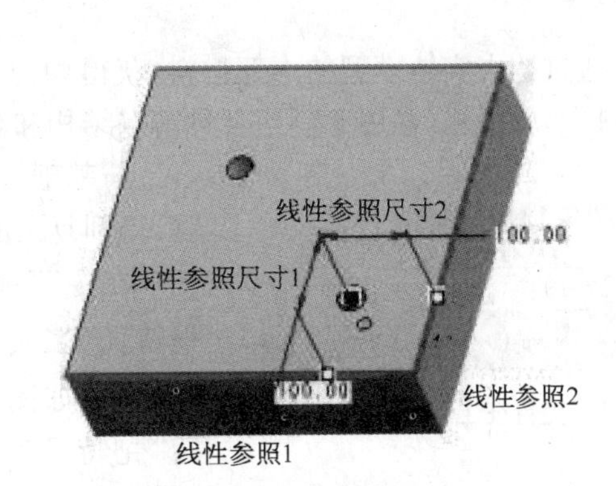

图 6－11　“线性”定位方式

6. 使用“同轴”定位方式创建标准孔

(1) 单击“工程特征”工具栏中的 按钮，进入孔特征工具操控板，选择孔的创建方式为“标准孔”。

(2) 选择螺纹类型为“ISO”，螺孔尺寸为 M30×3.5，孔深度类型为 ，深度值为 60。

(3) 单击“放置”，系统弹出“放置”上滑面板。选择基准轴 A_1 为主参照后，选择拉伸实体上表面为次参照，如图 6－12 所示。

(4) 按下 、 和 按钮后，单击“形状”，设置“形状”上滑面板，如图 6－13 所示。

(5) 单击✔按钮，完成孔特征创建，完成的实体模型如图 6－7 所示。

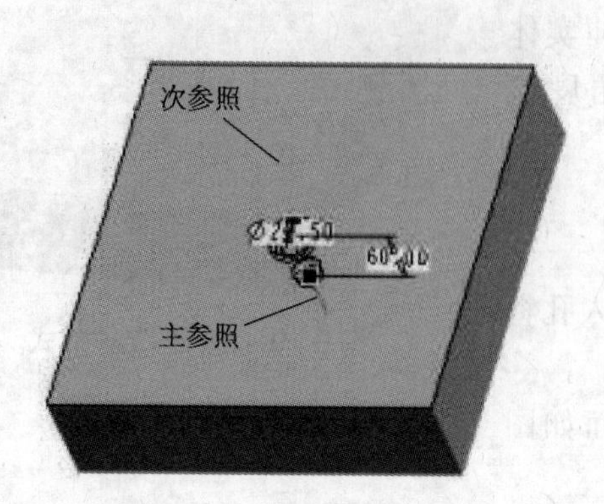

图6-12 “同轴”定位方式

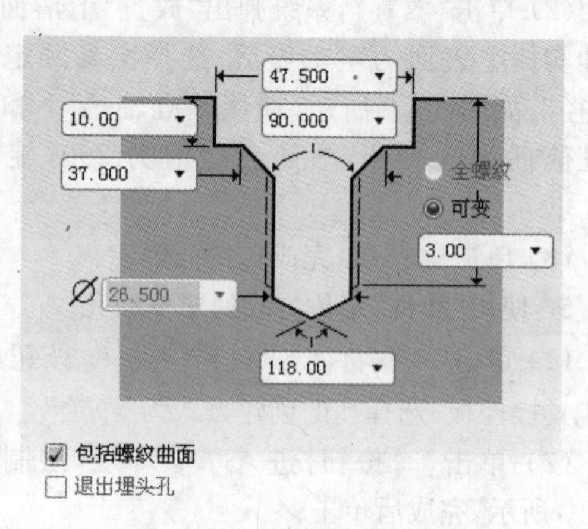

图6-13 “形状”上滑面板

任务二 壳 特 征

一、壳创建工具

壳特征通过挖去实体模型的内部材料，获得均匀的薄壁结构。使用壳特征创建的实体模型，使用材料少，质量轻，常用于创建各种薄壁结构和容器。

与基础特征切口相比，壳特征通过简单的操作步骤，得到复杂的薄壁容器，具有极大的优越性。

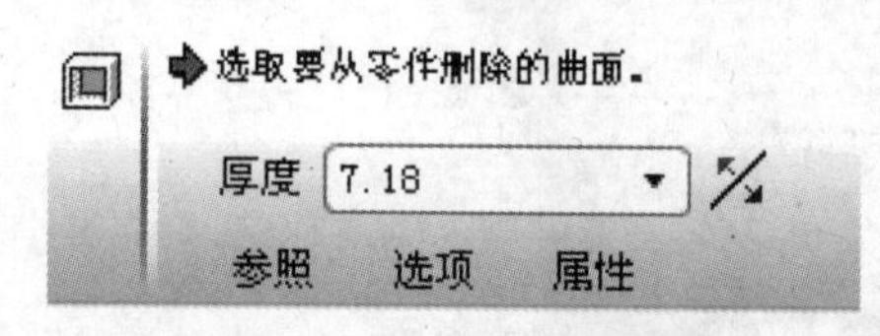

图6-14 壳特征工具操控板

在主菜单中，单击“插入”→“壳”，或者单击“工程特征”工具栏中的按钮，系统进入壳特征工具操控板，如图6-14所示。壳特征工具操控板也包括“壳特征”工具栏、上滑面板和特征操控按钮三部分。

1. “壳特征”工具栏

“壳特征”工具栏中，只有两种工具：设置壳特征厚度值以及更改厚度方向。

2. 上滑面板

1）“参照”上滑面板 在壳特征工具操控板中，单击“参照”，系统显示“参照”上滑面板，如图6-15所示。“参照”上滑面板分为两部分，分别用于设定移除的曲面和非缺省厚度。

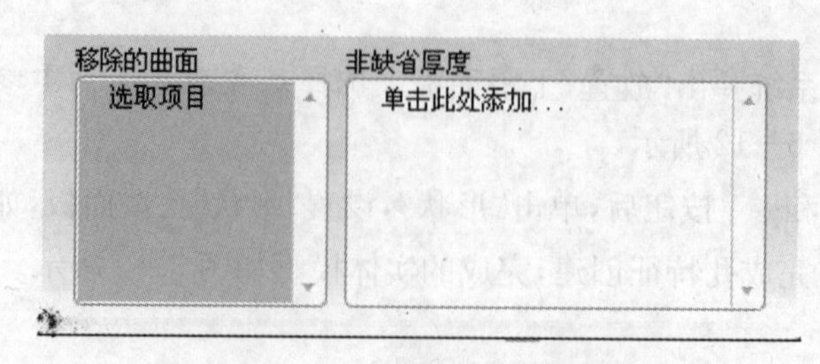

图6-15 “参照”上滑面板

(1) 移除的曲面:创建壳特征时,在实体上移除的曲面。如果没有选取任何曲面,则将实体内部掏空,创建封闭的壳。按住 Ctrl 键可以选择多个截面。

(2) 非缺省厚度:选取不同厚度的曲面,然后为这些曲面分别单独指定厚度值,其余曲面将全部使用所设定的壳特征厚度值。

2)"选项"上滑面板　在壳特征工具操控板中,单击"选项",系统显示"选项"上滑面板,如图 6-16 所示。"选项"上滑面板主要用于设置需要排除的曲面,对所排除的曲面不进行壳化等功能。如图 6-17～图 6-19 所示为设置不同的参数而得到不同的效果。

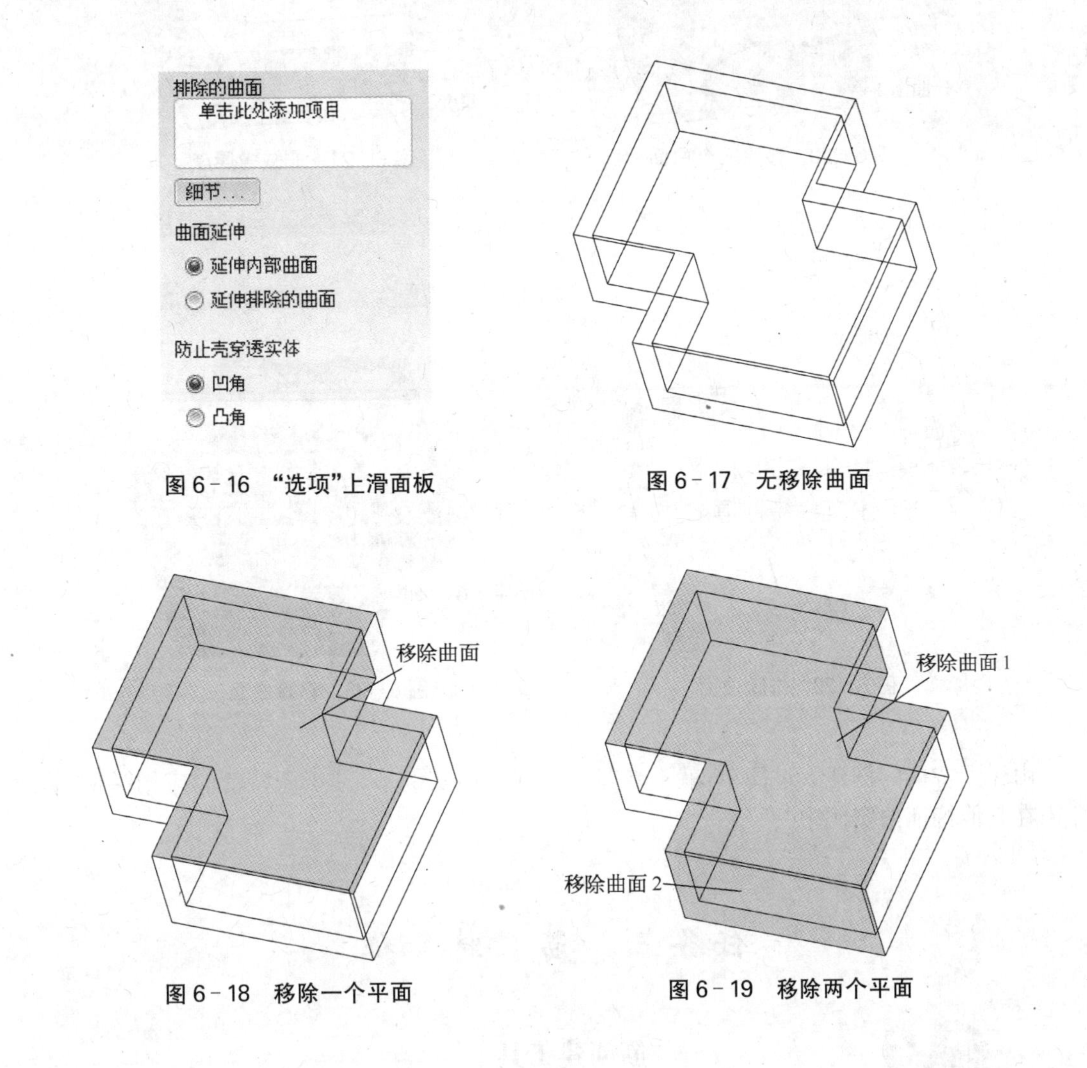

图 6-16　"选项"上滑面板

图 6-17　无移除曲面

图 6-18　移除一个平面

图 6-19　移除两个平面

二、各种壳特征示例

图 6-20～图 6-22 所示为同一实体模型,选用不同的移除曲面、非缺省厚度值及排除曲面后所创建壳特征的预览图,基本包含了 Pro/E 中所能创建的壳特征的所有类型。

创建壳特征时,被移除的曲面不能具有与之相切的相邻曲面,否则将无法创建特征。如图 6-23 所示,由于模型的上表面边线处创建的倒圆角特征,因此该表面具有多个相切的相邻曲面,所以不能选择移除曲面。

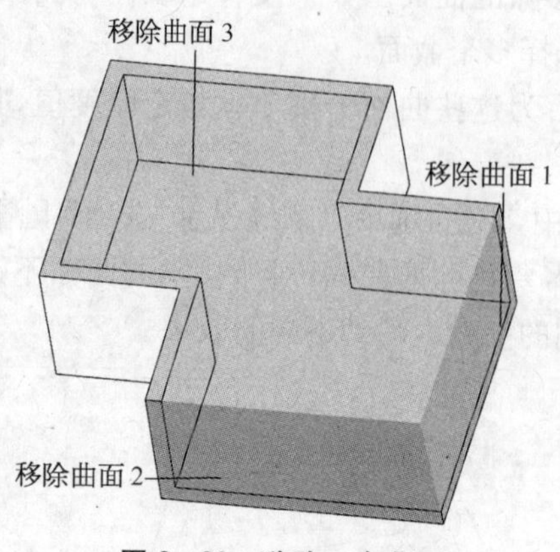

图 6－20　移除三个曲面

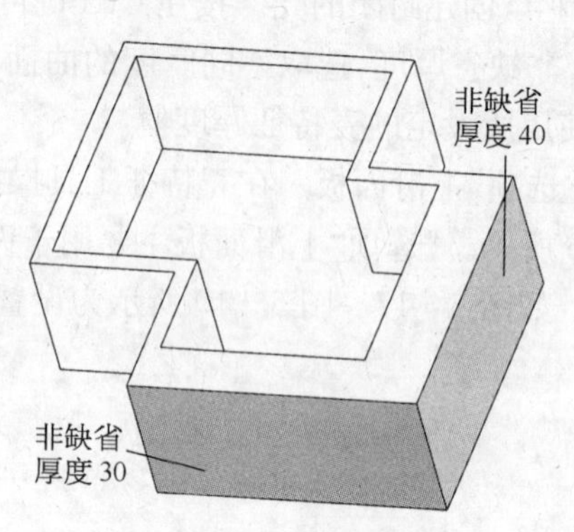

图 6－21　非缺省厚度

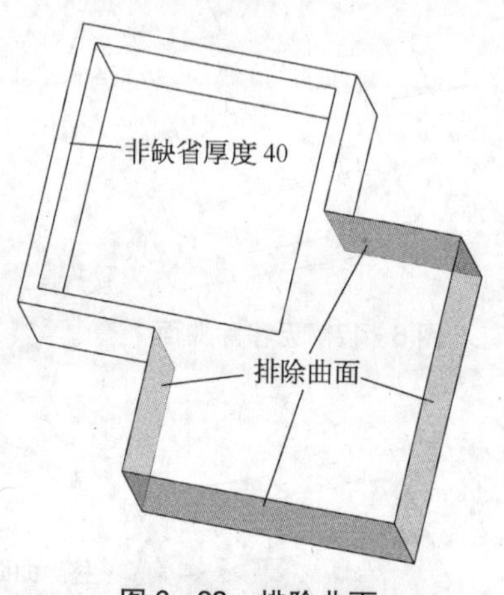

图 6－22　排除曲面

图 6－23　移除曲面

由于壳特征的创建太过简单，就不专门介绍其应用实例了，关于壳特征的应用举例，将会穿插在其他特征的实例中。

任务三　筋　特　征

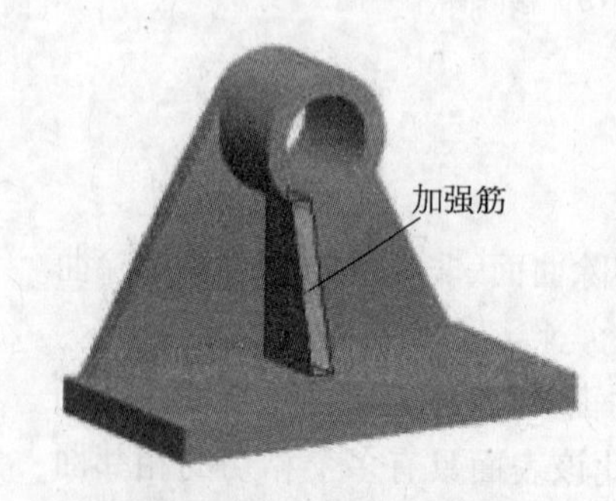

图 6－24　筋特征示例

一、筋创建工具

"筋"特征是设计中连接到实体曲面的薄翼或腹板伸出项。筋通常用来加固设计中的零件，也常用来防止出现不需要的折弯。在机械零件中，筋特征经常使用，如图 6－24 所示就是在机械零件中常用的防止加固和折弯的加强筋特征。

在主菜单中，单击"插入"→"筋"，或者单击"工程特征"工具栏中的 按钮，系统自动进入筋特征工具操控板，如

图 6 - 25 所示。

筋特征工具操控板非常简洁，“筋特征”工具栏中只有两项，文本框用于设定筋特征的厚度，而 按钮用于设定筋特征的加厚方向。而上滑面板中，也只有一个“参照”上滑面板，用于定义筋特征剖面。

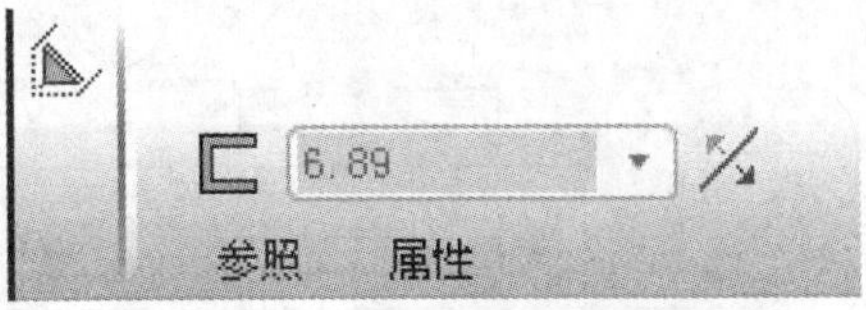

图 6 - 25　筋特征工具操控板

二、筋特征创建实例

如图 6 - 26 所示的实体模型中，有三处是使用筋特征所创建，下面作具体说明。

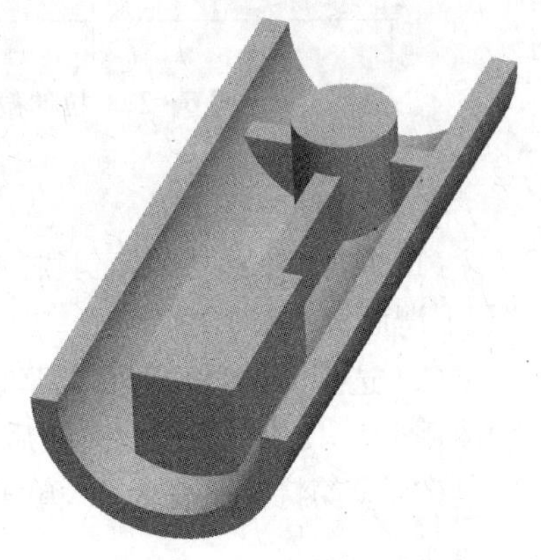

图 6 - 26　筋特征实体模型

1. 建立新文件

单击“文件”工具栏中的 按钮，或者单击“文件”→“新建”，系统弹出“新建”对话框，输入所需要的文件名“rib_example_1”，取消“使用缺省模板”复选框后，单击【确定】，系统自动弹出“新文件选项”对话框，在“模板”列表中选择“mmns_part_solid”选项，单击【确定】，系统自动进入零件环境。

2. 使用拉伸特征创建基底

(1) 单击“基础特征”工具栏中的按钮，进入拉伸特征工具操控板，单击“放置”，进入“放置”上滑面板。

(2) 选择 FRONT 平面为草绘平面后，单击“定义”，进入草绘环境，绘制如图 6 - 27 所示的拉伸截面，完成后单击✔按钮，返回拉伸特征工具操控板。单击“选项”，设置“选项”上滑面板，如图 6 - 28 所示，单击✔按钮，完成拉伸特征创建。

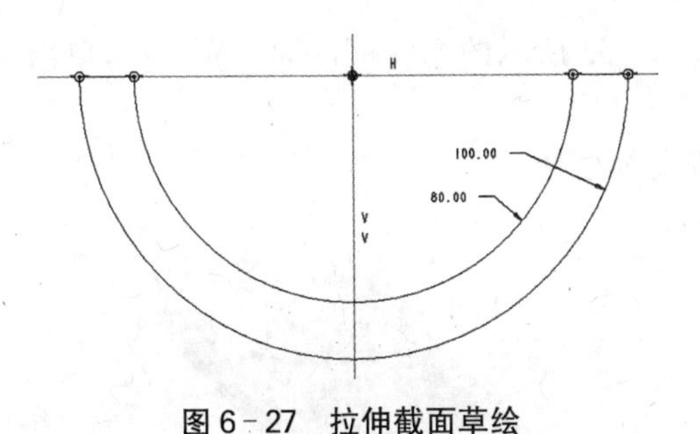

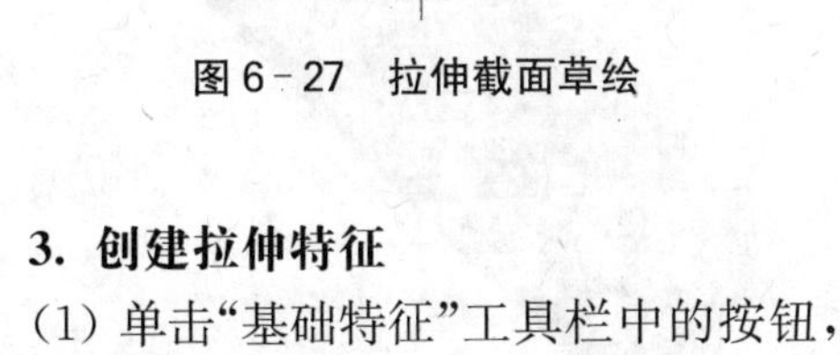

图 6 - 27　拉伸截面草绘

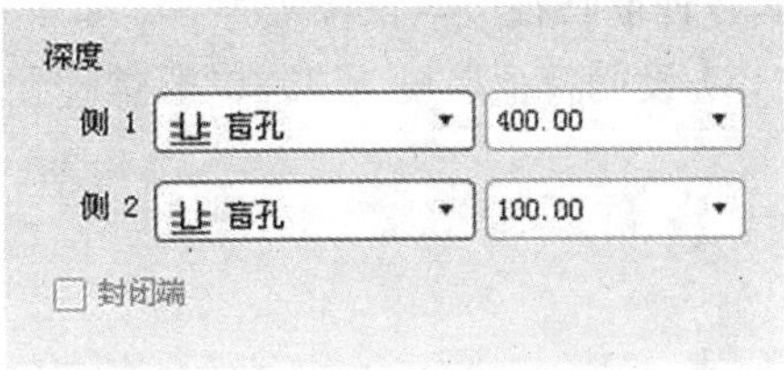

图 6 - 28　拉伸深度设置

3. 创建拉伸特征

(1) 单击“基础特征”工具栏中的按钮，进入拉伸特征工具操控板，单击“放置”，进入“放置”上滑面板。

(2) 选择 TOP 平面为草绘平面后，单击“定义”，进入草绘环境，绘制如图 6 - 29 所示的拉伸截面，完成后单击✔按钮，返回拉伸特征工具操控板。

(3) 设置拉伸厚度选项为 ，并选择如图 6 - 30 所示的曲面为拉伸终止截面。单击✔按钮，完成拉伸特征创建。

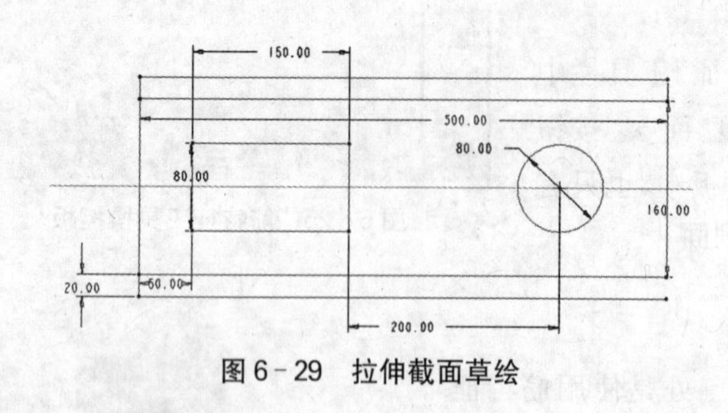

图 6-29 拉伸截面草绘

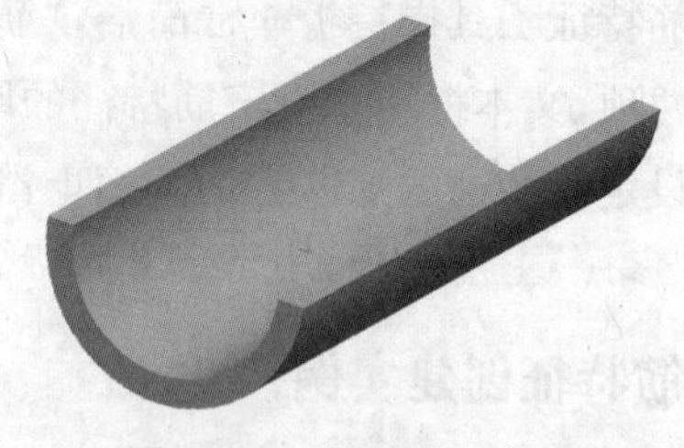

图 6-30 拉伸终止曲面

4. 创建筋特征 1

(1) 单击"工程特征"工具栏中的按钮,进入筋特征工具操控板。单击"参照",进入"参照"上滑面板。

(2) 选择 RIGHT 平面为草绘平面,草绘如图 6-31 所示的筋特征剖面。注意,此处要合理使用工具帮助定位。完成后,单击✔按钮,返回筋特征工具操控板。

(3) 设筋特征厚度为 20,单击✔按钮,完成筋特征创建。

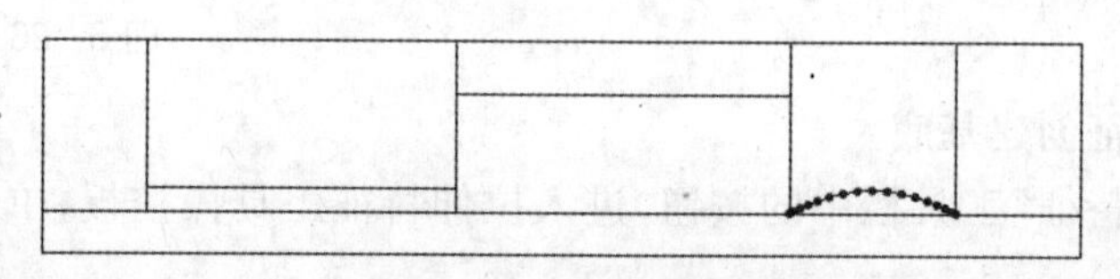

图 6-31 筋特征剖面

5. 创建筋特征 2

(1) 单击"工程特征"工具栏中的按钮,进入筋特征工具操控板。单击"参照",进入"参照"上滑面板。

(2) 选择 RIGHT 平面为草绘平面,草绘如图 6-32 所示的筋特征剖面。完成后,单击✔按钮,返回筋特征工具操控板。

(3) 设筋特征厚度为 20,单击✔按钮,完成筋特征创建。

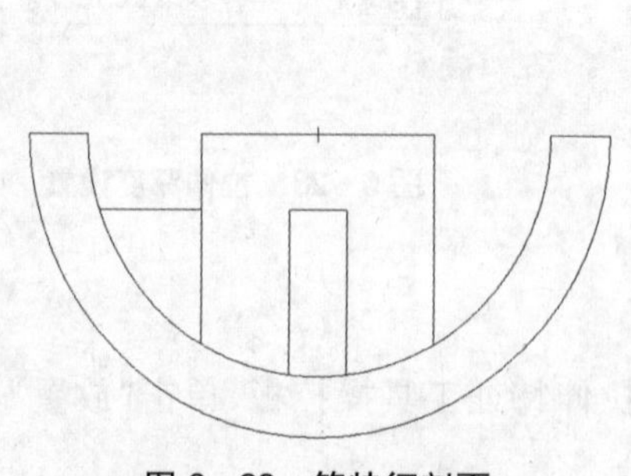

图 6-32 筋特征剖面

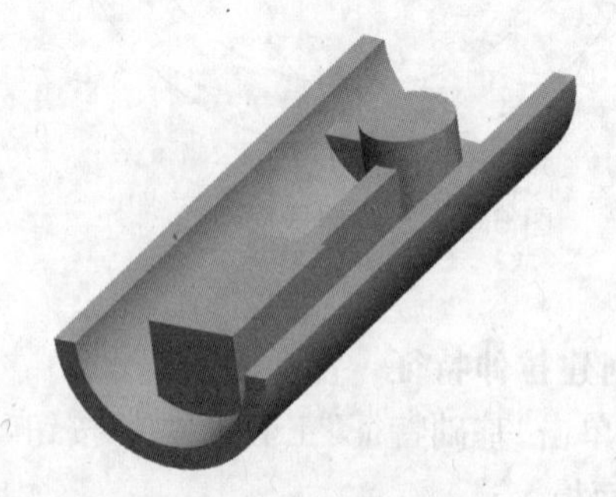

图 6-33 镜像平面

6. 镜像筋特征 2

(1) 选中刚刚创建的筋特征 2 后,单击"特征操作"工具栏中的按钮,进入镜像工具操控板。

(2) 选择 RIGHT 平面为镜像平面,如图 6-33 所示。设筋特征厚度为 20,单击✔按钮,完成筋特征镜像，即得到如图 6－26 所示的实体模型。

任务四　拔　模　特　征

一、拔模特征概述

在铸件上，为方便起模，往往在其表面添加拔模斜度。而 Pro/E 中的拔模特征也与此相似，它是在圆柱面或者曲面上添加了一个－30°～＋30°之间的拔模角度而形成的。

对于拔模，系统使用以下术语：

1）拔模曲面　要拔模的模型的曲面。

2）拔模枢轴　曲面围绕其旋转的拔模曲面上的线或曲线（也称中立曲线）。可通过选取平面（在此情况下拔模曲面围绕它们与此平面的交线旋转）或选取拔模曲面上的单个曲线链来定义拔模枢轴。

3）拖动方向　用于测量拔模角度的方向。通常为模具开模的方向。可通过选取平面（在这种情况下拖动方向垂直于此平面）、直边、基准轴或坐标系的轴来定义它。

4）拔模角度　拖动方向与生成的拔模曲面之间的角度。如果拔模曲面被分割，则可为拔模曲面的每侧定义两个独立的角度。拔模角度必须在－30°～＋30°范围内。

如图 6－34 和图 6－35 所示为一些拔模特征的示例。

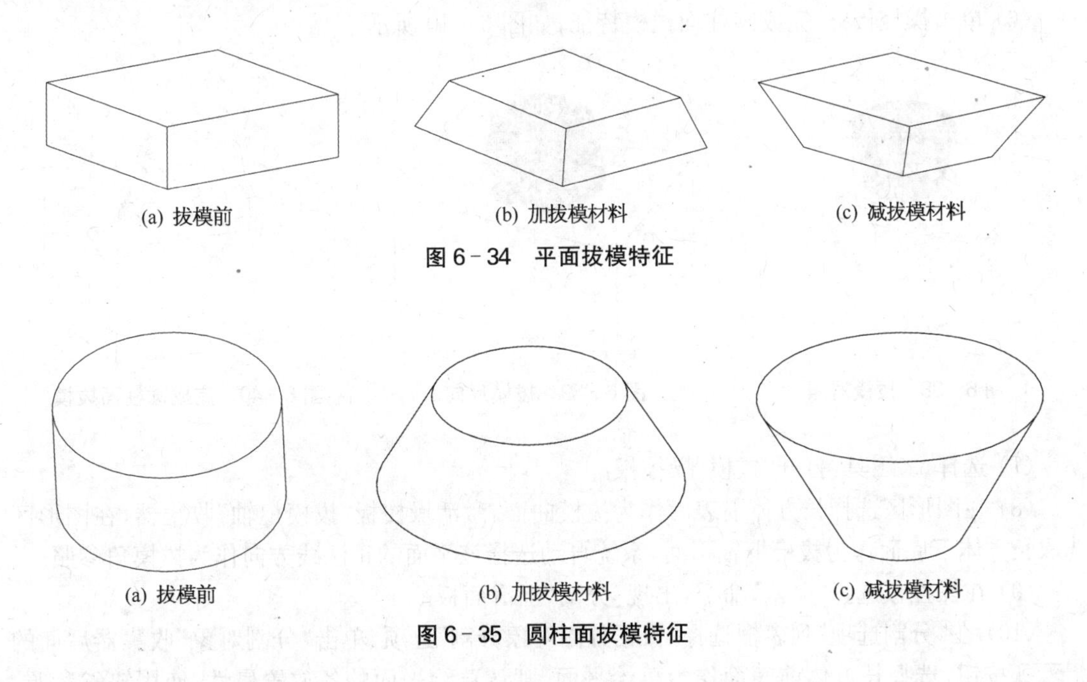

图 6－34　平面拔模特征

图 6－35　圆柱面拔模特征

二、拔模特征创建实例

由图 6－36 所示模型创建如图 6－37 所示模型。其中圆柱下底面不变，圆柱面内斜 10°，长方体前表面最底边不变，内斜 10°，凸台外斜 20°。具体步骤如下：

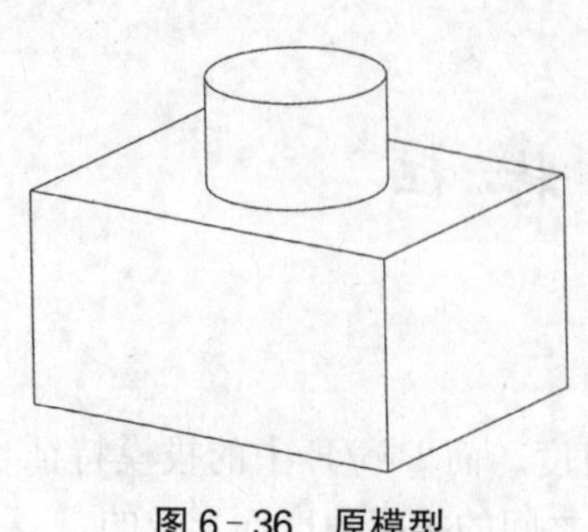
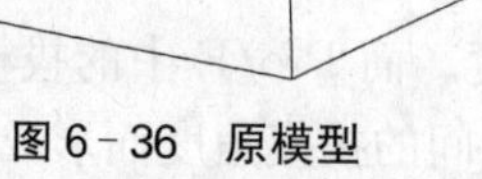

图 6-36 原模型

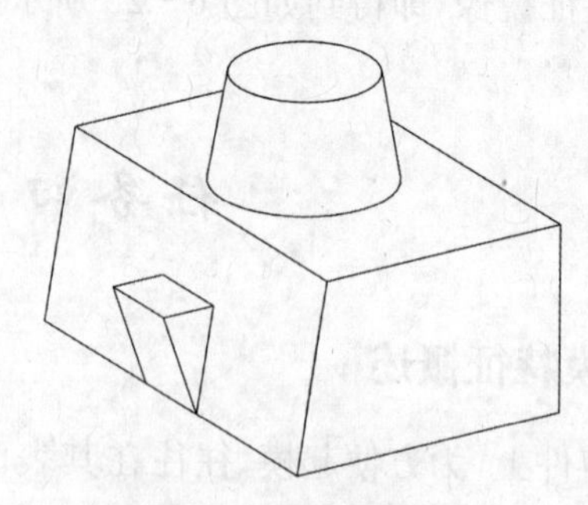

图 6-37 完成模型

(1) 创建一个零件如图 6-36 所示，然后选择“特征”→“创建”→“拔模工具”，打开“拔模”操控板。

(2) 在圆形区选择圆柱面作为拔模曲面，在操控板激活操控板“拔模枢轴”收集器。

(3) 在图形区选取长方体上底面作为拔模枢轴平面，系统自动选择该平面的正法线方向作为拔模角参照。

说明：拔模枢轴指与拔模面垂直的面，拔模面与此面相交的曲线不变。

(4) 在操控板“拔模角度”编辑框输入角度值为“10”，注意到图形区拔模方向向外，如图 6-38 所示。

(5) 选择“拔模角度”编辑框后面的工具，拔模方向变为相反方向，如图 6-39 所示。

(6) 单击操控板，完成圆柱面拔模特征，如图 6-40 所示。

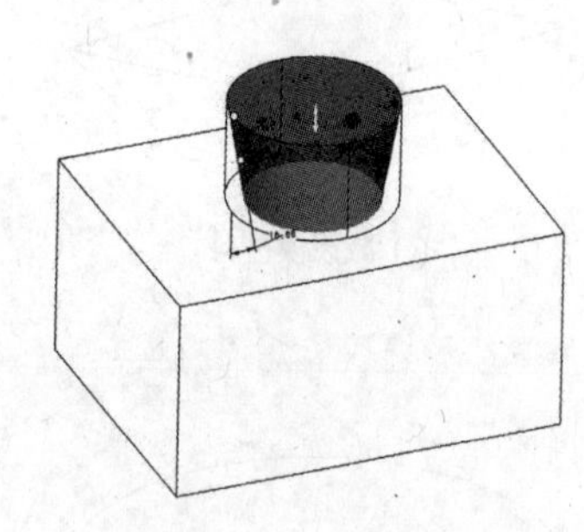

图 6-38 拔模对照

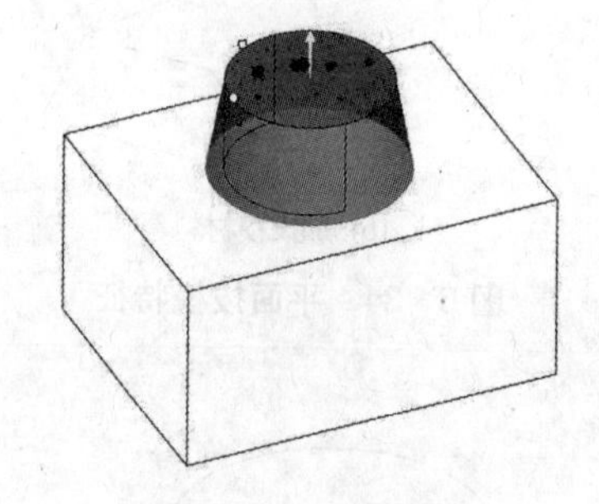

图 6-39 拔模反向

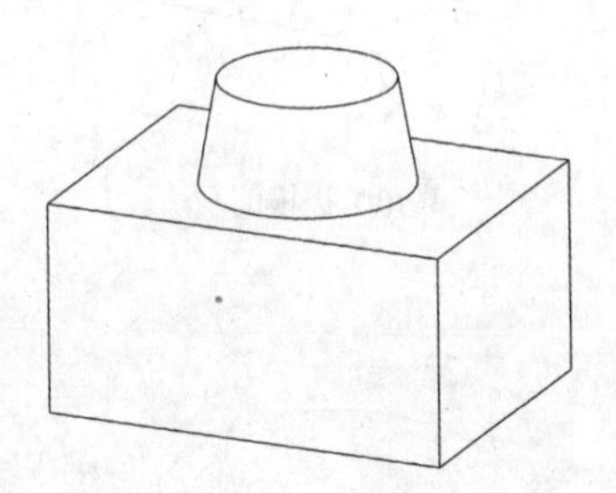

图 6-40 完成圆柱面拔模

(7) 选择工具，打开“拔模”操控板。

(8) 在图形区选择长方体前表面作为拔模曲面，激活操控板“拔模枢轴”收集器，在图形区选取长方体下底面作为拔模枢轴平面，系统自动选择该平面的正法线方向作为拔模角参照。

(9) 在操控板选择“分割”命令，出现“分割”上滑面板。

(10) 在“分割选项”列表框选择“根据分割对象分割”选项，单击“分割对象”收集器后面的 定义... 按钮，选择长方体前表面作为草绘平面，默认草绘平面的各放置属性，使用缺省参照，进入草绘环境，草绘分割曲线如图 6-41 所示。

(11) 在操控板“第一侧拔模角度”编辑框输入角度值为“10”。在“第二侧拔模角度”编辑框输入角度值为“-20”，如果方向不对，可以选择“拔模角度”编辑框后面的工具使拔模角度反向，拔模角度设置如图 6-42 所示，操控板如图 6-43 所示。

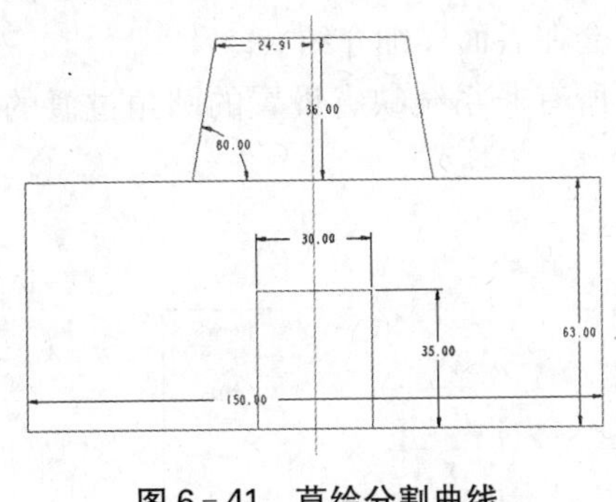

图 6-41 草绘分割曲线

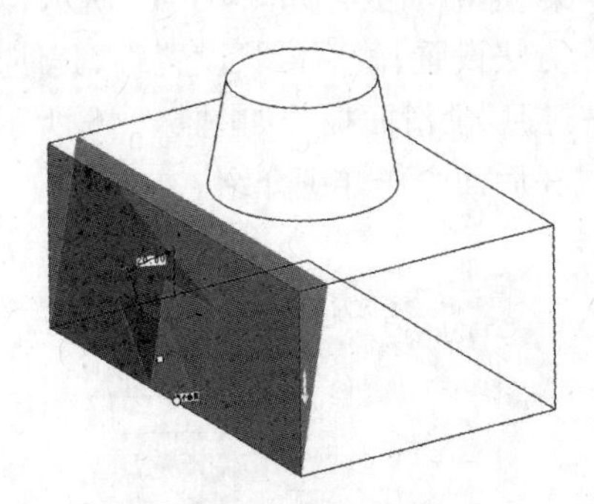

图 6-42 设置拔模角度

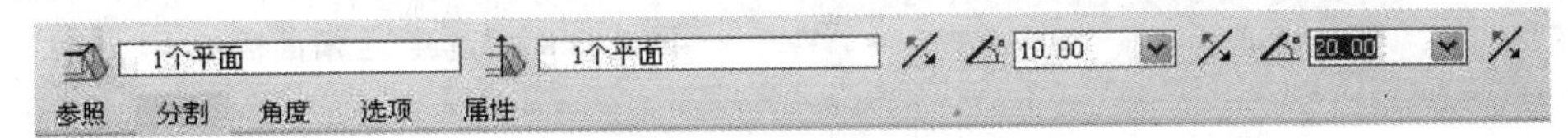

图 6-43 拔模操控板

(12) 预览，单击操控板✔，完成第二个拔模特征。

任务五 圆角特征

一、圆角特征概述

圆角在机械零件中应用非常广泛，在零件的棱边上添加圆角，可以使边之间的连接过渡更加光滑、自然，也更加美观，同时还可以避免因锐利的棱边引起的误伤。铸造等加工造型方法中，更是要求棱边全部使用圆角。

在 Pro/E 中，提供了强大的倒圆角工作。Pro/E 中的倒圆角是一种边处理特征，通过向一条或多条边、边链或在曲面之间添加半径形成。创建圆角的曲面可以是实体模型曲面，也可以是零厚度面组和曲面。

二、倒圆角工具

在主菜单中单击“插入”→“倒圆角”，或者单击工程特征工具栏中的 按钮，系统进入倒圆角特征工具操控板，如图 6-44 所示。

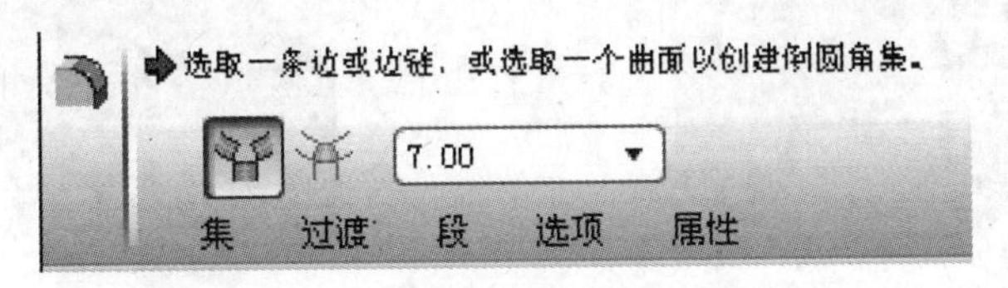

图 6-44 倒圆角特征工具操控板

1）“集”上滑面板　如图 6－45 所示，它是最重要的上滑面板，其中功能包括圆角集设置、圆角创建方法设置、截面形状设置等，其使用方法会在后面详细介绍。

2）“过渡”上滑面板　如图 6－46 所示，它是所有非系统缺省设置的圆角过渡的列表，其使用方法在后面会作详细介绍。

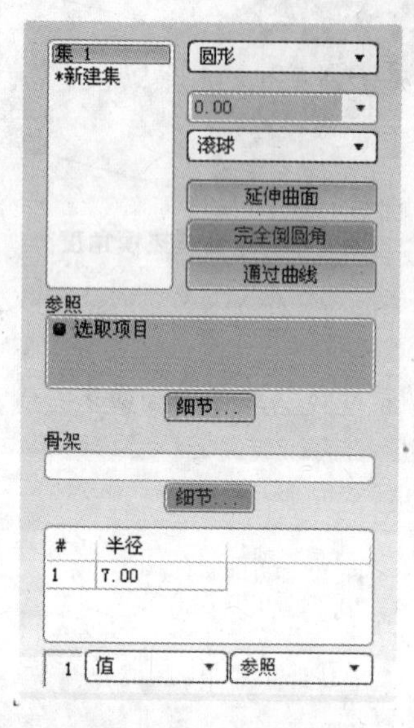

图 6－45　“集”上滑面板

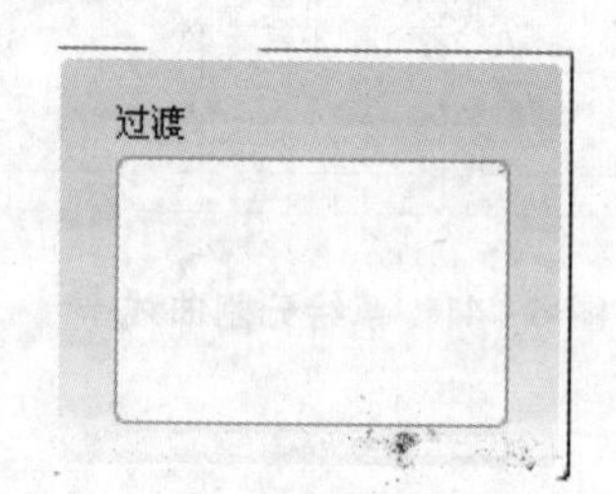

图 6－46　“过渡”上滑面板

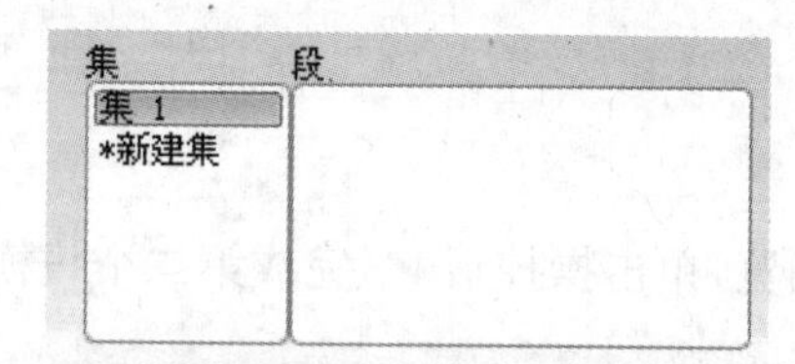

图 6－47　“段”上滑面板

附件

◉ 相同面组

◉ 新面组

☐ 创建结束曲面

图 6－48　“选项”上滑面板

3）“段”上滑面板　如图 6－47 所示，可使用“段”上滑面板执行倒圆角段管理，包括查看倒圆角特征的全部倒圆角集，查看当前倒圆角集中的全部倒圆角段，修剪、延伸或排除这些倒圆角段以及处理放置模糊问题等。

4）“选项”上滑面板　如图 6－48 所示，“选项”上滑面板包含相同面组、新面组、创建结束曲面。

三、倒圆角特征应用实例

如图 6－49 所示的轴承上盖模型是由图 6－50 所示的模型添加倒圆角特征所得到。可以看出，在添加了倒圆角特征后，整个模型中过渡变得自然，外形更加美观。一般情况下，轴承上盖毛坯是由铸造得到，使用倒圆角特征后，更加符合模型的实际情况。下面介绍添加倒圆角特征的详细过程。

图 6－49　轴承上盖模型

图6－50　未添加圆角特征的模型

1）打开原有模型 按照前面所学知识，创建一个如图 6－50 所示的零件。

2）添加倒圆角特征 单击“工程特征”工具栏中的 按钮，进入倒圆角特征工具操控板中，单击“设置”，开始定义圆角特征。

3）创建倒圆角集 本特征中，共需要三个倒圆角集。在“倒圆角集”列表框中，两次单击“＊新组”，系统自动创建两个空白的倒圆角集，加上系统自动生成的缺省倒圆角集，一共有三个。

4）设定圆角形状参数 所有倒圆角集中，都使用系统缺省的参数设置圆角形状，即圆角截面为“圆形”，创建方法为“滚球”。

5）选择圆角参照 逐次为各个倒圆角集添加圆角参照，如图 6－51 所示。同时为每个倒圆角集设置圆角半径值，倒圆角集 1 为 2，倒圆角集 2 为 3，倒圆角集 3 为 1。

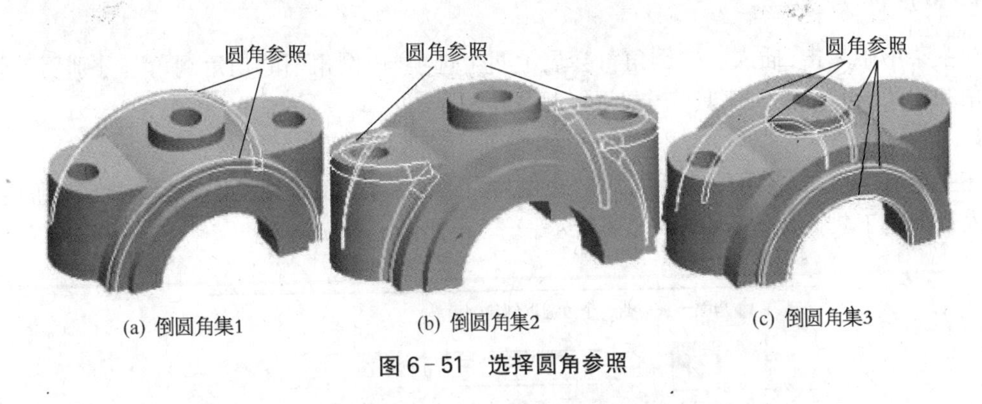

图 6－51 选择圆角参照

6）生成倒圆角特征 单击 按钮，生成倒圆角特征后，模型如图 6－49 所示。

任务六 倒 角 特 征

一、倒角特征概述

倒角特征和倒圆角特征非常相似，它们都是对实体模型的边线或者拐角进行加工，所不同的是倒圆角特征使用曲面光滑连接相邻曲面，而倒角特征则是直接使用平面相连接，类似于切削加工。在机械零件中，为方便零件的装配，常常使用倒角特征对零件的端面进行加工。

Pro/E 中使用的倒角特征对边或拐角进行斜切削，曲面可以是实体模型曲面或常规的 Pro/E 零厚度面组和曲面。

1. 倒角类型

Pro/E 中可创建两种倒角类型：拐角倒角和边倒角。

1）拐角倒角 使用实体的拐角顶点作为倒角特征的放置参照。

2）边倒角 使用实体的边线作为倒角特征的放置参照。

2. 倒角标注形式

倒角标注用于定义倒角平面角度和距离。不同的标注形式会产生不同的倒角几何。

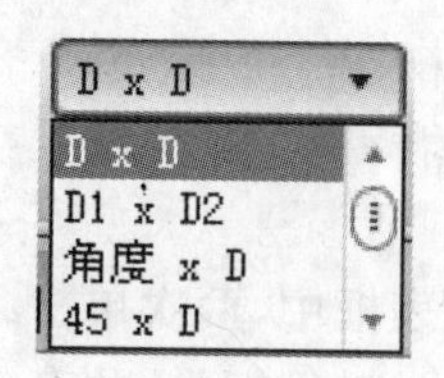

图6-52 倒角特征标注形式

Pro/E会基于所选的放置参照和所用的倒角创建方法来提供标注形式，因此，对于给定几何，并非所有标注形式都可用。对于实体模型中的倒角特征，Pro/E中提供四种标注形式，如图6-52所示。

1）D×D 在各曲面上与边相距D处创建倒角。Pro/E会缺省选取此选项。

2）D1×D2 在一个曲面距选定边D1、在另一个曲面距选定边D2处创建倒角。

3）角度×D 创建一个倒角，它距相邻曲面的选定边距离为D，与该曲面的夹角为指定角度。

4）45×D 创建一个倒角，它与两个曲面都成45°角，且与各曲面上边的距离为D。

二、倒角特征工具

在主菜单中单击“插入”→“倒角”，会显示两个选项“边倒角”和“拐角倒角”，分别用于创建边倒角和拐角倒角。两种工具完全不同，下面逐一介绍。

1. 边倒角工具

在主菜单中单击“插入”→“倒角”→“边倒角”，或者单击“工程特征”工具栏中的按钮后，即可进入边倒角工具操控板，如图6-53所示。

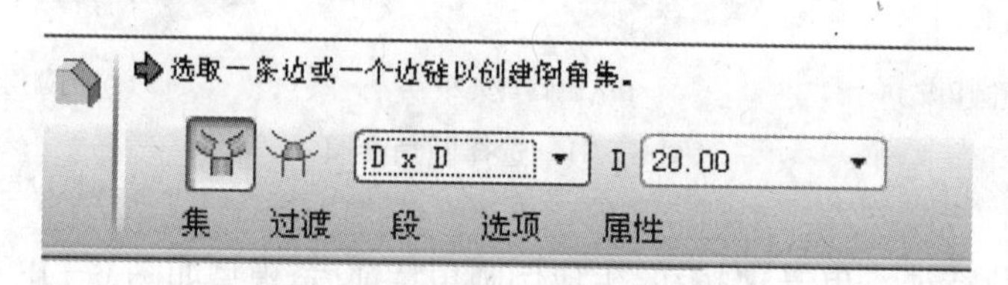

图6-53 边倒角工具操控板

边倒角工具操控板和倒圆角工具操控板非常相似，工具栏中只有数个选项，分别用于切换模式和标注尺寸，其主要功能都集中于上滑面板中。边倒角工具操控板中也有四个上滑面板，其中“集”上滑面板相当于倒圆角工具中的“设置”上滑面板，其余三个上滑面板基本一样。下面介绍“集”上滑面板。

“集”上滑面板如图6-54所示，它比“设置”上滑面板稍简单一些，其中包括以下部分：

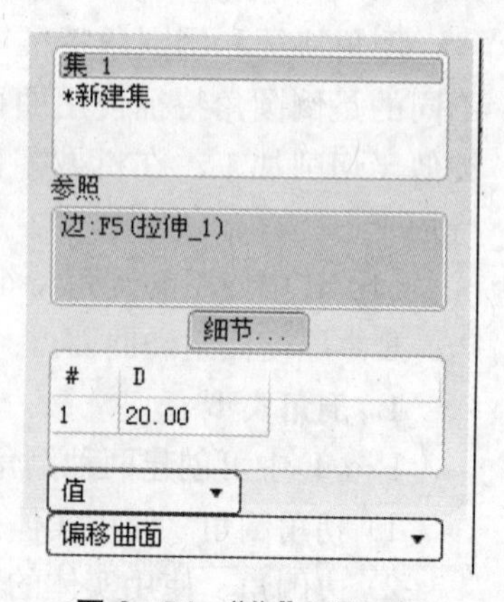

图6-54 “集”上滑面板

1）倒角集列表 倒角集列表和倒圆角集列表相似，其中列出当前已经存在的倒角集，每一个倒角集包括一组特定的倒角参照和几何参数。用户可以在该列表中执行对倒角集的操作，包括添加、删除和重新定义等。

2）倒角参照 倒角参照列表将显示当前倒角集中所有的倒角参照，在选定的项目上单击鼠标右键，在弹出的快捷菜单中单击“移除”，可以将该项目从列表中移除；若单击“全部移除”，则可以移除该倒角集中所有已经存在的参照。

3）倒角几何参数 倒角几何参数可以使用两种方法指定，在下拉列表中指定相应的方法即可。

（1）值：在文本框内填入所需要的尺寸参数即可。

(2) 参照:选取参照确定倒角尺寸,倒角特征将通过该参照。

4) 倒角方法设置 倒角方法包括两种:相切距离和偏移曲面。

(1) 相切距离:从与相邻曲面相切的线的交点开始测量的倒角距离。

(2) 偏移曲面:通过偏移相邻曲面确定的倒角距离。

2. 拐角倒角工具

在主菜单中单击"插入"→"倒角"→"拐角倒角"后,系统弹出如图 6-55 所示的"拐角倒角"对话框。"拐角倒角"对话框中有两项元素"顶角"和"尺寸",分别用于设置需要倒角的拐角顶点和拐角尺寸。

定义"顶角"时,使用鼠标在图形窗口中任意一条边线单击,系统将自动选择该边线上与鼠标点击处较近的端点作为拐角顶点,如图 6-56 所示。

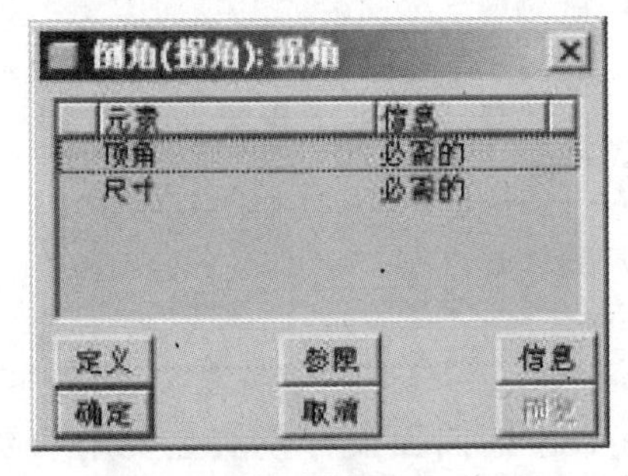

图 6-55 "拐角倒角"对话框

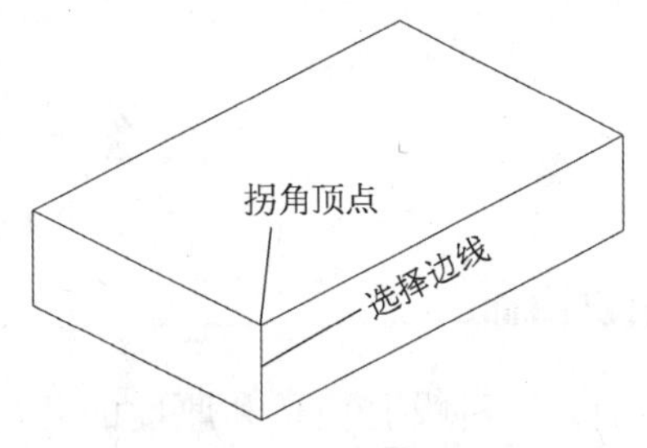

图 6-56 选择拐角顶点

完成"顶角"定义后,系统弹出"选出/输入"对话框,用于设定拐角倒角的尺寸值,如图 6-57 所示。"选出/输入"对话框中有两个选项:"选出点"和"输入"。当使用"选出点"选项时,使用鼠标在图形窗口中拐角顶点所在的边线上单击选择一点,则该点到拐角顶点的距离被选中,作为拐角倒角特征的尺寸值;当使用"输入"选项时,可以在弹出的文本框中输入尺寸值。

"顶角"和"尺寸"都定义完成后,单击"拐角倒角"对话框中的【确定】按钮,系统自动生成拐角倒角特征。

倒角特征相对来说比较简单,且与倒圆角特征非常相似,在此就不专门介绍其应用实例了,关于倒角特征的应用举例,将会穿插在其他特征的实例及综合应用实例中。

图 6-57 设置拐角尺寸

思考与练习

1. 工程特征的两大基本参数是什么,它们各有什么用处?和基础特征相比,工程特征有哪些特点?
2. 薄壁特征和壳特征都可以创建薄壁结构,试比较这两种方法的异同点,并分析比较。
3. 孔特征定位方式有几种?孔定位过程中,主参照和次参照各有什么作用?使用"直径"方式和"径向"方式定位,有什么异同点?
4. 筋特征剖面有什么要求?能否创建一个闭合的筋特征剖面?
5. 倒角特征和倒圆角特征非常相似,但它们也有不同点,请分析出至少四点以上不同。
6. 试创建一个分割可变拔模特征。

项目七　曲面造型

本项目主要介绍了常用的曲面创建和曲面编辑的操作方法，详细分析了与实体造型不同的曲面创建特征和曲面编辑特征的操作方法与注意事项。曲面创建的内容后安排了创建曲面的典型实例，以促进读者对曲面创建特征的操作方法的理解。

任务一　曲面设计

一、创建曲面

曲面是一种没有质量和厚度的几何特征。Pro/E 中的曲面设计模块主要用于创建形状复杂的零件，特别是表面形状要求高，用实体造型难度大的工业产品的设计。创建曲面的常用方法有拉伸曲面、旋转曲面、扫描曲面、混合曲面、填充曲面、创建边界混合曲面等。

(一) 创建拉伸曲面

1) 操作方法　创建拉伸曲面的操作方法与拉伸实体建模方法一致。

(1) 选择“插入”→“拉伸”命令或单击“基础特征”工具栏上的按钮，打开“拉伸特征”操控板。

(2) 单击操控板上的。

(3) 单击“放置”→“定义”，进入草绘模式，绘制截面图。

(4) 输入拉伸深度(或其他选项)，单击“拉伸特征”操控板中的✔，完成拉伸曲面的创建。

2) 说明

(1) 可用开放截面、闭合截面用作拉伸曲面特征的截面图，如图 7-1 和图 7-2 所示。

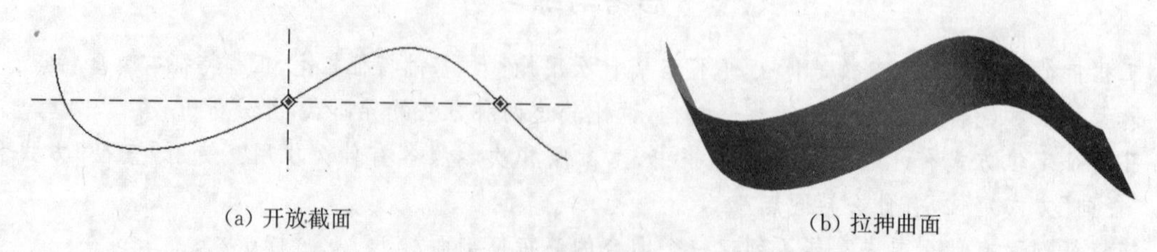

(a) 开放截面　　(b) 拉抻曲面

图 7-1　开放截面拉伸曲面

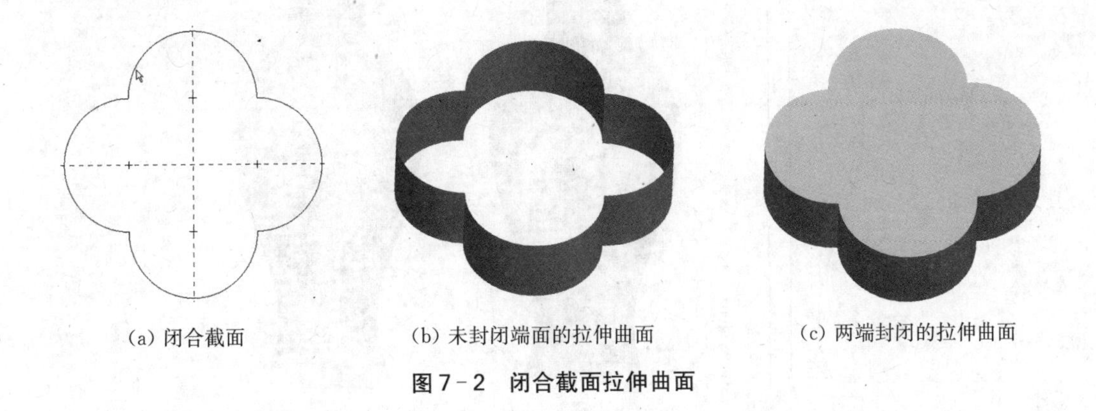

(a) 闭合截面　　(b) 未封闭端面的拉伸曲面　　(c) 两端封闭的拉伸曲面

图 7－2　闭合截面拉伸曲面

(2) 如果将闭合截面用于拉伸曲面特征,可封闭拉伸曲面的端面。其操作方法为:单击对话栏上的"选项",勾选"封闭端"复选框即可。

(二) 创建旋转曲面

创建旋转曲面的操作方法与旋转实体建模方法一致。

1) 操作方法

(1) 选择"插入"→"旋转"命令或单击"基础特征"工具栏上的按钮,打开"旋转曲面"操控板。

(2) 单击操控板上的。

(3) 单击"放置"→"定义",进入草绘模式,绘制截面图。

(4) 输入旋转角度,单击"旋转曲面"操控板中的✔,完成旋转曲面的创建。

2) 说明

(1) 开放截面、闭合截面皆可用作旋转曲面特征的截面图,如图 7－3 和图 7－4 所示。

(2) 草绘截面必须全部位于旋转轴的一侧。

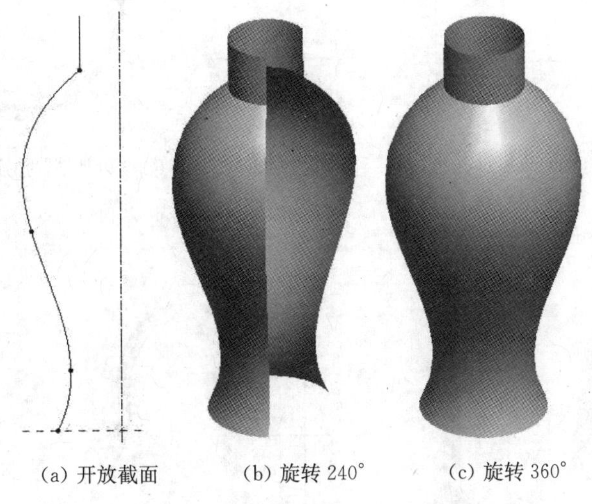

(a) 开放截面　　(b) 旋转 240°　　(c) 旋转 360°

图 7－3　开放截面旋转曲面

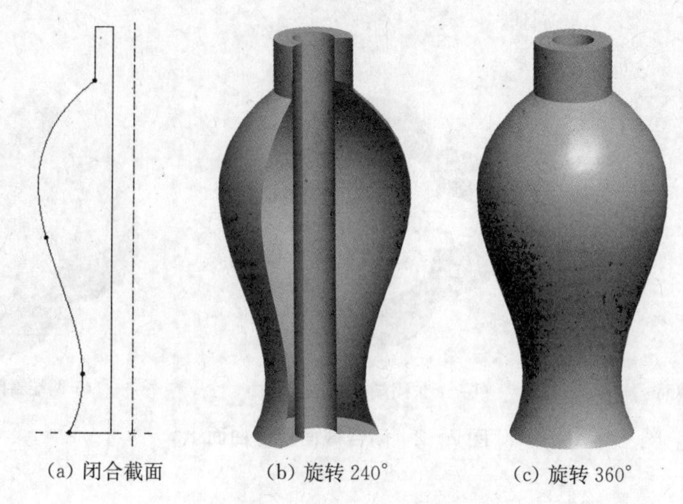

(a) 闭合截面　(b) 旋转 240°　(c) 旋转 360°

图7-4　闭合截面旋转曲面

(三) 创建扫描曲面

创建扫描曲面的操作方法与扫描实体建模方法基本一致。

1) 操作方法

(1) 选择"插入"→"扫描"→"曲面"命令。

(2) 在弹出的"曲面:扫描"对话框中,定义"轨迹"、"属性"和"截面"。

(3) 单击对话框中【确定】按钮,完成扫描曲面的创建。

2) 说明　使用添加内部因素扫描时,轨迹线必须封闭,截面为不封闭,如图 7-5 和图 7-6 所示。

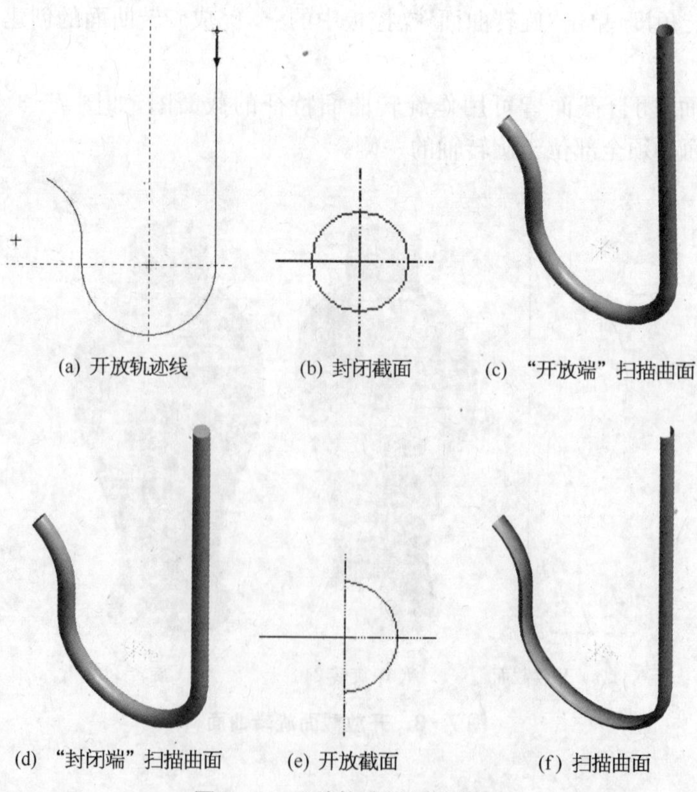

(a) 开放轨迹线　(b) 封闭截面　(c) "开放端"扫描曲面

(d) "封闭端"扫描曲面　(e) 开放截面　(f) 扫描曲面

图7-5　开放轨迹线扫描曲面

(a) 封闭轨迹 (b) 开放截面 (c) "无内表面"扫描曲面 (d) "添加内表面"扫描曲面

图 7-6 封闭轨迹线扫描曲面

(四) 创建混合曲面

创建混合曲面的操作方法与混合实体建模方法基本一致。

1) 操作方法

(1) 选择"插入"→"混合"→"曲面"命令。

(2) 在弹出的"混合选项"菜单中选择相应的选项,单击"完成"命令。

(3) 在弹出的"曲面:混合,平行,…"(或其他)对话框中,定义"属性"、"截面"、"方向"和"深度"。

(4) 单击对话框中【确定】按钮,完成混合曲面的创建。

平行混合曲面如图 7-7 所示。

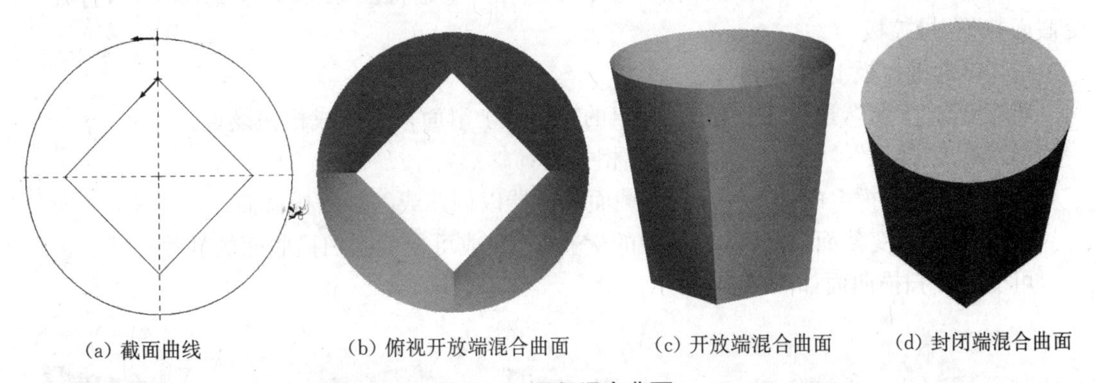
(a) 截面曲线 (b) 俯视开放端混合曲面 (c) 开放端混合曲面 (d) 封闭端混合曲面

图 7-7 平行混合曲面

2) 说明

(1) 所有的截面要有相同的边数。

(2) 对于没有足够边数的截面,可以添加混合顶点。截面的一个"混合起点"可当两个顶点用,但不能作为起始点。

(五) 创建扫描混合曲面

创建扫描混合曲面的操作方法与扫描混合实体建模方法基本一致。

1) 操作方法

(1) 选择"插入"→"扫描混合"命令,打开"扫描混合"操控板。

(2) 单击操控板上的▢。

(3) 单击“参照”,选择轨迹,并在弹出的“参照”上滑面板中完成相关设置。

(4) 单击“截面”,在弹出的“截面”上滑面板中点击“草绘截面”或“选择截面”单选框,获得草图截面,同时在弹出的“截面”上滑面板中完成相关设置。

(5) 根据设计需要,点击“相切”、“选项”,在弹出的相应上滑面板中完成相关设置。

(6) 单击“扫描混合”操控板中的✔按钮,完成扫描混合曲面的创建。

扫描混合曲面如图 7-8 所示。

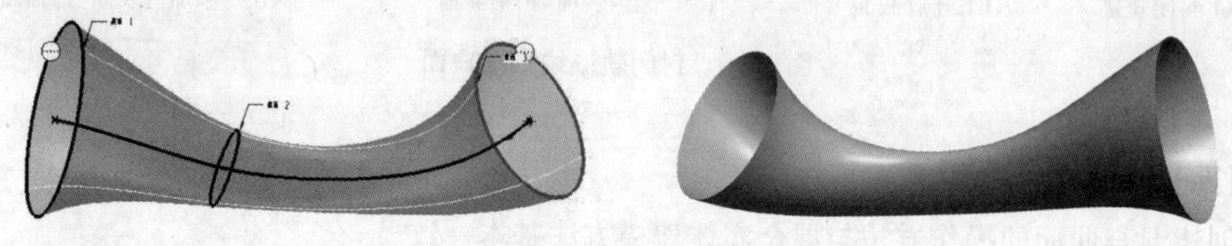

图7-8 扫描混合曲面

2) 说明 扫描混合是扫描和混合的结合,与创建混合曲面一样,对于没有足够边数的截面,可以添加混合顶点。截面的一个“混合起点”可当两个顶点用,但不能作为起始点。

(六) 创建可变截面扫描曲面

创建可变截面扫描曲面的操作方法与可变截面扫描实体建模方法基本一致。

1) 操作方法

(1) 选择“插入”→“可变截面扫描”命令,或单击“基础特征”工具栏上的按钮,打开“可变截面扫描”操控板。

(2) 单击操控板上的。

(3) 单击“参照”,选择轨迹,并在弹出的“参照”上滑面板中完成相关设置。

(4) 单击“属性”、“相切”等命令完成相关设置。

(5) 单击操控板上的,打开内部截面草绘器以创建或编辑扫描截面。

(6) 单击“可变截面扫描”操控板中的✔按钮,完成可变截面扫描曲面的创建。

可变截面扫描曲面如图 7-9 所示。

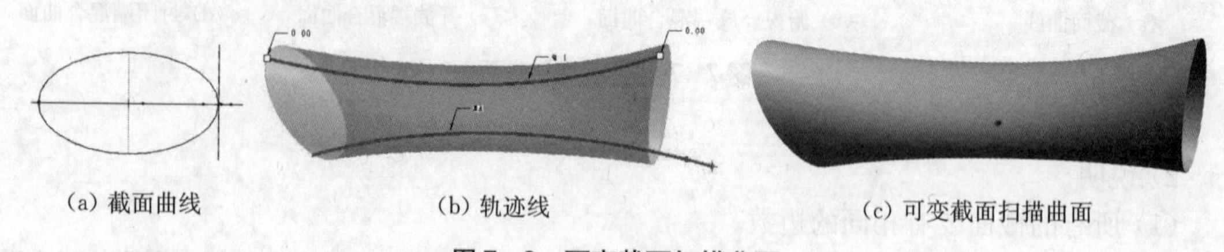

(a) 截面曲线 (b) 轨迹线 (c) 可变截面扫描曲面

图7-9 可变截面扫描曲面

2) 说明 轨迹也可在创建可变截面扫描曲面之前建立。

(七) 创建填充曲面

所谓的填充曲面就是具备封闭环图形边界的平面,即通过其边界定义的一种平整曲面封闭环特征。

1) 操作方法

(1) 选择“编辑”→“填充”命令，打开“填充”操控板。

(2) 单击操控板上的“参照”命令，打开“参照”上滑面板，单击【定义】按钮，进入草绘模式，创建用于填充的截面。

(3) 单击“填充”操控板中的✔按钮，完成填充曲面的创建。

填充曲面如图 7-10 所示。

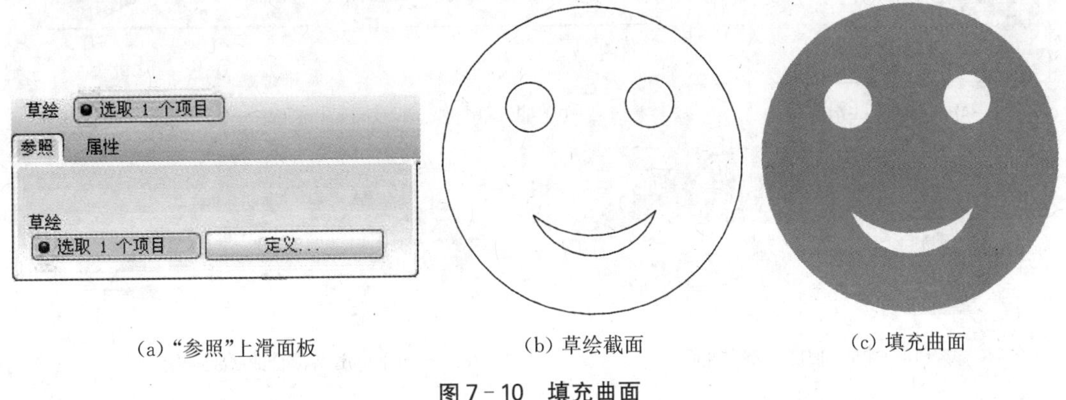

(a)“参照”上滑面板 (b) 草绘截面 (c) 填充曲面

图 7-10 填充曲面

2) 说明

(1) 用于填充的截面必须是平整的封闭环草绘截面。

(2) 用于填充的截面也可在创建填充曲面前建立，其操作方法有两种：①在图形窗口或“模型树”中选取平整的封闭环“草绘”特征，选择“编辑”→“填充”命令，即完成填充曲面的创建；②选择“编辑”→“填充”命令，在图形窗口或“模型树”中选取平整的封闭环“草绘”特征，单击“填充”操控板中的✔按钮，完成填充曲面的创建。

(八) 创建边界混合曲面

边界混合曲面就是在一个或两个方向上指定边界来创建曲面，可以通过设置边界条件和控制点等方式来控制曲面的生成。

1. 在一个方向创建边界混合曲面

创建在一个方向的边界混合曲面，是指在一个方向上指定边界曲线、边或基准点来创建曲面特征。

1) 操作方法

(1) 选择“插入”→“边界混合”命令，或单击“基础特征”工具栏上的按钮，打开“边界混合”操控板。

(2) 单击特征工具栏上的按钮，按照草图绘制的方法(或其他方法，如“基准曲线”)来创建曲线。

(3) 完成草图绘制后，单击“边界混合”操控板中的，激活“边界混合”操控板。

(4) 单击“曲线”，打开“曲线”上滑面板，单击“第一方向”文本框，然后选取创建的第一条曲线。然后按住 Ctrl 键，依次选取创建曲面所需的其他曲线。根据设计需要选择“相切”、“控制点”、“选项”等，完成曲面设计。

(5) 单击“边界混合”操控板中的✔按钮，完成在一个方向边界混合曲面的创建。

在一个方向的边界混合曲面如图 7-11 所示。

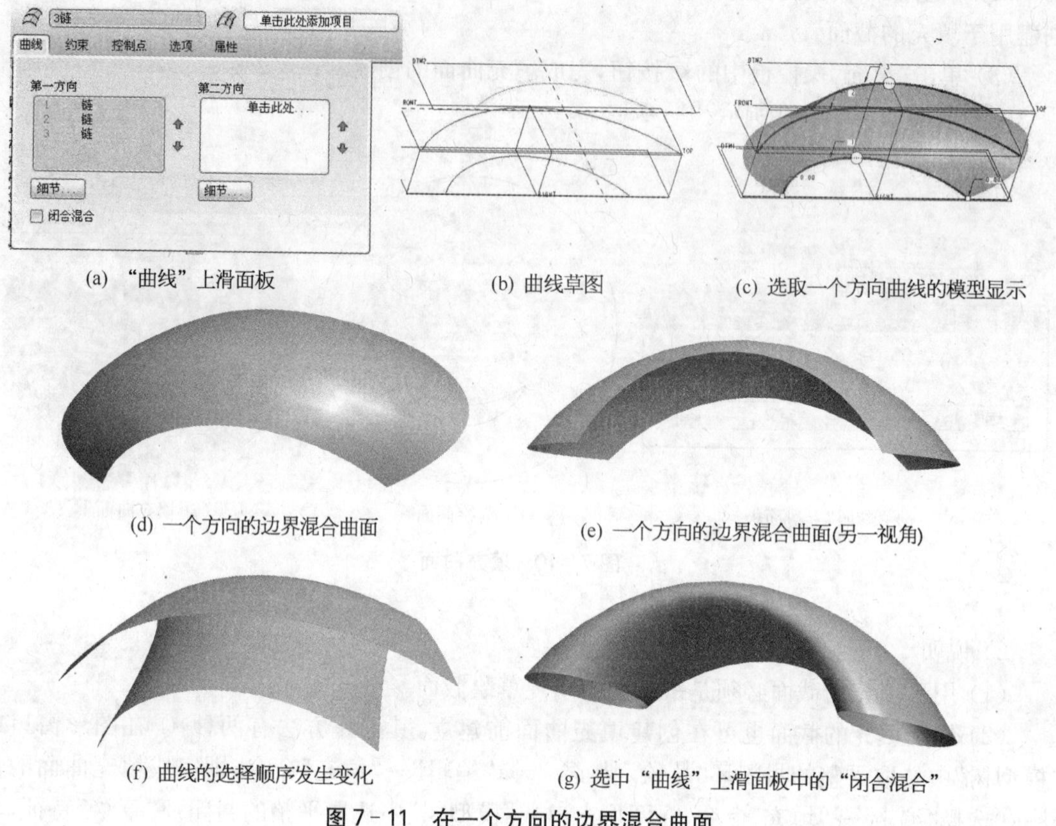

(a) “曲线”上滑面板　(b) 曲线草图　(c) 选取一个方向曲线的模型显示

(d) 一个方向的边界混合曲面　(e) 一个方向的边界混合曲面(另一视角)

(f) 曲线的选择顺序发生变化　(g) 选中“曲线”上滑面板中的“闭合混合”

图 7-11　在一个方向的边界混合曲面

2) 说明

(1) 边界曲线可在创建边界混合曲面前建立。

(2) 所谓“第一方向”是指方向一致且不相交的曲线链。

(3) 曲线的选择顺序会影响曲面的形状。

(4) 若选中“曲线”上滑面板中的“闭合混合”复选框，通过将最后一条曲线与第一条曲线混合来形成封闭环，生成封闭的边界混合曲面。

2. 在两个方向创建边界混合曲面

创建在两个方向的边界混合曲面，是指在两个方向上指定边界曲线创建曲面特征。

1) 操作方法

(1) 选择“插入”→“边界混合”命令，或单击“基础特征”工具栏上的按钮，打开“边界混合”操控板。

(2) 单击“曲线”，单击“第一方向”收集器框，在曲面的第一个方向上选取曲线。要选取多条曲线，需按 Ctrl 键。

(3) 单击“第二方向”收集器框，在曲面的第二方向上选取曲线。

(4) 单击“边界混合”操控板中的✔按钮，完成在两个方向边界混合曲面的创建。

在两个方向的边界混合曲面如图 7-12 所示。

2) 说明　对于在两个方向创建的边界混合曲面，其外部边界必须构成封闭的环，即两个

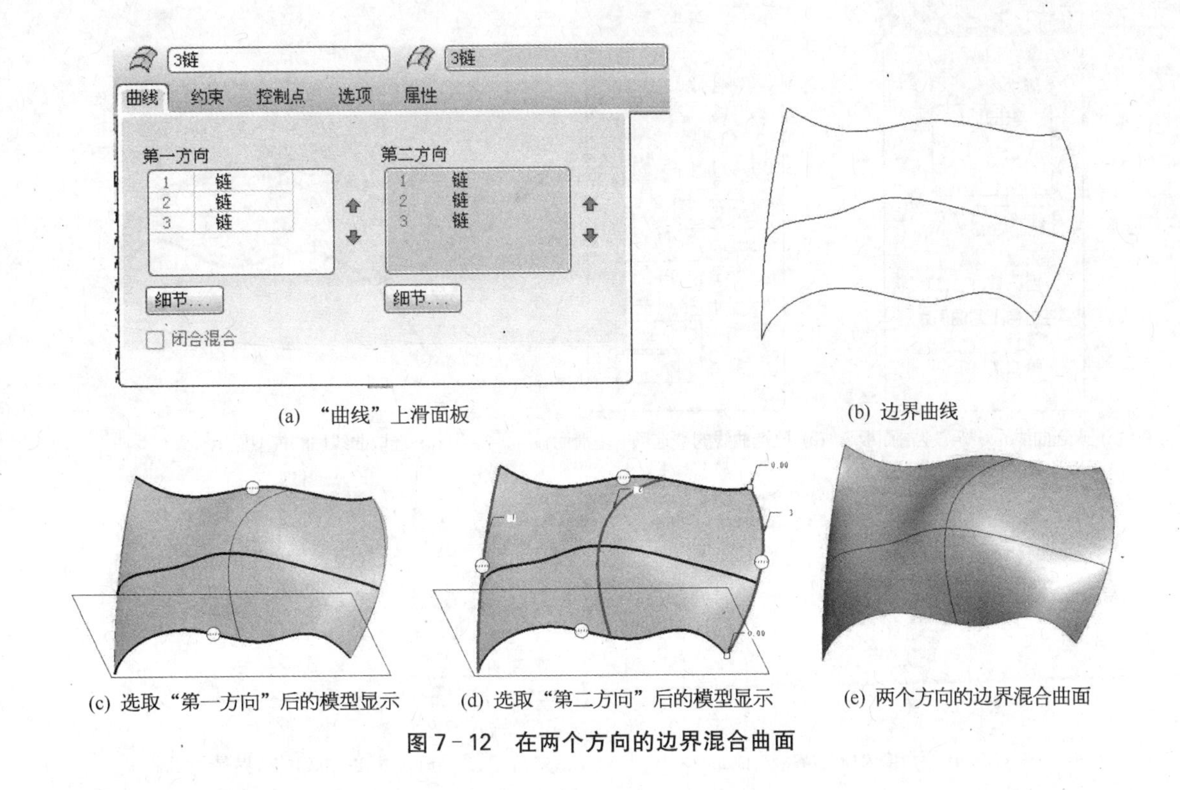

(a) “曲线”上滑面板 (b) 边界曲线

(c) 选取“第一方向”后的模型显示 (d) 选取“第二方向”后的模型显示 (e) 两个方向的边界混合曲面

图 7－12 在两个方向的边界混合曲面

方向的边线必须相交。

3. 使用逼近曲线创建边界混合曲面

在边界混合曲面创建过程中，可以通过选取曲线链来影响用户界面中混合曲面的形状或逼近方向。

1）操作方法

（1）在“边界混合”操控板上单击“选项”，打开“选项”上滑板，然后单击“影响曲线”收集器框。

（2）选取要逼近的曲线。所选曲线将显示在“影响曲线”收集器中。

（3）在“平滑度”框中键入一个值。

（4）在“在方向上的曲面片”框中，指定第一方向和第二方向上曲面片的个数。

（5）单击“边界混合”操控板中的✔按钮，完成边界混合曲面的创建。

使用逼近曲线创建边界混合曲面如图 7－13 所示。

2）说明

（1）平滑度数值为 0～1。数值越小，曲面越逼近所选曲线；数值越大，曲面越光滑。

（2）曲面片的个数为 1～29。数量越多，曲面与所选曲线越靠近。若系统不能用指定的曲面片数量构建曲面，可输入另一个曲面片数量。

4. 使用边界混合控制点控制曲面的形状

使用边界混合控制点可以控制曲面的形状。对每个方向上的曲线，可以指定彼此连接的点。清除不必要的小曲面和多余边，得到较平滑的曲面形状，避免曲面不必要的扭曲和拉伸。创建具有最佳的边和曲面数量的曲面，以便更精确地实现设计意图。

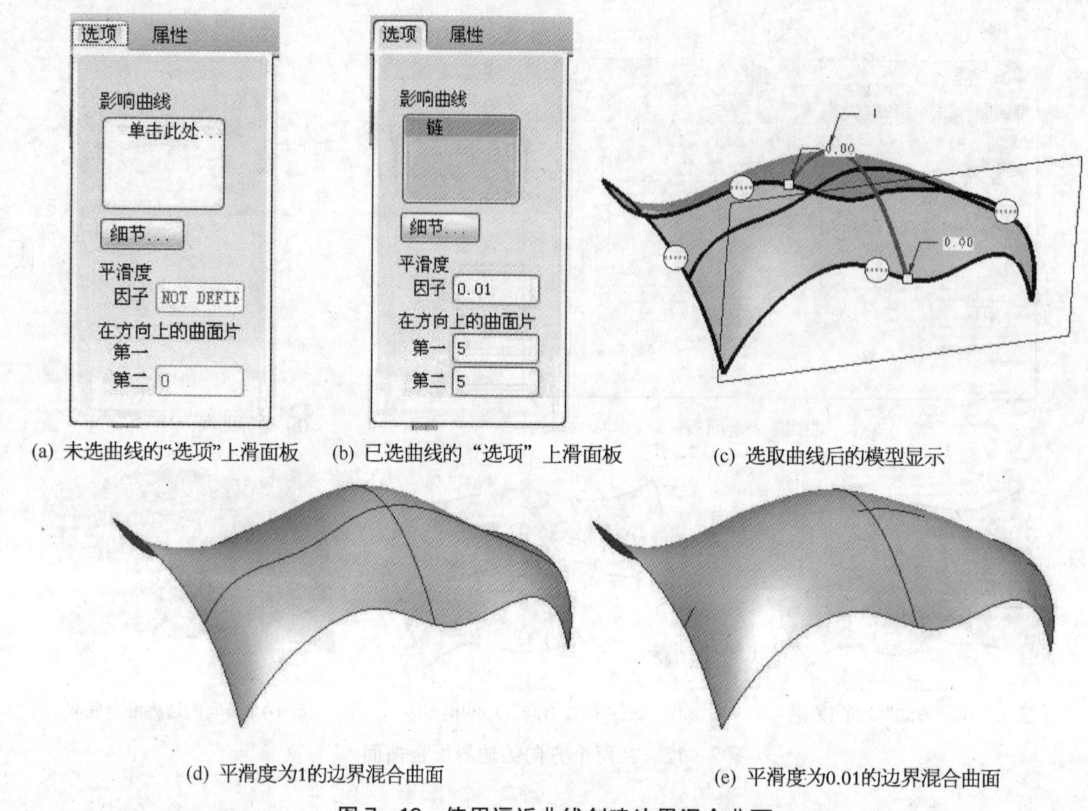

(a) 未选曲线的"选项"上滑面板 (b) 已选曲线的"选项"上滑面板 (c) 选取曲线后的模型显示

(d) 平滑度为1的边界混合曲面 (e) 平滑度为0.01的边界混合曲面

图 7-13 使用逼近曲线创建边界混合曲面

1) 操作方法

(1) 在"边界混合"操控板上单击"控制点",打开"控制点"上滑面板,在"集"收集器中单击鼠标右键,然后单击"添加"。缺省的控制点集对第一方向有效。

(2) 从第一边界选择一个顶点或基准点。当前链上可供选取控制点的点以红色加亮显示,选择一个匹配的混合控制点。要跳过一条曲线,单击鼠标右键,然后在快捷菜单中选取"下一链"来离开未定义曲线的控制点并跳到下一曲线。定义了一组混合控制点后,它们会作为集1出现在"集"中。可从"控制点"表的"集"列中选取"新集",来添加控制点的新集。

(3) 要在第二方向指定混合控制点,可单击"第二"并以类似的方式继续。

(4) 从"拟合"列表中选取下列预定义的控制选项中的一项进行曲面形状的拟合:自然、弧长、点至点、段至段、可延展。

(5) 单击"边界混合"操控板中的☑按钮,完成边界混合曲面的创建。

使用边界混合控制点控制曲面的形状如图 7-14 所示。

2) 说明

(1) 开始指定混合控制点时,缺省会加亮第一方向中的第一个边界。

(2)"拟合"列表中预定义的控制选项含义如下:①"自然",可获得最逼近的曲面;②"弧长",对原始曲线进行的最小调整;③"点至点",逐点混合,即第一条曲线中的点1连接到第二条曲线中的点1,依此类推,此选项只可用于具有相同样条点数量的样条曲线;④"段至段",逐段混合,连接曲线链或复合曲线,此选项只可用于具有相同段数的曲线;⑤"可延展",如果选取了一个方向上的两条相切曲线,则可进行切换,以确定是否需要可延展选项。

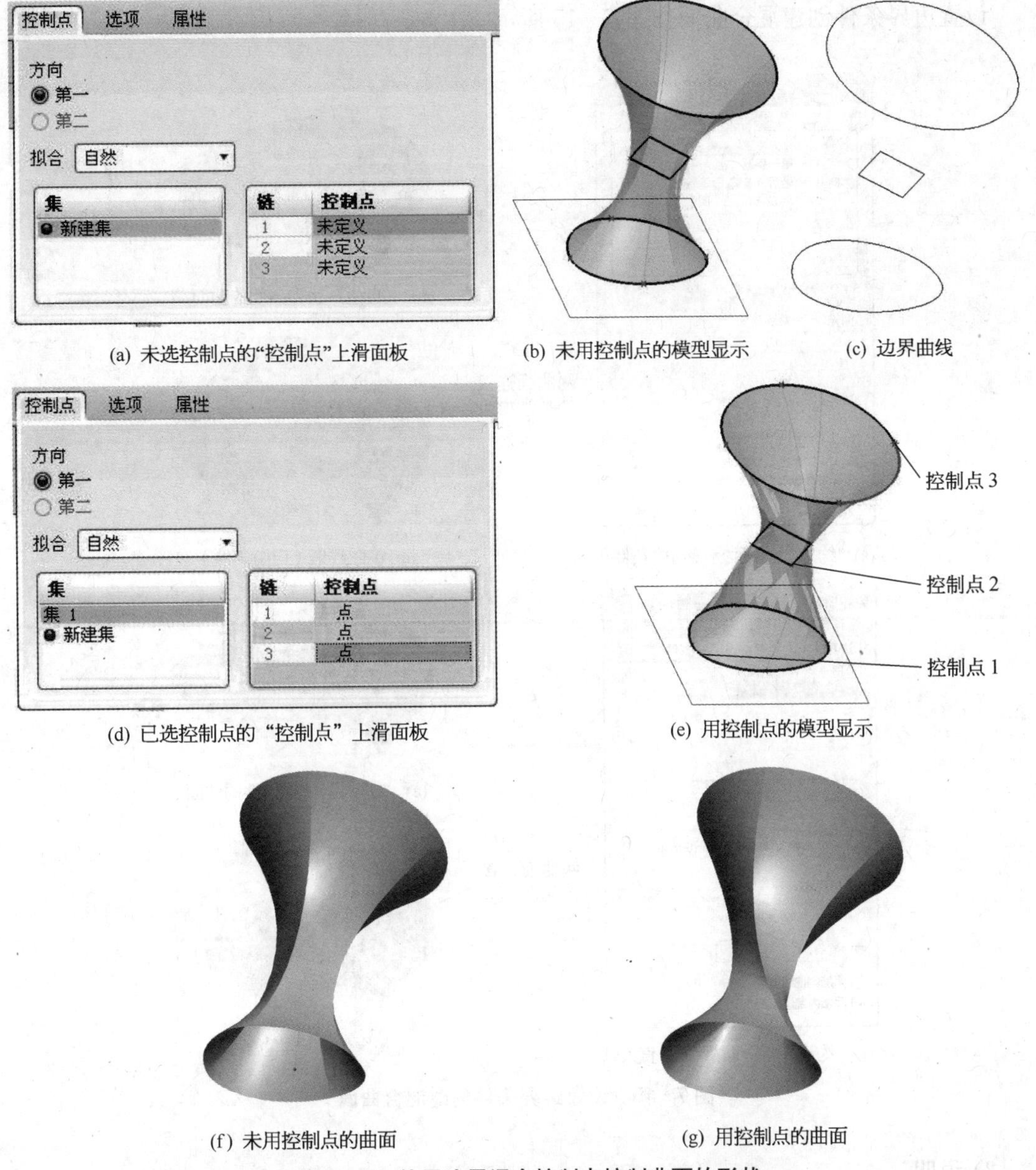

(a) 未选控制点的"控制点"上滑面板　(b) 未用控制点的模型显示　(c) 边界曲线

(d) 已选控制点的"控制点"上滑面板　(e) 用控制点的模型显示

(f) 未用控制点的曲面　(g) 用控制点的曲面

图 7-14　使用边界混合控制点控制曲面的形状

5. 设置边界条件创建混合曲面

通过设置边界条件，可创建各种混合曲面。它们可以相切于相邻参照（面组或实体曲面）或对于相邻参照曲率连续，也可垂直于参照曲面或平面或沿与另一曲面的边界有连续曲率。

1）操作方法

（1）在"边界混合"操控板上单击"约束"，打开"约束"上滑面板。

（2）"边界"列表中列出了所有曲面边界。对要设置边界条件的边界单击"条件"选项，从"自由、相切、曲率、垂直"等选项中确定一项。

（3）根据需要为所有边界设置边界条件。

(4) 单击“边界混合”操控板中的☑按钮，完成边界混合曲面的创建。

设置边界条件创建混合曲面如图7-15所示。

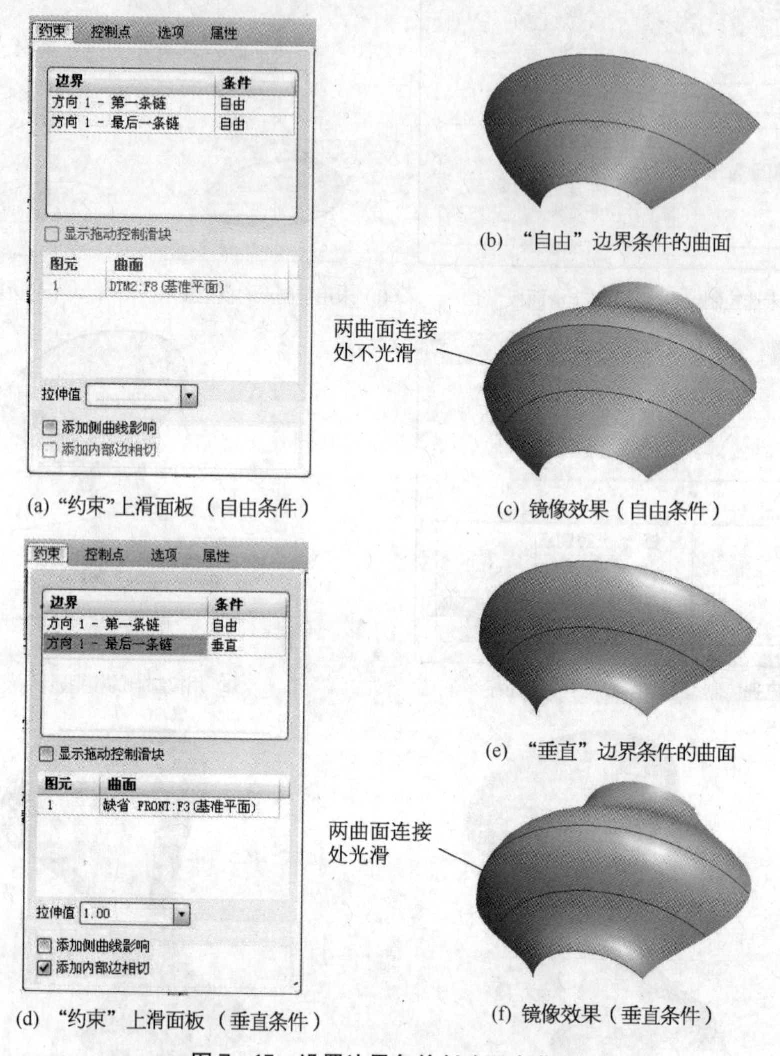

(a) “约束”上滑面板（自由条件）

(b) “自由”边界条件的曲面

(c) 镜像效果（自由条件）

(d) “约束”上滑面板（垂直条件）

(e) “垂直”边界条件的曲面

(f) 镜像效果（垂直条件）

图7-15 设置边界条件创建混合曲面

2) 说明

(1) 对“自由”的条件，选取参照曲面。选取边界会在曲面列表中显示边界条件所参照的曲面。

(2) 当边界条件设为“相切”、“曲率”或“垂直”时，如有必要，单击“显示拖动控制滑块”来控制边界拉伸系数，或在“拉伸值”框中输入拉伸值。缺省拉伸系数为1，拉伸系数的值影响曲面的方向。

(3) 选中“添加内部边相切”复选框，以设置混合曲面单向或双向的相切内部边条件。此条件只适用于具有多段边界的曲面，可创建带有曲面片（通过内部边并与之相切）的混合曲面。

(4) 选中“添加侧曲线影响”复选框，以启用侧曲线影响。

二、实例操作——灯罩表面造型设计

1. 新建一个零件文件

新建零件文件使用 mmns_part_solid 模板。

2. 从方程创建基准曲线

(1) 选择“插入”→“模型基准”→“曲线”或单击按钮。

(2) 从弹出的“曲线选项”菜单管理器(图 7-16)中,选择“从方程”,单击“完成”,弹出“曲线:从方程”对话框(图 7-17)和“得到坐标系”菜单管理器(图 7-18)。

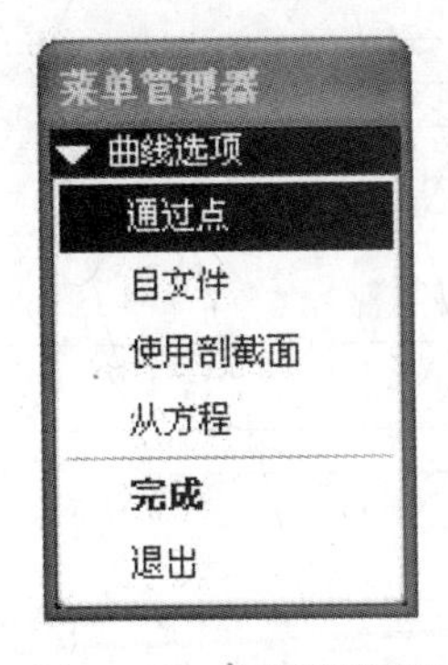

图 7-16 “曲线选项”菜单管理器

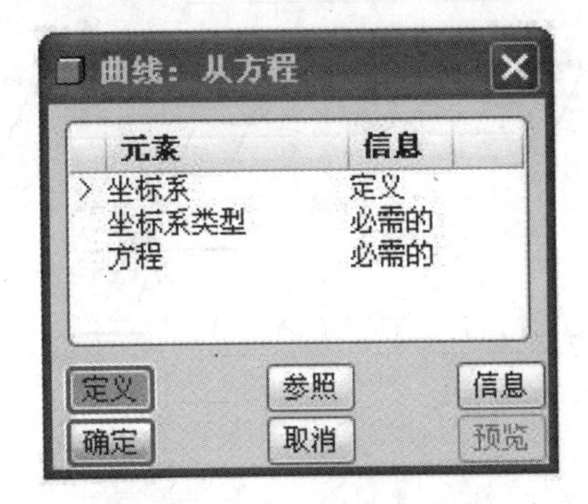

图 7-17 “曲线:从方程”对话框

图 7-18 “得到坐标系”菜单管理器

(3) 选取系统默认的 PRT_CSYS_DEF 坐标系,弹出“设置坐标类型”菜单管理器(图 7-19)。

(4) 在“设置坐标类型”菜单管理器中选择“圆柱”按钮,弹出“rel. ptd-记事本”窗口,如图 7-20 所示。

(5) 在记事本窗口中输入螺旋线方程,如图 7-20 所示。保存曲线方程,并退出记事本。

(6) 单击“曲线:从方程”对话框【预览】按钮,预览所创建的基准曲线,若无异议,单击【确定】按钮,得到基准曲线 1,如图 7-21 所示。

图 7-19 “设置坐标类型”菜单管理器

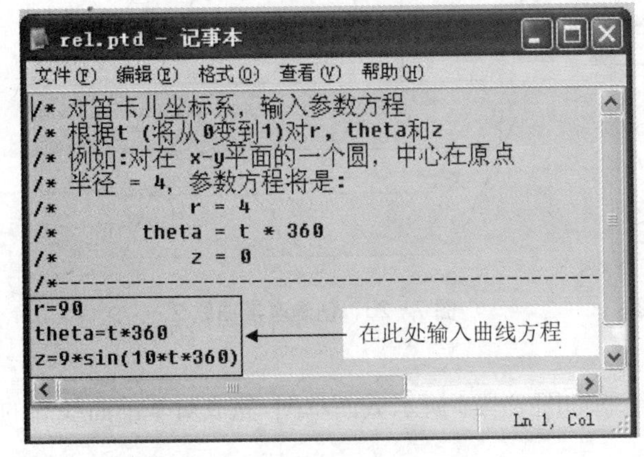

图 7-20 “rel. ptd-记事本”窗口

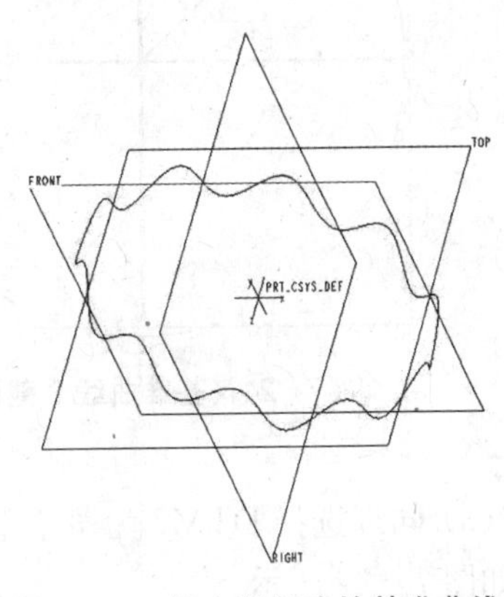

图 7-21 从方程创建的基准曲线 1

3. 创建基准平面DTM1、DTM2

(1) 选择"插入"→"模型基准"→"平面"或单击▱按钮,弹出"基准平面"对话框。

(2) 选取FRONT基准平面作为参照面,偏移"40",设置的"基准平面"对话框如图7-22所示,创建的基准平面DTM1如图7-23a所示。

(3) 同理选取FRONT基准平面作为参照面,偏移"90",创建的基准平面DTM2如图7-23b所示。

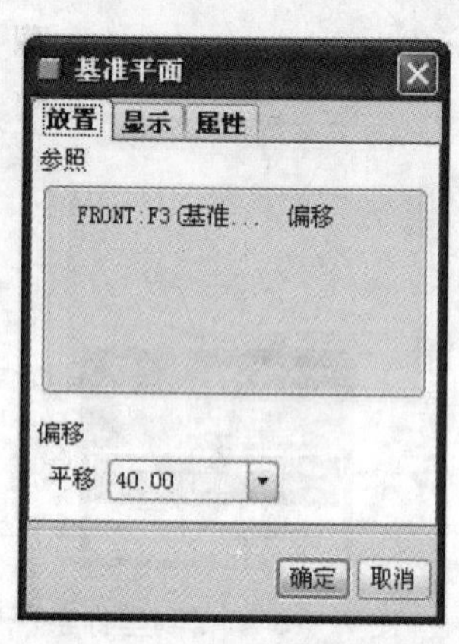

图7-22 "基准平面"对话框

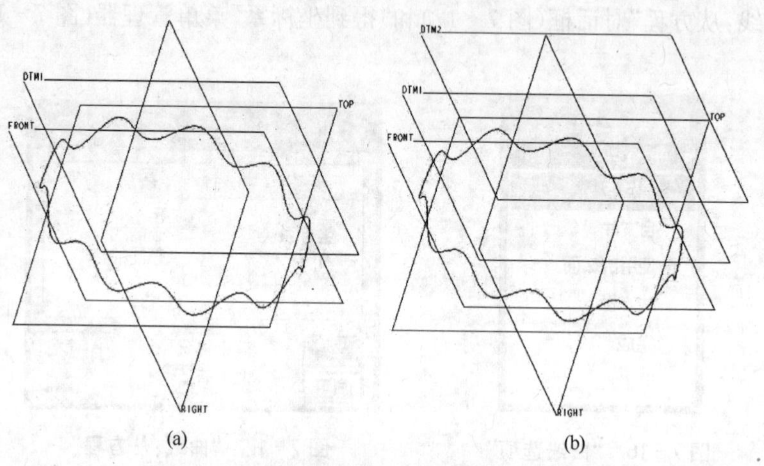

图7-23 创建基准平面DTM1、DTM2

4. 创建基准曲线2、3

(1) 选择"插入"→"模型基准"→"草绘"或单击按钮。

(2) 选择DTM1为草绘平面,进入草绘模式,绘制如图7-24所示截面草图,退出草绘模式,完成对基准曲线2的创建,如图7-25所示。

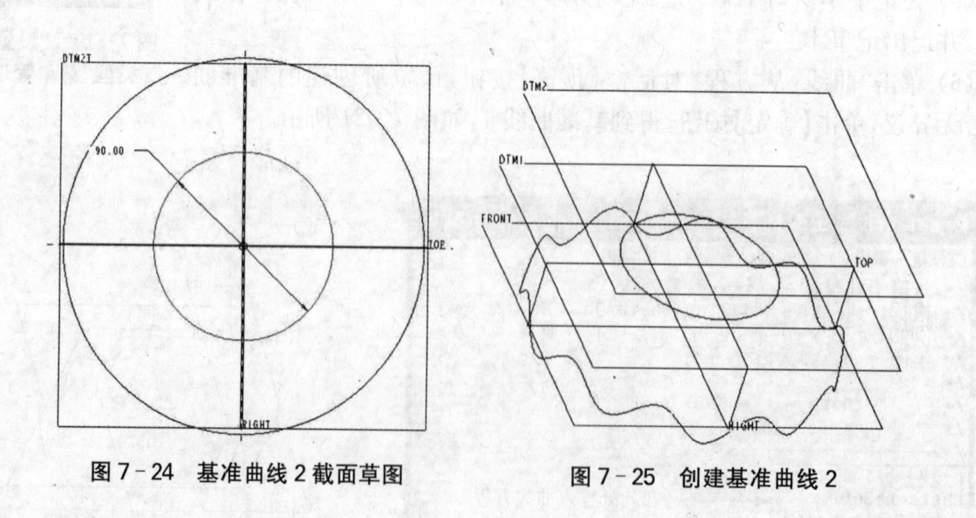

图7-24 基准曲线2截面草图

图7-25 创建基准曲线2

(3) 同理选择DTM2为草绘平面,绘制如图7-26所示截面草图,完成对基准曲线3的创建,如图7-27所示。

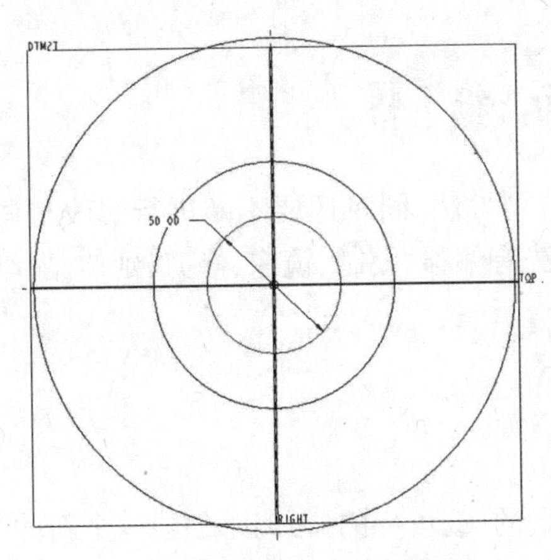

图 7－26 基准曲线 3 截面草图

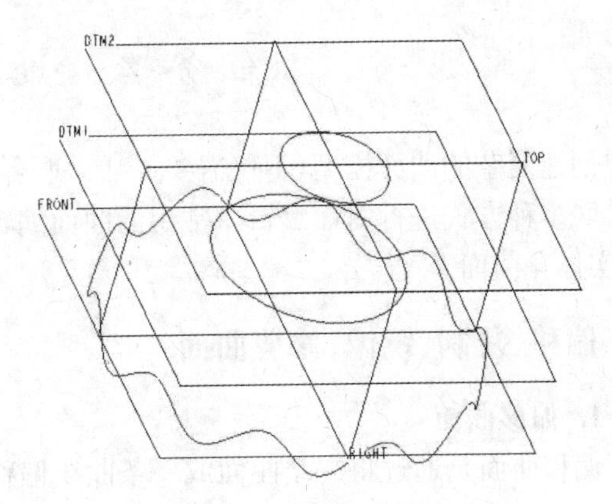

图 7－27 创建基准曲线 3

5. 创建边界混合曲面

(1) 选择“插入”→“边界混合”命令，或单击按钮，打开“边界混合”操控板。

(2) 按住 Ctrl 键，依次选取基准曲线 1、2、3，结果如图 7－28 所示。

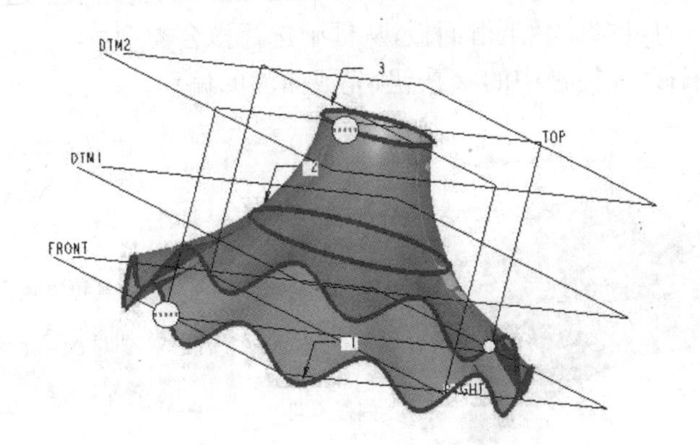

图 7－28 选择基准曲线创建边界混合曲面

(3) 单击“边界混合”操控板中的✔按钮，完成灯罩曲面的设计，如图 7－29 所示。

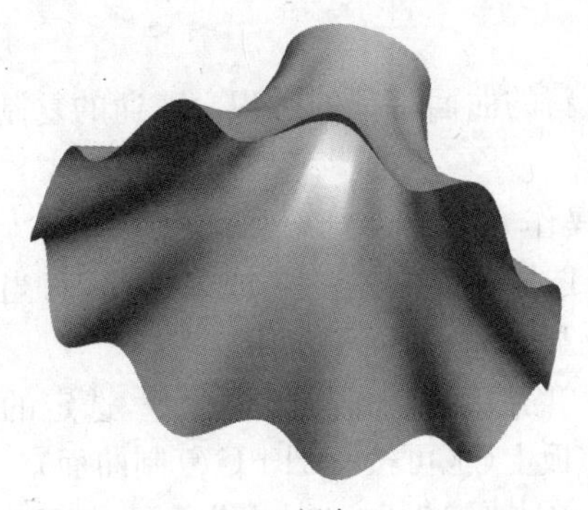

(a) 视向 1

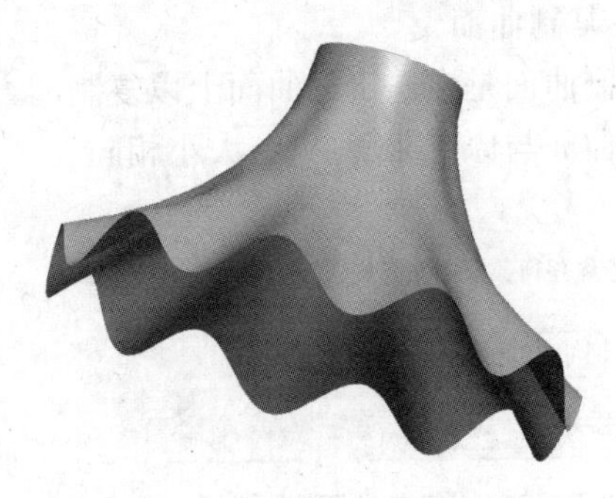

(b) 视向 2

图 7－29 灯罩曲面造型

任务二 曲面编辑

创建复杂的曲面模型，不仅需要灵活采取各种造型方法，同时还要不断进行修改与调整，即采取多种方式进行曲面编辑。常用的曲面编辑方法有偏移、复制、镜像、修剪、延伸、加厚、合并、实体化曲面。

一、偏移、复制、镜像、修剪曲面

1. 偏移曲面

偏移曲面是通过将一个曲面或一条曲线偏移恒定的(或可变的)距离来创建一个新的特征的过程。偏移曲面有标准偏移特征、具有拔模特征、展开类型和替换型四种偏移类型，此处就标准偏移特征的操作方法作简要分析说明。

(1) 选取一个曲面，然后选择"编辑"→"偏移"命令，打开"曲面偏移"操控板。

(2) 选择偏移的类型，图7-30所示是单击▥(标准偏移特征)后的偏移曲面。

(3) 在偏移值框中，键入偏移值。

(4) 要反转偏移的方向，单击⤡；或单击鼠标右键，然后从快捷菜单选择"反向侧"。

(5) 单击"选项"，打开"选项"上滑面板，从框中选择拟合类型。

(6) 单击"曲面偏移"操控板中的✔按钮，完成曲面的偏移。

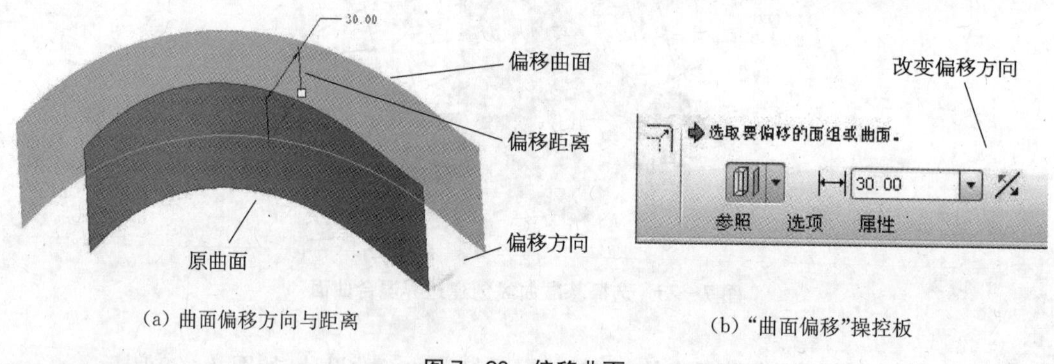

(a) 曲面偏移方向与距离　　(b) "曲面偏移"操控板

图7-30 偏移曲面

2. 复制曲面

复制曲面是在选定的曲面上以复制的方式创建新的曲面特征的过程。普通的复制曲面生成的新曲面与原有曲面形状、大小相同。

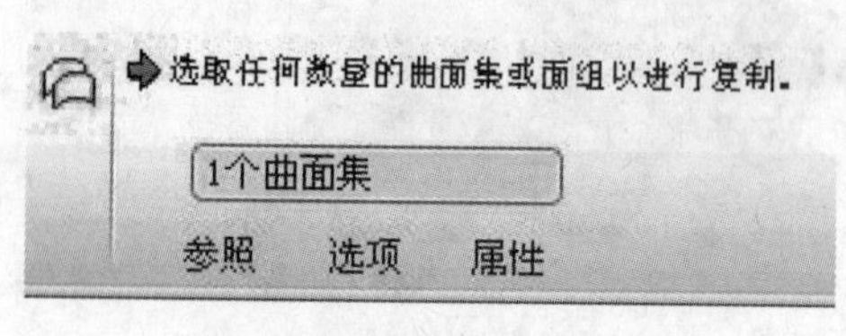

图7-31 "复制曲面"操控板

1) 操作方法

(1) 选取要复制的一个或多个曲面，当曲面呈红色高亮显示时，曲面被选中。

(2) 单击"编辑"→"复制"命令，选定的曲面复制到剪贴板上(也可按Ctrl+C复制曲面)。

(3) 单击"编辑"→"粘贴"命令，打开"复制曲面"操控板(图7-31)。

(4) 单击“选项”,打开“选项”上滑面板,从框中选择复制方式。

(5) 在操控板中单击✔按钮,复制选定的曲面。

2) 说明

(1) 单击“参照”上滑面板(图 7-32)【细节】按钮,打开“曲面集”对话框(图 7-33),从中可添加、移除需复制的曲面。

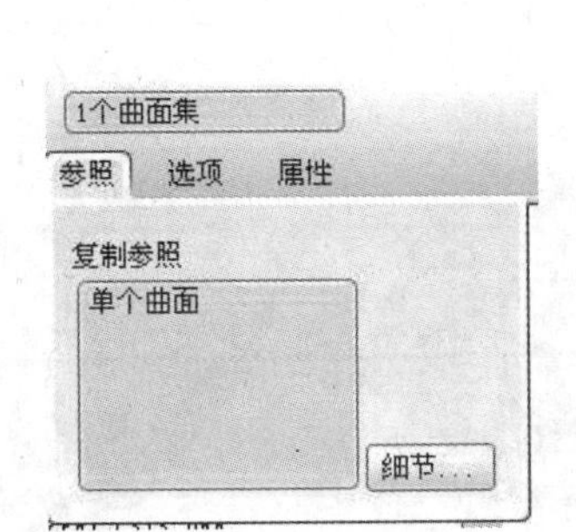

图 7-32 “参照”上滑面板

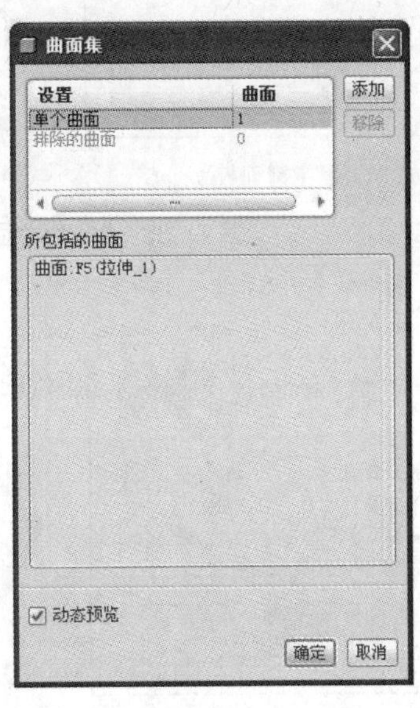

图 7-33 “曲面集”对话框

(2)“选项”上滑面板中的选项有三个,其含义如下:

①“按原样复制所有曲面”。创建与选定曲面完全相同的副本,如图 7-34 所示。

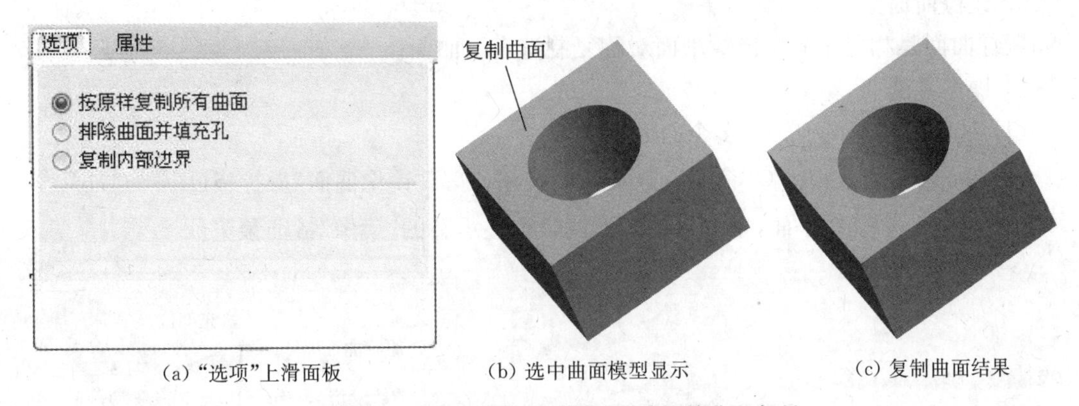

(a)“选项”上滑面板 (b) 选中曲面模型显示 (c) 复制曲面结果

图 7-34 “按原样复制所有曲面”选项的曲面复制

②“排除曲面并填充孔”。当选取该命令时,下面两个收集器处于活动状态:①“排除轮廓”收集器,选取要从当前复制特征中排除的曲面;②“填充孔/曲面”收集器,在选定曲面上选取要填充的孔,如图 7-35 所示。

③“复制内部边界”。当选取该命令时,“边界曲线”收集器变为活动状态,使用此收集器来定义包含要复制曲面的边界,如图 7-36 所示。

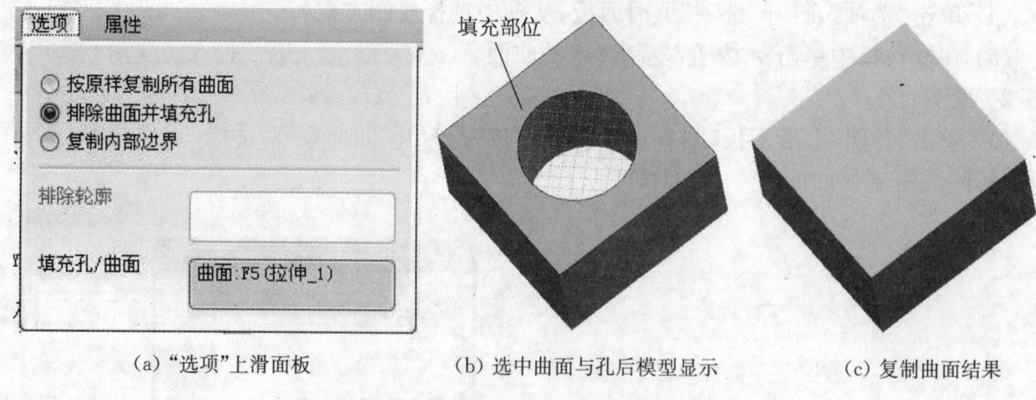

(a)"选项"上滑面板　(b) 选中曲面与孔后模型显示　(c) 复制曲面结果

图 7-35 "排除曲面并填充孔"选项的曲面复制

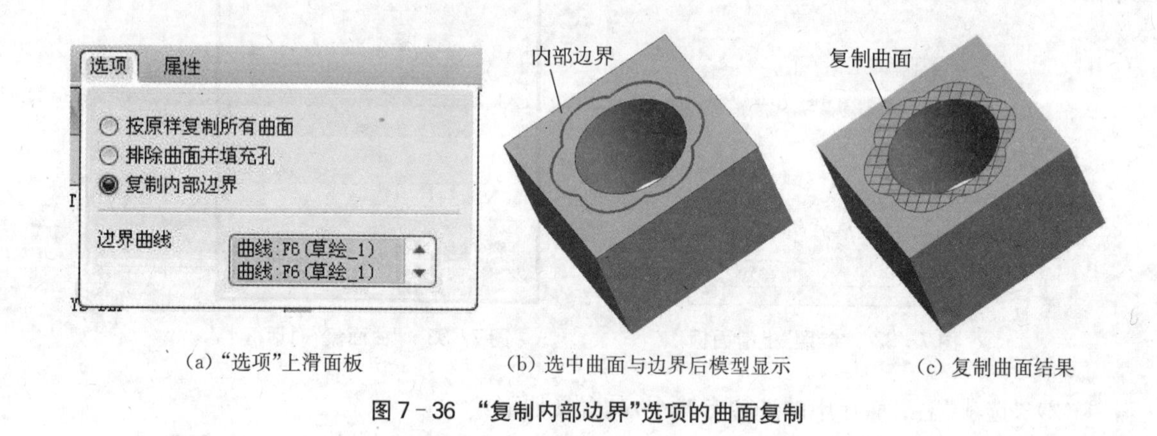

(a)"选项"上滑面板　(b) 选中曲面与边界后模型显示　(c) 复制曲面结果

图 7-36 "复制内部边界"选项的曲面复制

3. 镜像曲面

镜像曲面是相对于一个镜像平面对称复制选定的曲面。

1) 操作方法

(1) 选取要镜像的一个或多个曲面。

(2) 单击"编辑"→"镜像"命令,或单击[镜像]按钮,打开"镜像曲面"操控板(图 7-37b)。

(3) 选取一个镜像平面,系统会在图形窗口中显示新的"镜像"特征预览。

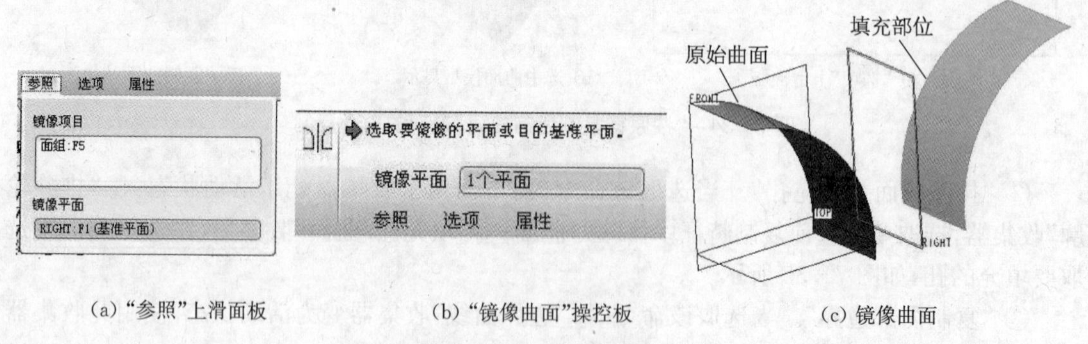

(a)"参照"上滑面板　(b)"镜像曲面"操控板　(c) 镜像曲面

图 7-37 镜像曲面

(4) 要隐藏原始镜像几何，单击“选项”，打开“选项”上滑面板，选中面板上的“隐藏原始几何”复选框。

(5) 单击操控板上的✔按钮，创建新的“镜像”特征。

2) 说明

(1) 可通过在图形窗口中的任意其他平面上单击来重定义“镜像平面”。

(2) 要重定义镜像项目，使用“参照”上滑面板中的“镜像项目”收集器，选取要镜像的其他项目，然后重新启动镜像工具。

4. 修剪曲面

修剪曲面是通过新生成的曲面，或利用曲线、基准平面等来修剪已存在曲面的方法，以获得理想形状和大小的曲面。

1) 操作方法

(1) 选取要修剪的曲面。

(2) 单击“编辑”→“修剪”命令，或单击◫按钮，打开“修剪”操控板(图 7-38)。

(3) 选取要用作修剪工具的对象，选择修剪方式，选择保留部位。

(4) 单击操控板上的✔按钮，完成曲面的修剪。

2) 说明

(1) 作为修剪工具的对象，可以是基准平面、基准曲线或曲面特征等。

(2) 若用曲面修剪，曲面必须能将被修剪曲面完全剪开。

(3) 只有当使用面组作为修剪对象时，“修剪”操控板上的“薄修剪”选项才可用。

(4) 通过“参照”上滑面板(图 7-39)，可重新选择修剪曲面、修剪工具，如图 7-40 和图 7-41 所示。

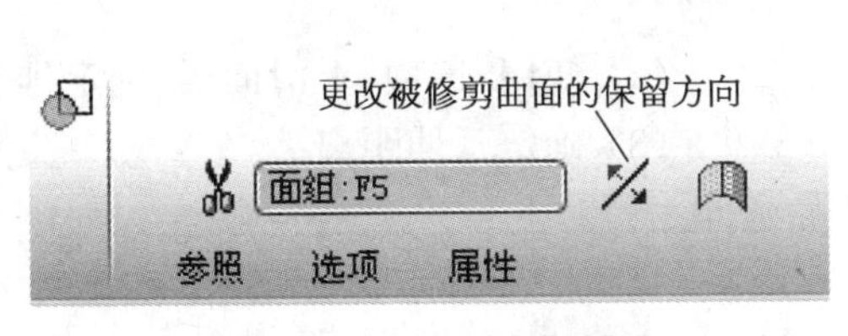

图 7-38 “修剪”操控板

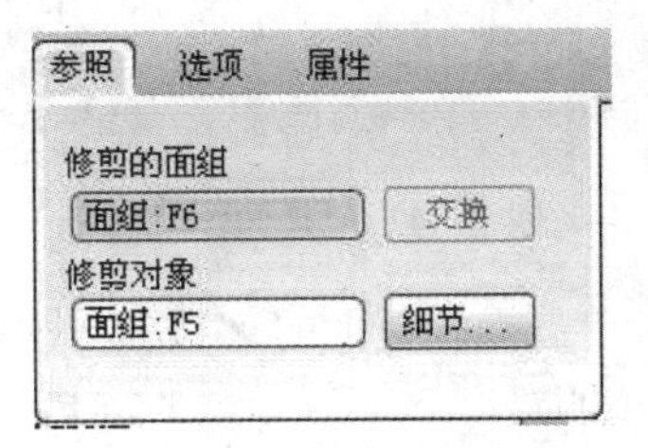

图 7-39 “参照”上滑面板

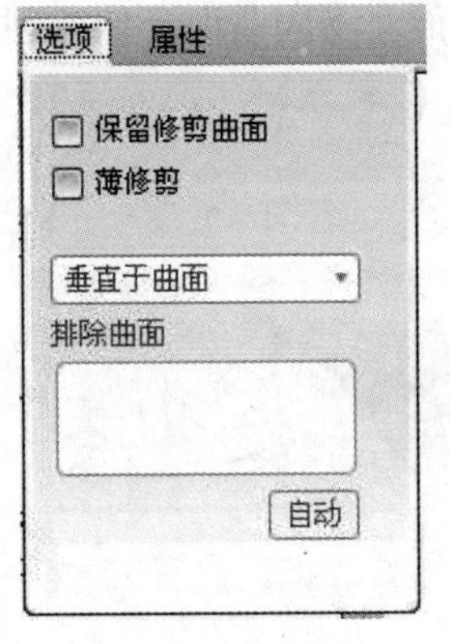

(a) “选项”上滑面板

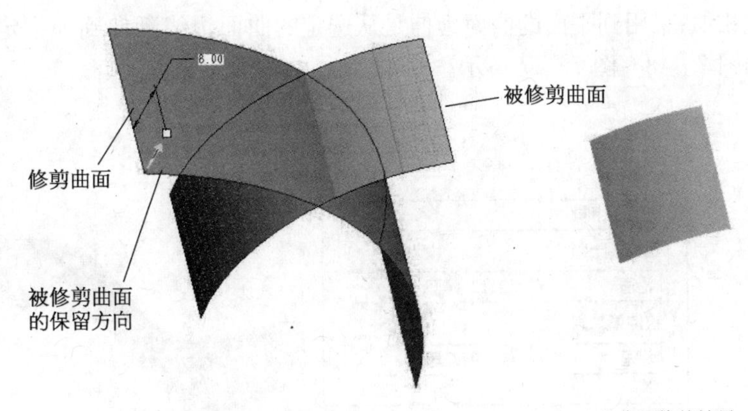

(b) 选择修剪曲面后的模型显示

(c) 曲面修剪结果

图 7-40 曲面修剪(不保留修剪曲面)

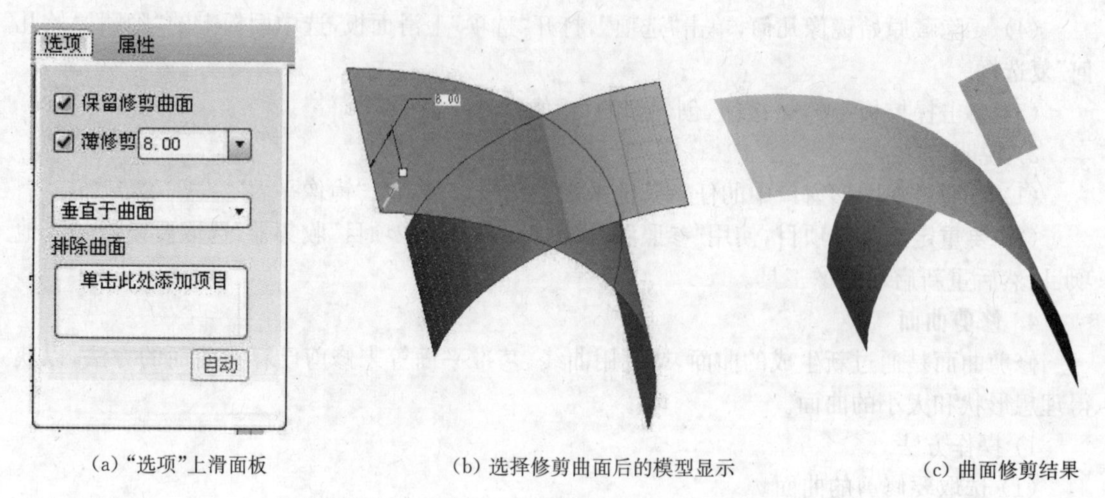

(a)"选项"上滑面板　(b) 选择修剪曲面后的模型显示　(c) 曲面修剪结果

图 7-41　曲面修剪(薄修剪、保留修剪曲面)

二、延伸、加厚、合并、实体化曲面

1. 延伸曲面

延伸曲面是通过将选定曲面以延伸的方式操作而生成新的曲面特征的过程。延伸曲面的方法有相同、相切、逼近、到平面等几种类型。

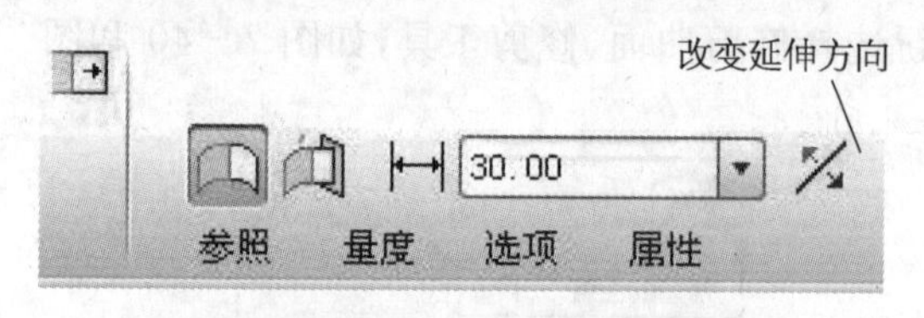

图 7-42　"延伸"操控板

1) 操作方法

(1) 选取要延伸的曲面边界边链,然后选择"编辑"→"延伸"命令,打开"延伸"操控板(图 7-42)。

(2) 使用"选项"上滑面板,确定延伸方向。

(3) 确定延伸距离。

(4) 单击操控板上的✔按钮,完成曲面的延伸。

2) 说明

(1) 沿相同曲面延伸后创建的新曲面保存着原有的曲面特征形状;沿相切曲面延伸后创建的新曲面与原有的曲面边界相切;采用逼近曲面延伸后创建的新曲面与原有的曲面特征形状相似;采用到平面的曲面延伸是从选定的曲面边线延伸到一指定面。不同曲面延伸的创建如图 7-43～图 7-47 所示。

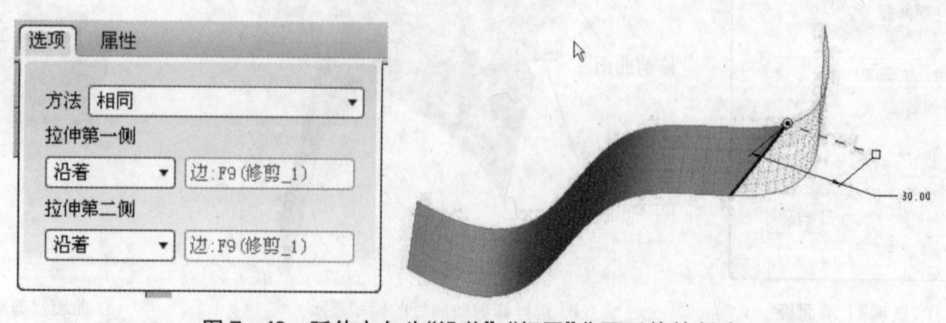

图 7-43　延伸方向为"沿着"、"相同"曲面延伸的创建

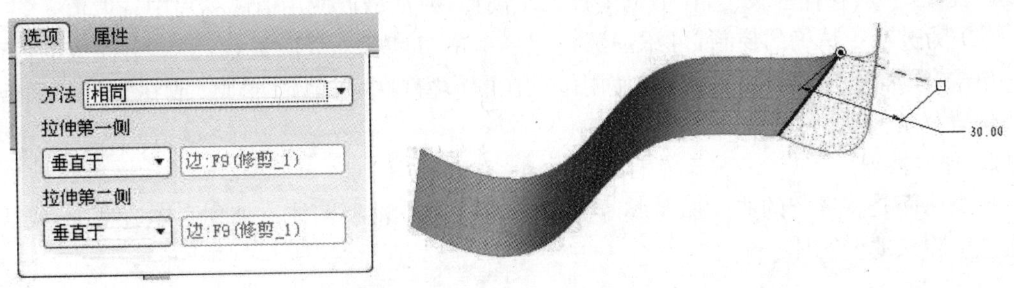

图 7－44　延伸方向为“垂直于”、“相同”曲面延伸的创建

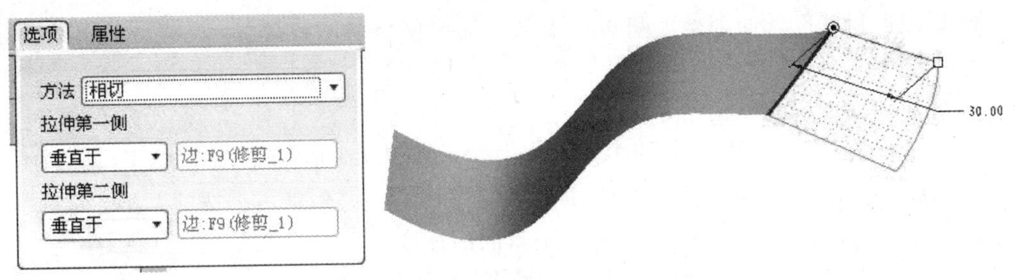

图 7－45　延伸方向为“垂直于”、“相切”曲面延伸的创建

图 7－46　延伸方向为“垂直于”、“逼近”曲面延伸的创建

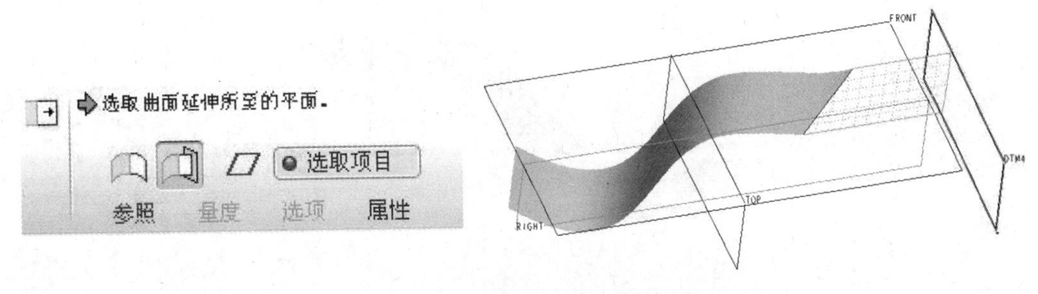

图 7－47　创建到平面的曲面延伸

(2) 确定延伸方向，“选项”上滑面板中有“沿着”和“垂直于”两种选项：“沿着”指延伸的方向与侧边方向相同；“垂直于”指延伸的方向垂直于边线。

(3) 确定延伸距离有两种方法：在图形窗口中，使用拖动控制滑块将选定的边界链手工延伸到所需距离处;在操控板中,在值框中键入距离值,或从最近使用值的列表中选取值。

(4) 为进行更精确的控制,可添加测量点。单击"量度"上滑面板,右键单击面板的内部,然后单击"添加"。定义点的位置,并使用该点在图形窗口中拖动延伸项。或在"量度"面板中设置位置和延伸项。

2. 加厚曲面

加厚曲面是将选定的曲面加厚成薄壁实体,将生成的薄壁实体添加到实体造型中,或从实体造型移除该薄壁实体。

1) 操作方法

(1) 选取加厚曲面,然后选择"编辑"→"加厚"命令,打开"加厚"操控板(图7-48b),并在图形窗口中出现缺省预览几何。

(2) 确定要创建的几何类型。缺省选项是添加实体材料的薄部分,如果要去除材料的薄部分,可单击"加厚"操控板中的◿。

(3) 确定曲面加厚的尺寸和方式。

(4) 单击操控板上的☑按钮(或单击鼠标中键),完成曲面加厚。

2) 说明 "加厚"操控板中的"选项"上滑面板(图7-48a)包括三个选项。

(1)"垂直于曲面":垂直于原始曲面均匀将曲面加厚。

(2)"自动拟合":系统根据自动决定的坐标系,缩放相关厚度。

(3)"控制拟合":在指定坐标系下缩放原始曲面,并沿指定轴给出厚度。

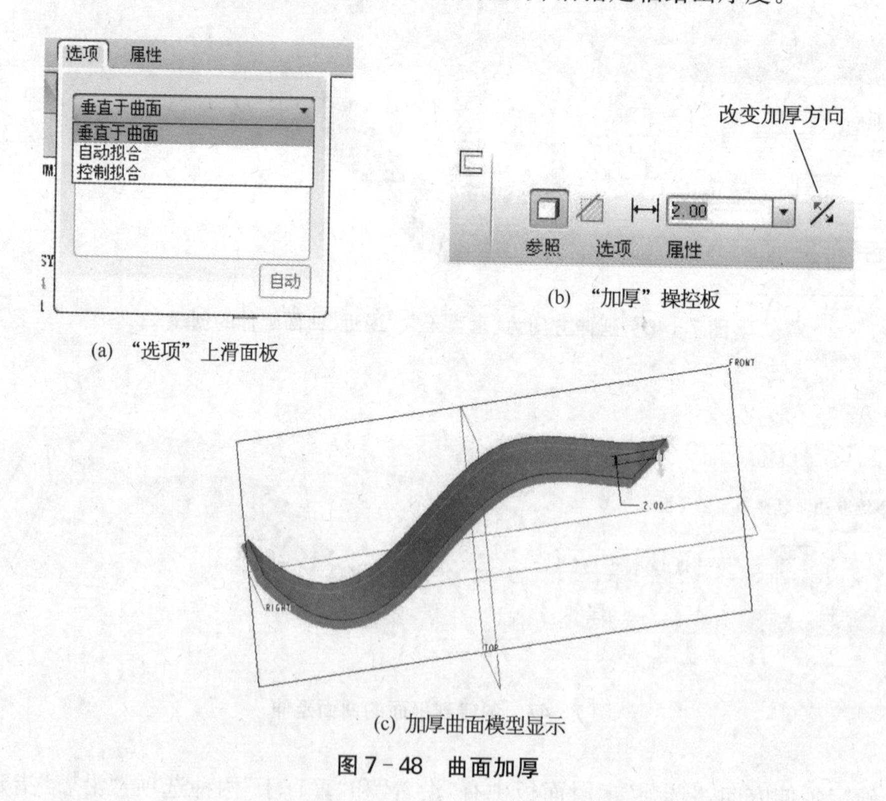

(a) "选项"上滑面板

(b) "加厚"操控板

(c) 加厚曲面模型显示

图7-48 曲面加厚

3. 合并曲面

合并曲面是将两个或多个相邻、相交的曲面合并在一起而生成一个新的曲面。

1）操作方法

（1）选取参与合并的曲面，然后选择“编辑”→“合并”命令，或点击 按钮，打开“合并”操控板（图 7－49a）。

（2）在“合并”操控板选择合并方式，调整保留合并方向。

（3）单击操控板上的✔按钮（或单击鼠标中键），完成曲面合并。

2）说明　合并方式有“相交”和“连接”两种。求相交合并两面组自动从相交位置相互修剪，而求连接合并要求一个面组的边界刚好落在另一个面组上，如图 7－49 和图 7－50 所示。

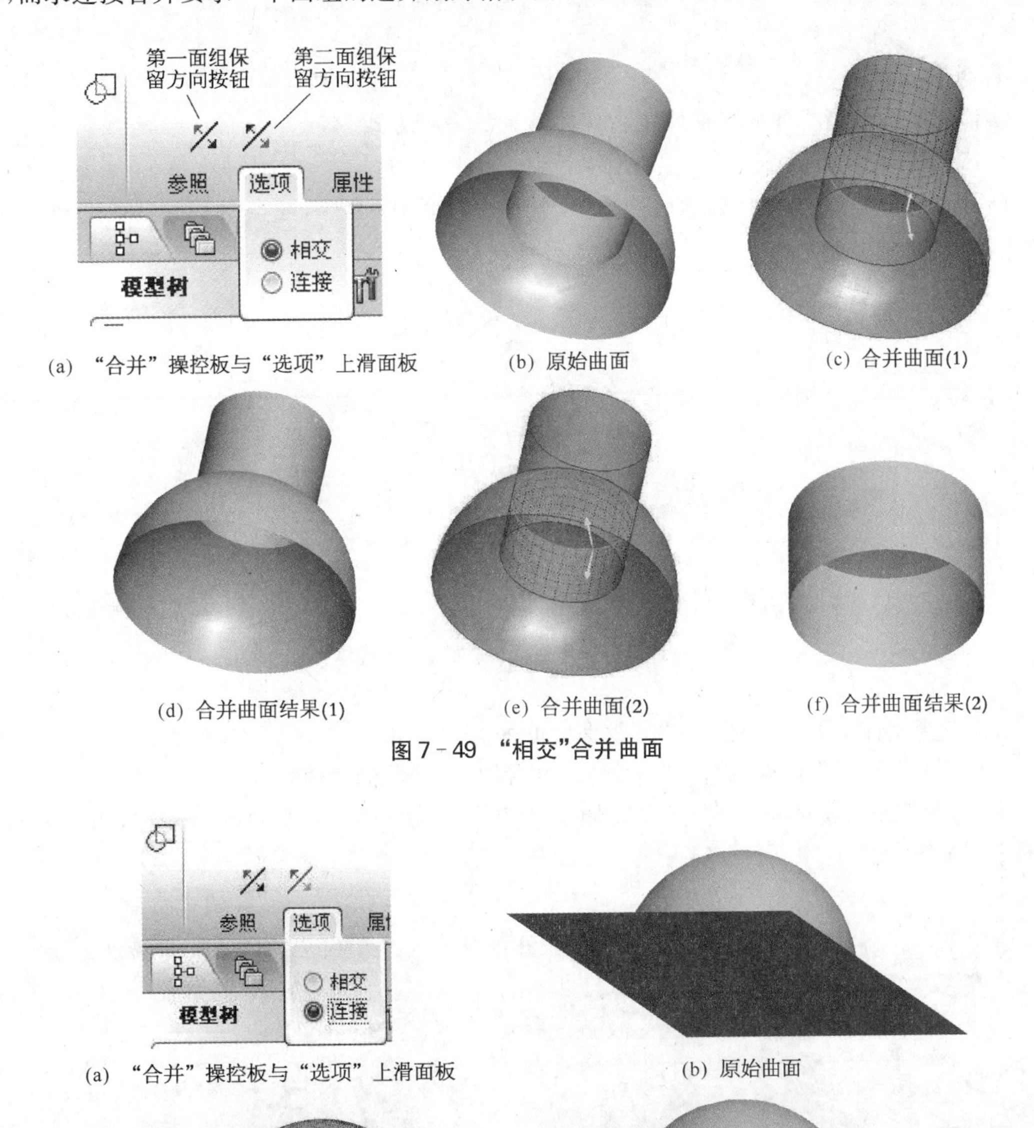

(a)“合并”操控板与“选项”上滑面板　(b) 原始曲面　(c) 合并曲面(1)

(d) 合并曲面结果(1)　(e) 合并曲面(2)　(f) 合并曲面结果(2)

图 7－49　“相交”合并曲面

(a)“合并”操控板与“选项”上滑面板　(b) 原始曲面

(c) 合并曲面(1)　(d) 合并曲面结果(1)

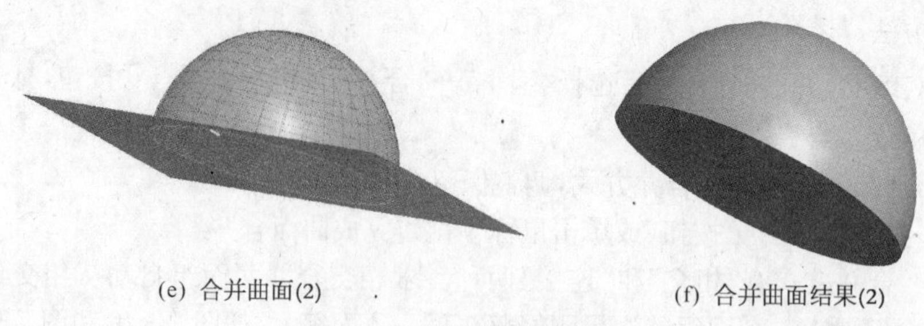

(e) 合并曲面(2)　　　　(f) 合并曲面结果(2)

图7-50　“连接”合并曲面

4. 实体化曲面

实体化曲面是指将曲面特征转化为实体特征的一种方式。

1) 操作方法

(1) 选取需实体化的曲面，然后选择“编辑”→“实体化”命令，或点击 按钮，打开“实体化”操控板(图7-51a)。

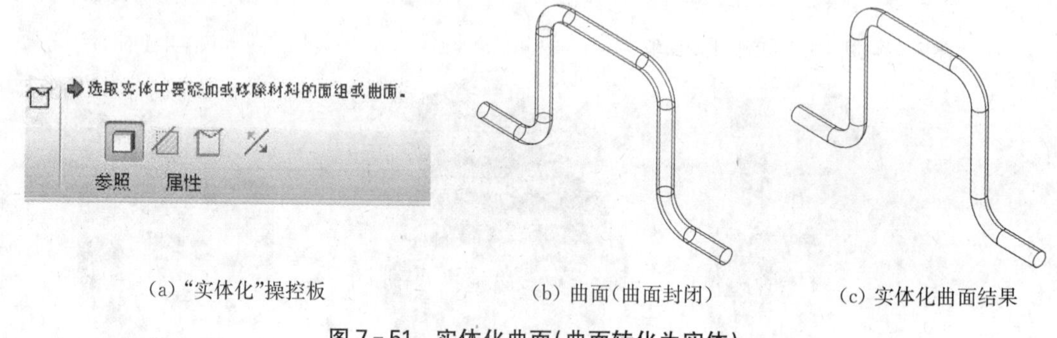

(a) “实体化”操控板　　　　(b) 曲面(曲面封闭)　　　　(c) 实体化曲面结果

图7-51　实体化曲面(曲面转化为实体)

(2) 选择实体化方式，根据需要调整保留曲面方向。

(3) 单击操控板上的✔按钮(或单击鼠标中键)，完成曲面实体化。

2) 说明　曲面实体化方式有三种：伸出项实体化、切口实体化、替换实体化，如图7-52和图7-53所示。

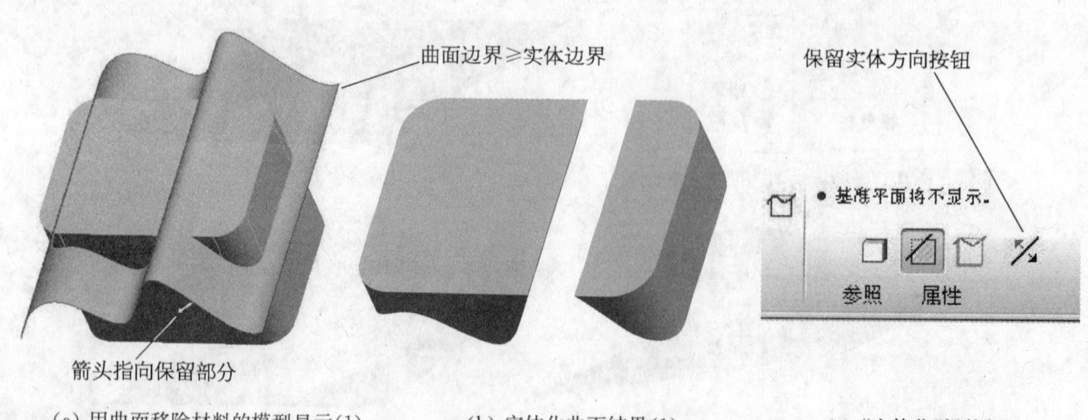

(a) 用曲面移除材料的模型显示(1)　　　　(b) 实体化曲面结果(1)　　　　(c) “实体化”操控板

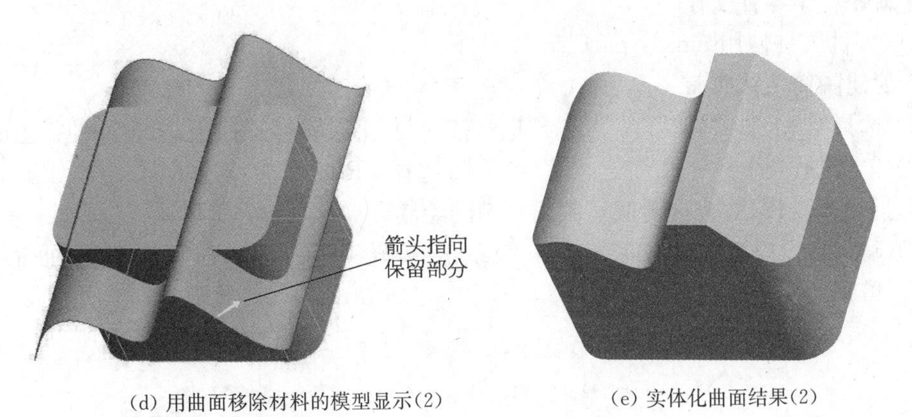

(d) 用曲面移除材料的模型显示(2)　　(e) 实体化曲面结果(2)

图 7-52 实体化曲面(切口实体化)

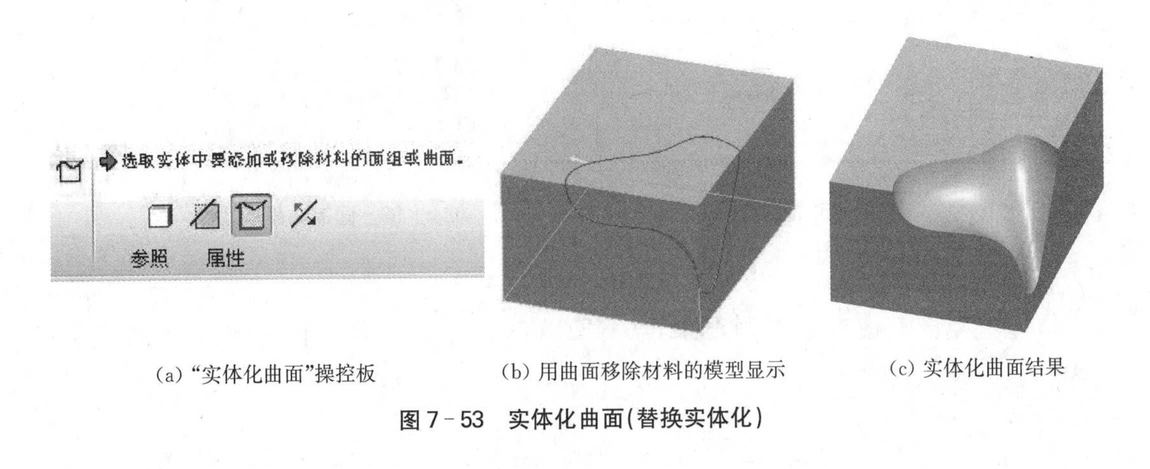

(a) "实体化曲面"操控板　　(b) 用曲面移除材料的模型显示　　(c) 实体化曲面结果

图 7-53 实体化曲面(替换实体化)

(1) 伸出项实体化是指使用选定的曲面或面组创建实体体积块。创建实体体积的面组必须封闭。

(2) 切口实体化是指使用选定的曲面或面组移除材料。用于切除实体的面组可以是封闭的,也可以是开放的。曲面面组必须与实体相交并且把实体分成两个部分。

(3) 替换实体化是指将选定的曲面或面组替代部分实体表面。此时曲面面组边界必须落在实体表面上。

三、实例操作——卫浴手柄造型设计(图 7-54)

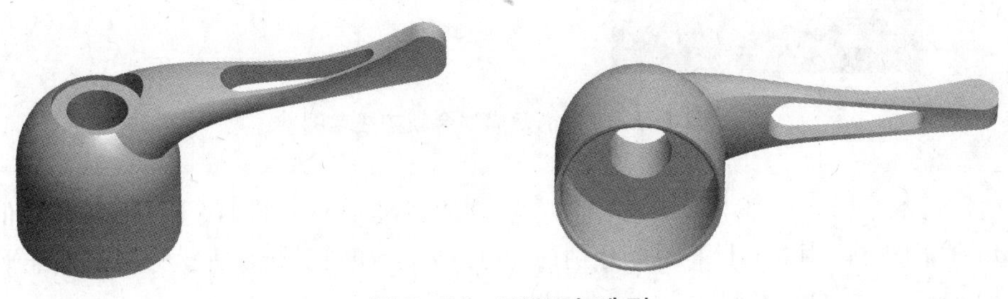

图 7-54 卫浴手柄造型

1. 新建一个零件文件

新建零件文件使用mmns_part_solid模板。

2. 创建圆筒主体曲面

(1) 选择“插入”→“旋转”命令或单击按钮,打开“旋转”操控板,单击操控板上的。

(2) 单击“放置”→“定义”,进入草绘模式,选择FRONT为草绘平面,绘制如图7-55所示草图,退出草绘模式,完成对底座截面草图的绘制。

(3) 确定将操控板旋转角度设为360°,单击“旋转”操控板中的✔,完成底座曲面的创建,如图7-56所示。

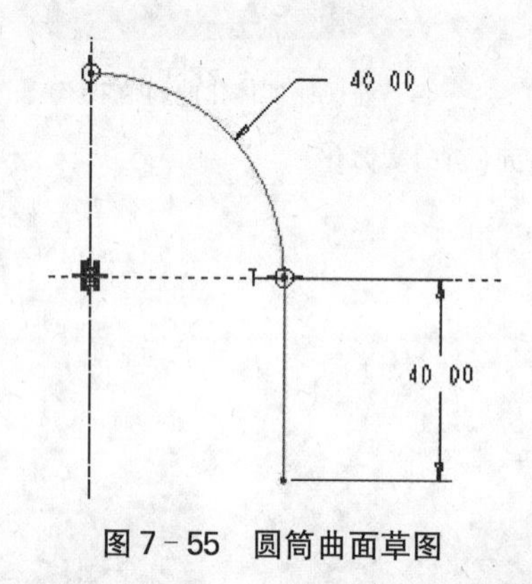

图7-55 圆筒曲面草图

图7-56 圆筒曲面造型

3. 创建手柄曲面

1) 绘制草图 按草绘绘制要求,选择FRONT面作为草绘平面,绘制如图7-57草图。

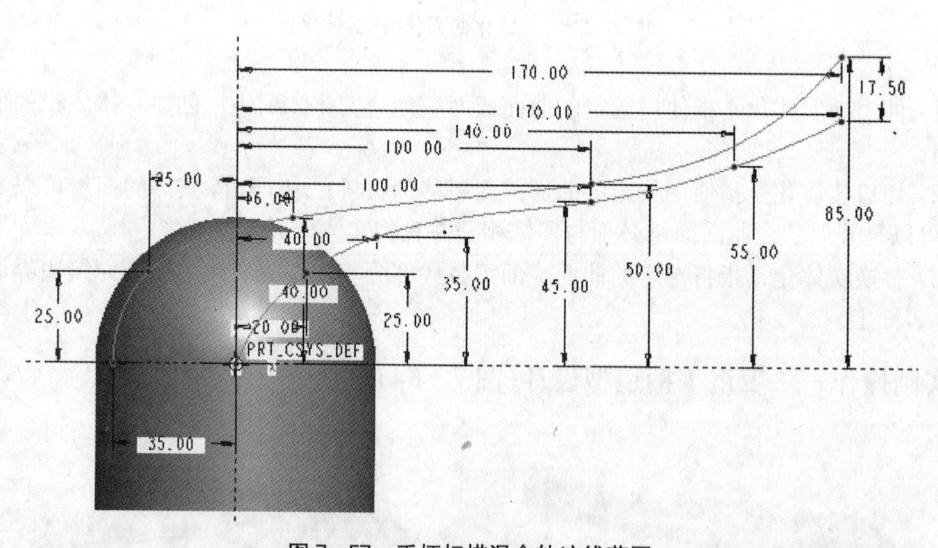

图7-57 手柄扫描混合轨迹线草图

2) 创建基准平面 按基准平面的创建方法创建基准平面DTM1、DTM2,两基准平面皆与RIGHT平面平行,距RIGHT距离分别为100、170。如图7-58所示为创建基准平面对话框。基准平面建成后的结果如图7-59所示。

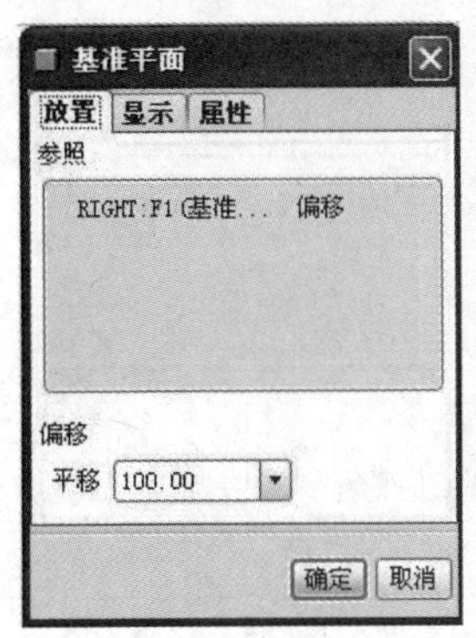

(a) 基准平面 DTM1

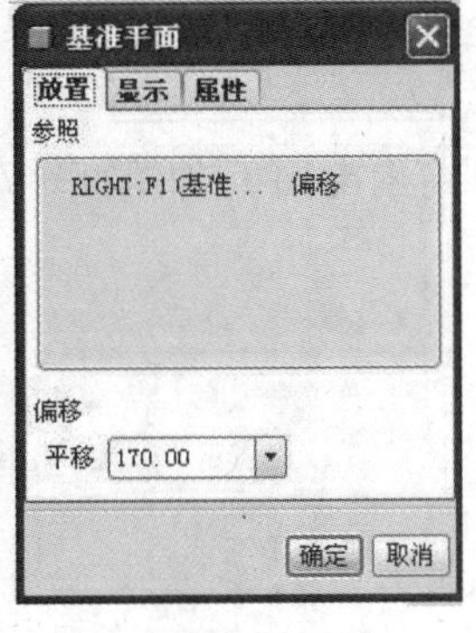

(b) 基准平面 DTM2

图 7－58　创建基准平面对话框

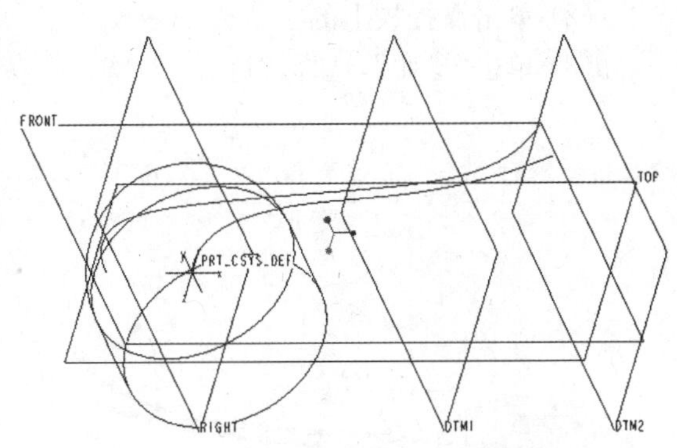

图 7－59　基准平面 DTM1、DTM2

3）绘制草图

(1) 按草绘绘制要求，选择 TOP 面作为草绘平面，绘制如图 7－60a 所示草图。

(2) 按草绘绘制要求，选择 DTM1 面作为草绘平面，绘制如图 7－60b 所示草图。

(3) 按草绘绘制要求，选择 DTM2 面作为草绘平面，绘制如图 7－60c 所示草图。

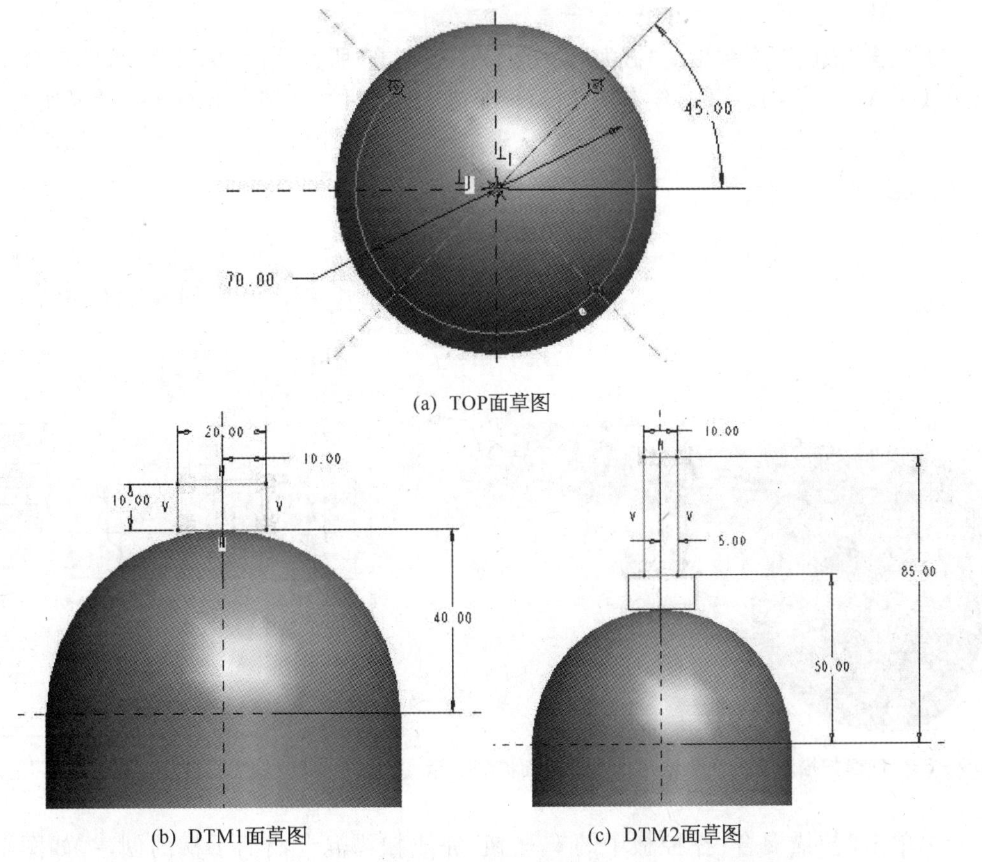

(a) TOP面草图

(b) DTM1面草图　　(c) DTM2面草图

图 7－60　绘制草图

4）创建手柄曲面

（1）选择“插入”→“扫描混合”命令，打开“扫描混合”操控板。

（2）单击操控板上的▢。

（3）单击“参照”，选择轨迹（图 7－61），“参照”上滑面板设置如图 7－62 所示。

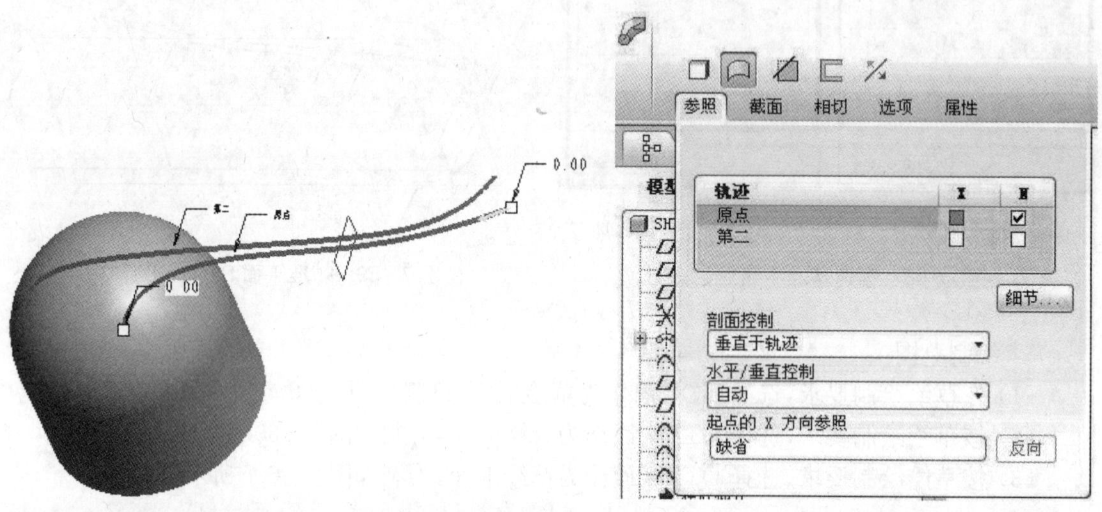

图 7－61　创建扫描混合曲面手柄时的选择轨迹模型显示　　图 7－62　扫描混合操控板、“参照”上滑面板

（4）单击“截面”，在弹出的“截面”上滑面板中，点击“所选截面”单选框，按顺序分别选择上述在 DTM2、DTM1、TOP 绘制的草图（图 7－63），此时“截面”上滑面板的设置如图 7－64 所示。

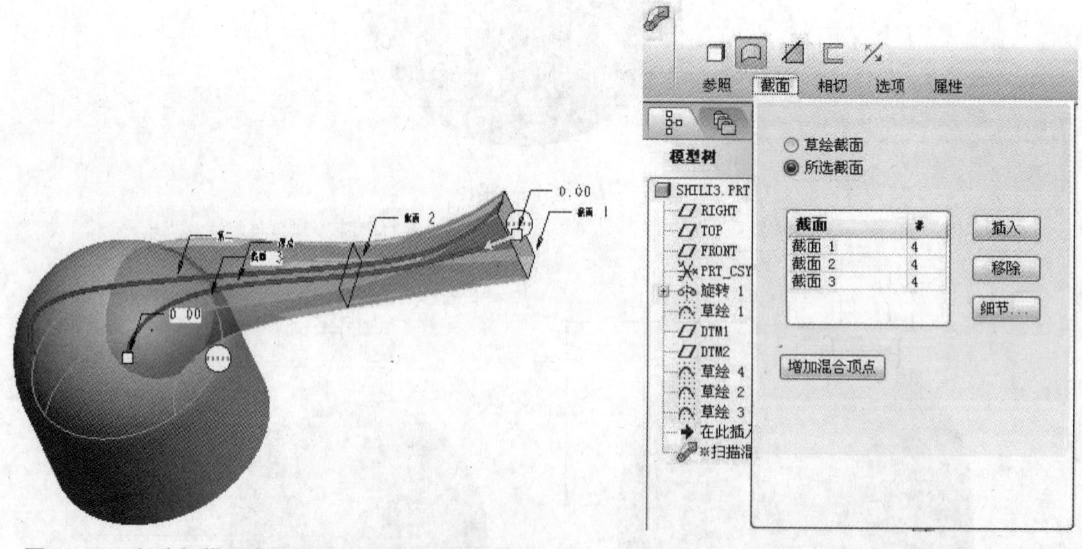

图 7－63　创建扫描混合曲面手柄时的选择截面模型显示　　图 7－64　扫描混合操控板、“截面”上滑面板

（5）单击“扫描混合”操控板中的✔按钮，完成扫描混合曲面手柄的创建，如图 7－65 所示。

图 7－65　手柄曲面造型

4. 合并圆筒与手柄曲面

(1) 选取圆筒与手柄曲面，然后选择“编辑”→“合并”命令，或点击 按钮，打开“合并”操控板。

(2) 在“合并”操控板单击“选项”按钮，选择“相交”合并方式。

(3) 在“合并”操控板单击 按钮，进行特征预览，若未达要求，则再单击 按钮，调整图中的黄色箭头或操控板上的 两个按钮，再进行特征预览，达到目的(图中的黄色箭头如图 7－66a 所示)，单击操控板上的✔按钮(或单击鼠标中键)，完成底座与支柱曲面合并，如图 7－66b 所示。

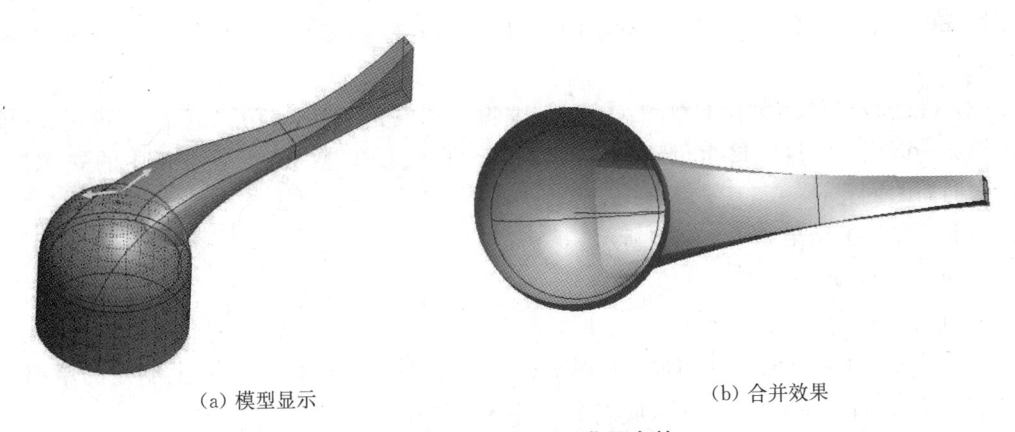

(a) 模型显示　　(b) 合并效果

图 7－66　圆筒与手柄曲面合并

5. 填充圆筒与手柄端面

1) 创建基准平面　按基准平面的创建方法创建基准平面 DTM3，基准平面与 TOP 平面平行，距 TOP 面距离为 40。如图 7－67 所示为创建基准平面对话框，基准平面建成后的结果如图 7－68 所示。

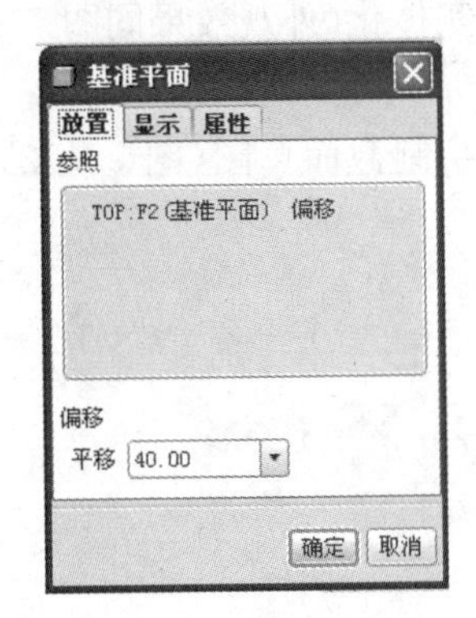

图 7－67　创建基准平面对话框

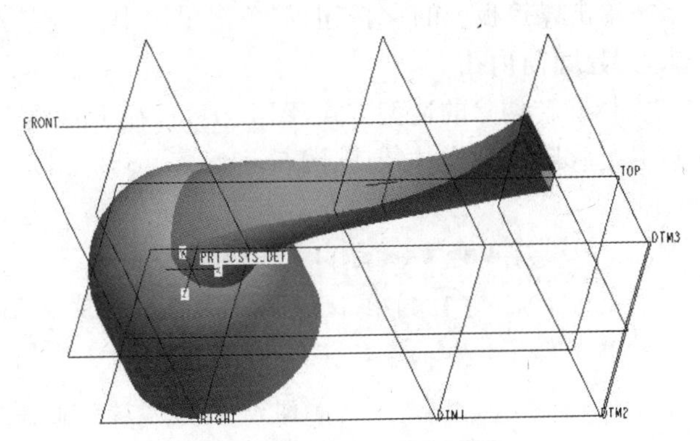

图 7－68　基准平面 DTM3

2) 绘制草图　按草绘绘制要求，选择 DTM3 面作为草绘平面，绘制如图 7-69 所示草图。

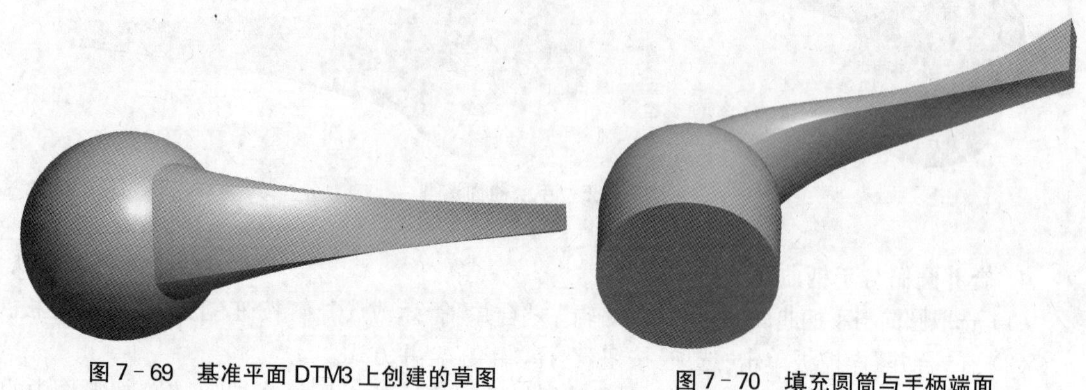

图 7-69　基准平面 DTM3 上创建的草图　　图 7-70　填充圆筒与手柄端面

3) 填充曲面

(1) 填充 DTM3 上创建的草图：①选择“编辑”→“填充”命令，打开“填充”操控板；②单选用于填充的截面——DTM3 上创建的草图；③单击“填充”操控板中的✔按钮，完成填充曲面的创建。

(2) 填充 DTM2 上创建的草图：①选择“编辑”→“填充”命令，打开“填充”操控板；②单选用于填充的截面——DTM2 上创建的草图(图 7-60c)；③单击“填充”操控板中的✔按钮，完成填充曲面的创建。

曲面填充后的结果如图 7-70 所示。

6. 实体化曲面

1) 合并所有曲面

(1) 选取圆筒与手柄合并曲面、DTM2 上创建的草图填充面、DTM3 上创建的草图填充面，然后选择“编辑”→“合并”命令，或点击 按钮，打开“合并”操控板。

(2) 在“合并”操控板单击“选项”按钮，选择“相交”合并方式。

(3) 单击操控板上的✔按钮(或单击鼠标中键)，完成底座与支柱曲面合并。

2) 实体化曲面

(1) 选取前述的合并曲面，然后选择“编辑”→“实体化”命令，或点击 按钮，打开“实体化”操控板。

(2) 单击操控板上的✔按钮(或单击鼠标中键)，完成曲面实体化(外观效果同图 7-70)。

7. 创建圆筒内孔

按实体旋转切除的造型方式(图 7-71)，在 FRONT 表面绘制截面草图(图 7-72)，创建圆筒内孔的移除材料实体特征(图 7-73)。

图 7-71　“旋转实体”操控板

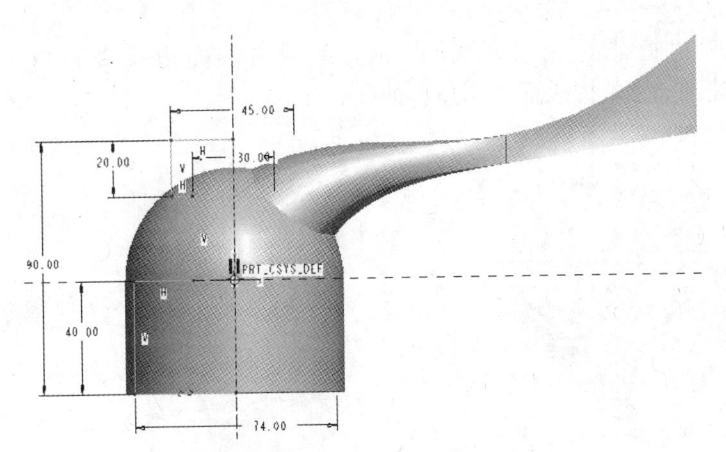

图 7-72 切除圆筒内孔造型截面草图

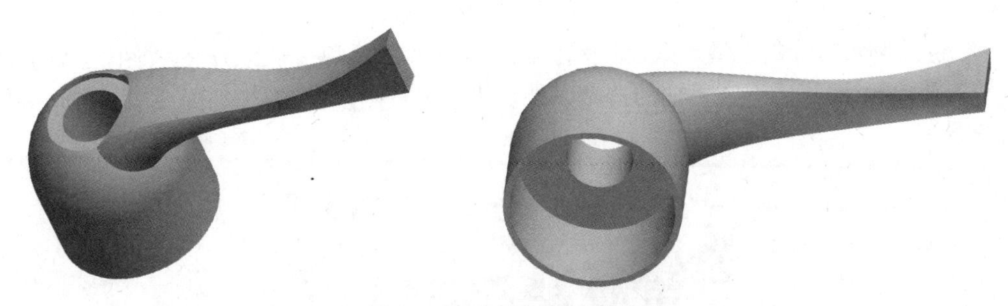

图 7-73 切除圆筒内孔造型

8. 创建手柄通槽

按实体拉伸切除的造型方式(图 7-74),在 TOP 面绘制截面草图(图 7-75),采用穿透模式创建手柄通槽特征(图 7-76)。

图 7-74 "拉伸实体"操控板

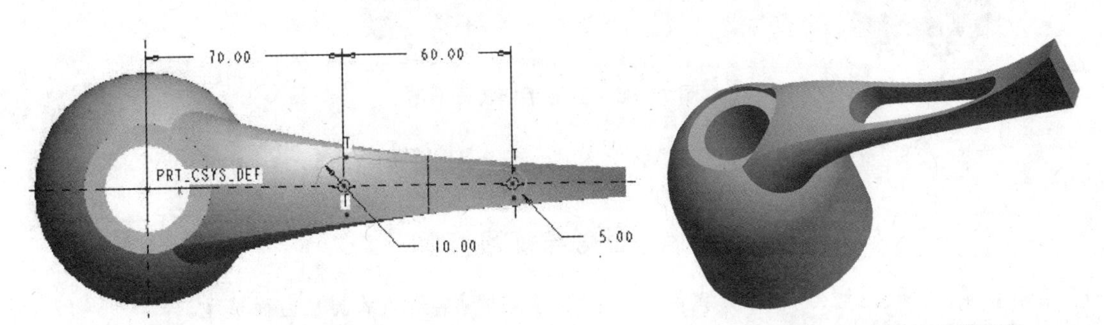

图 7-75 切除手柄通槽造型截面草图

图 7-76 切除手柄通槽造型

9. 倒圆角

(1) 按照圆角特征的造型方式，将圆筒下端内表面边线倒圆角，圆角半径为 R2(图 7-77)，创建圆筒下端内表面的圆角特征(图 7-78)。

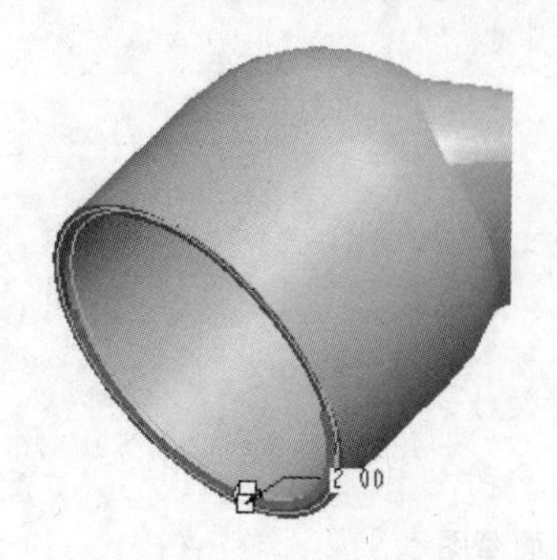

图 7-77 圆筒下端内表面圆角模型显示

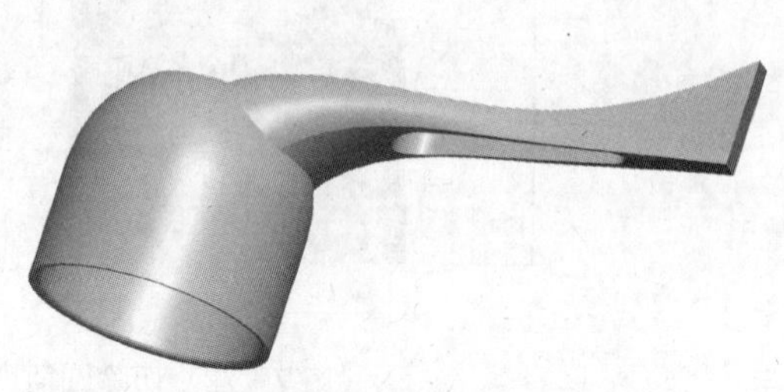

图 7-78 圆筒下端倒圆角后实体造型

(2) 按照圆角特征的造型方式，将手柄端面边线倒圆角，圆角半径为 R10(图 7-79)，创建出手柄的圆角特征，完成卫浴手柄的造型设计。将有关草图隐藏，得到如图 7-80 所示的卫浴手柄造型。

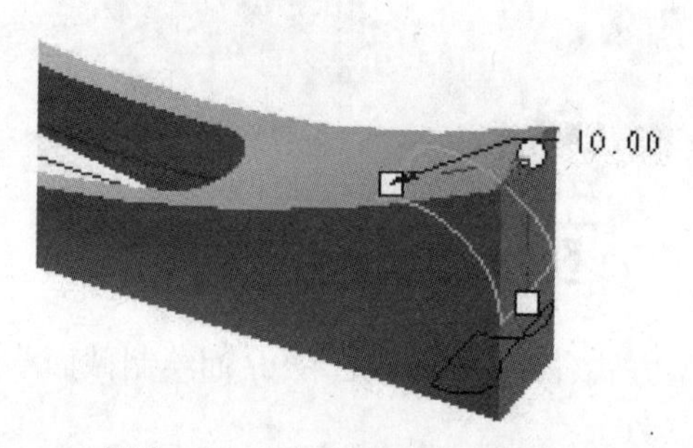

图 7-79 手柄端面圆角模型显示

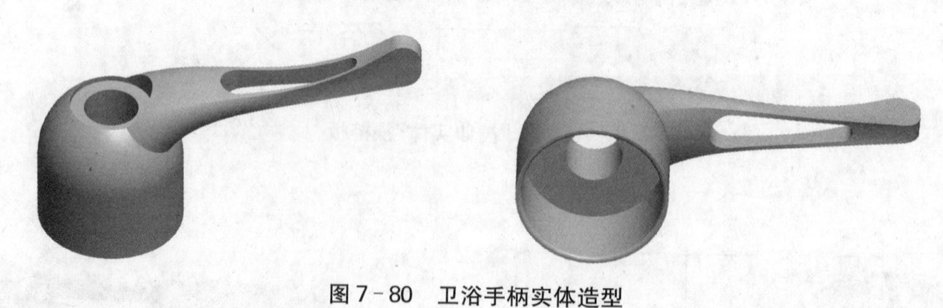

图 7-80 卫浴手柄实体造型

思考与练习

1. 请用拉伸、旋转、扫描、混合等方式做 1 个 $\phi30\times50$ 的两端封闭的圆柱曲面造型。

2. 利用创建曲面的方法创建图 7-81 所示五角星(尺寸自定)。

图 7－81　五角星

3. 用创建曲面的方法做图 7－82 所示瓶子的造型。

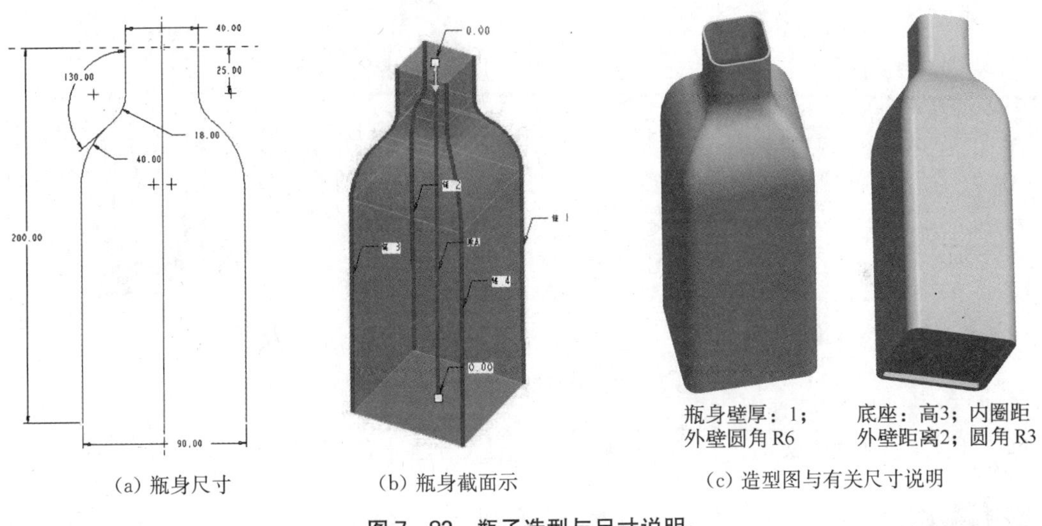

(a) 瓶身尺寸　　(b) 瓶身截面示　　(c) 造型图与有关尺寸说明

图 7－82　瓶子造型与尺寸说明

4. 用创建曲面的方法做图 7－83 所示台灯架的造型。

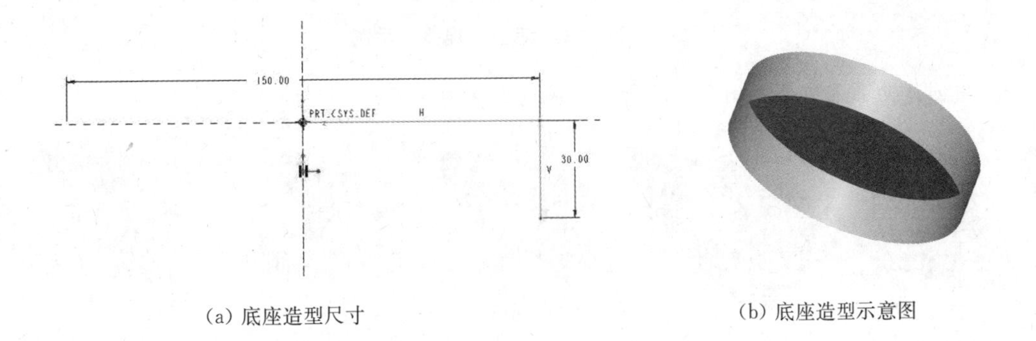

(a) 底座造型尺寸　　(b) 底座造型示意图

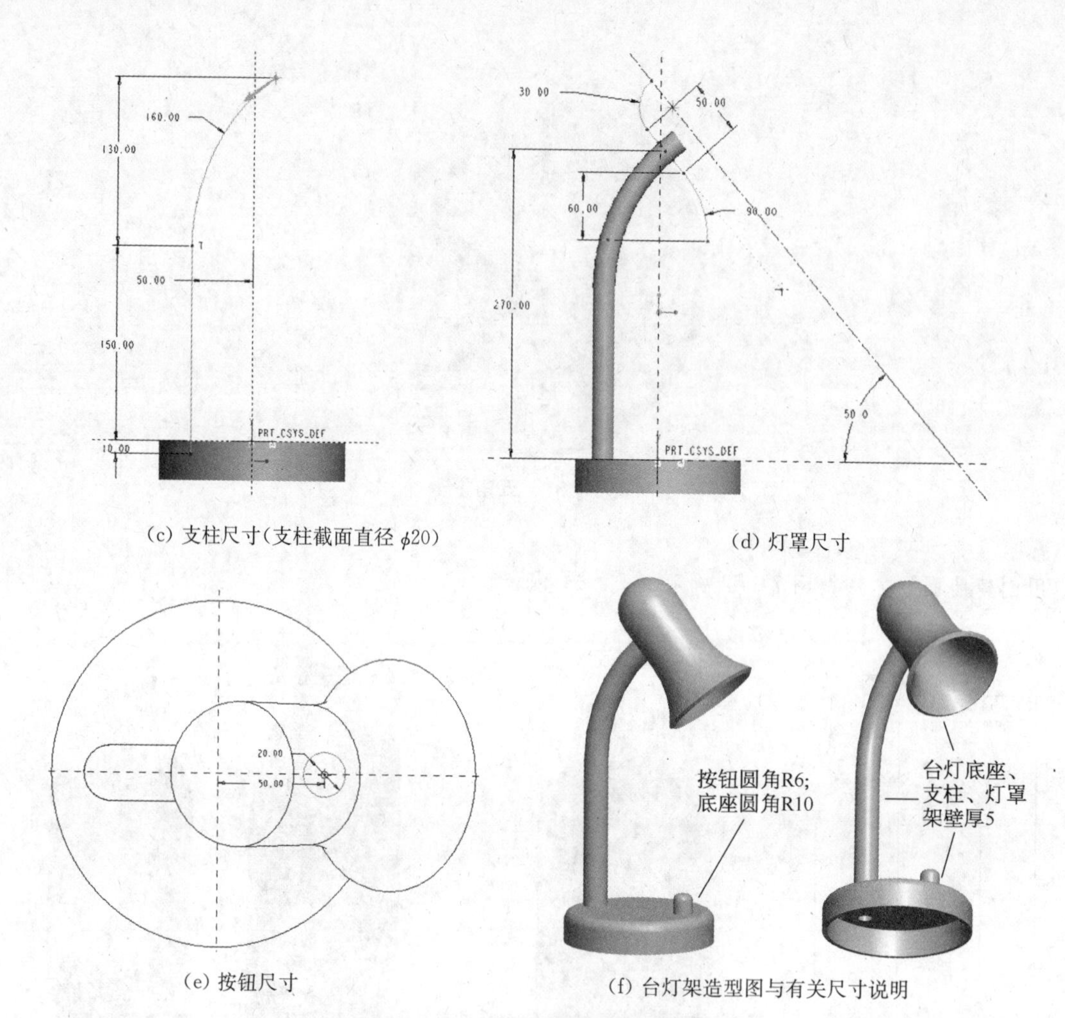

(c) 支柱尺寸(支柱截面直径 $\phi20$)

(d) 灯罩尺寸

(e) 按钮尺寸

(f) 台灯架造型图与有关尺寸说明

图 7-83 台灯架造型与尺寸说明

5. 用创建曲面的方法做图 7-84 示瓶盖的造型(尺寸自定)。

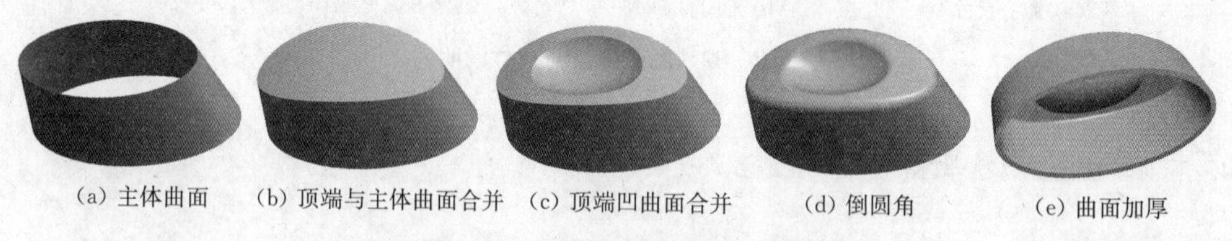

(a) 主体曲面 (b) 顶端与主体曲面合并 (c) 顶端凹曲面合并 (d) 倒圆角 (e) 曲面加厚

图 7-84 瓶盖造型过程参考示例

6. 用创建曲面的方法做图 7-85 所示电风扇扇叶的造型(尺寸自定)。

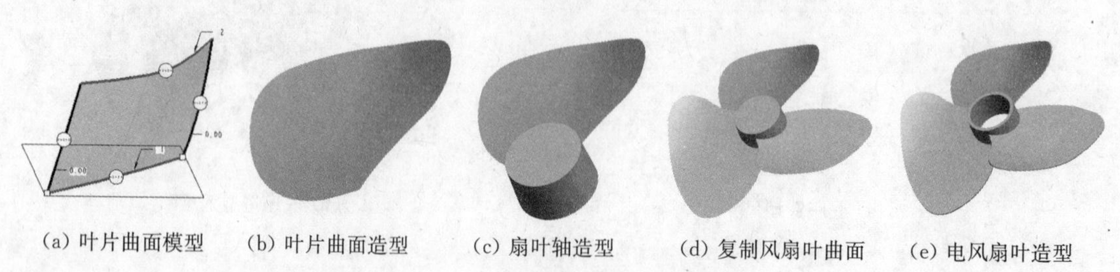

(a) 叶片曲面模型 (b) 叶片曲面造型 (c) 扇叶轴造型 (d) 复制风扇叶曲面 (e) 电风扇叶造型

图 7-85 电风扇叶造型过程参考示例

项目八　装配设计

前面的几个项目中，已经系统地学习了利用 Pro/E 进行三维实体模型设计的方法，利用基础特征、工程特征及特征操作等方法，可以进行零件的设计和建模。但在现代工业设计中，零件设计只是最基础的环节，只有将各个零件按照设计要求组装到一起，才能组成一个完整的系统，以实现设计所需要的功能。本项目中，将全面介绍组件装配设计的基本原理和方法，并用实例来说明组件装配的一般过程。

任务一　组件装配

一、组件装配概述

Pro/E 中，组件装配是通过定义组件中各个零件间的相对约束连接关系来实现的。这就是说，在各个零件之间建立一定的连接关系，对其相对的自由度进行约束，从而可以确定零件在整个组件中的相对位置。

CAD 技术中的装配和现实生活中的装配有相同之处，但也有不同点。共同点在于，不管是哪种装配，都必须能够正确地定义零件间的相对自由度。不同点在于，CAD 技术中的装配，是使用几种预先定义完成的约束类型，当基本约束类型不够使用时，再使用多种约束综合定义；而现实生活中的装配，就是使用机械连接结构将各个零件的相对自由度固定下来。CAD 软件中的约束是对现实生活中各种连接结构的总结和抽象，使用约束进行组合，可以得到与任何种类的机械连接结构等效的相对自由度约束。

一个成功的产品，不光需要有高质量的零件，还需要按设计要求将各个零件组装起来。只有将零件组装成整体，才能发挥其功能。因此，装配在 CAD 技术中占有重要的地位。

二、组件装配方法

Pro/E 中，使用了单一数据库结构，零件和组件使用相同的数据库，相互关联。对零件进行更改后，可以即时地反映到组件中去，并在当前图形窗口中动态更新。因此可以很方便地对零件几何外形及组件结构进行修改。

使用组件装配将零件按照一定规律组装完成以后，可以直观地观察组件的总体形状，还可以在此基础上进行运动仿真、几何干涉检测等。可以说，Pro/E 的组件装配功能是其与普通的单纯三维模型设计软件的最大区别。

在组件装配过程中，常用的装配方法有两种。

1. 自下而上的装配设计思想

采用自下而上的装配设计思想时，首先完成最底层部分，也就是零件部分的设计和创建，然后根据虚拟产品的装配关系，将多个零件进行组装，最终完成整个产品的虚拟设计。

自下而上的装配设计思想是一种理念相对简单的方法，它的设计思路比较清楚，设计原理与人的习惯性思维相吻合，在简单、传统的设计中得到了广泛应用。但是，由于这种方法对底层关注太多，难以实现整体把握，因此在现代的产品设计中应用不多。这种方法现在主要应用于成熟产品的设计和改进过程中，这样可以得到较高的设计效率。

2. 自上而下的装配设计思想

自上而下的装配设计思想正好相反，它首先从整体方面设计出产品的整体几何尺寸和所需要实现的功能，然后按照功能将整个产品划分为多个功能模块，并对这些功能模块进行几何布局。当需要具体设计某个功能模块时，再根据需要设计该模块中的各个零件。

自上而下的装配设计思想在现代工业设计中应用非常广泛。例如，汽车厂商在设计新款汽车时，一般是先由设计师设计出汽车的整体外观轮廓，然后根据经验将汽车的各个功能模块布局，一般情况下，汽车的基本功能模块都是完全成熟的，完全可以直接使用，对于需要新设计的部分模块来讲，只要根据整体系统的性能和尺寸要求，重新设计零件即可。这样的设计过程，既能够满足对汽车款式的要求，又可以节约设计时间。

自上而下的装配设计思想由整体控制局部，具有设计思路清楚、整体把握方便的优点，但它的设计方法较难掌握，需要一定的设计经验。

在实际产品设计工作中，往往采用两种设计方法混合的方法。在设计整体结构的时候，往往使用自上而下的方法，满足产品对整体功能及外观的要求，将产品分为多个功能模块。而当设计单个的功能模块时，往往使用自下而上的方法，因为这些单个的功能模块往往都已经非常成熟，在设计中已经有了较为固定的设计模式，可以直接使用。这样做，既能够有所创建，又可以兼顾效率，在现代工业设计中，使用非常广泛。

任务二　约　　束

组件装配，就是使用各种约束方法，定义组件中各零件间的相对自由度。在自下而上的装配设计中，完成零件设计后的主要工作就是定义各零件间的相互约束关系。可以说，约束的设置是整个装配设计的关键。因此，合理地选取约束类型显得十分重要。

在Pro/E中，系统提供了十种基本约束供用户使用，分别为匹配、对齐、插入、坐标系、相切、直线上的点、曲面上的点、曲面上的边、缺省和固定。

当使用匹配和对齐约束时，系统还提供了三种偏移选项。

(1) 重合：使元件参照和组件参照互相重合。

(2) 定向：使元件参照和组件参照位于同一平面上，且平行于组件参照。

(3) 偏移：根据在“偏距输入”文本框中输入的值，从组件参照偏移元件参照。

十种基本约束中，包括了机械设计中所使用的几乎所有基本放置约束。通过这十种基本约束，用户可以自由地定义零件间的相对位置。

一、匹配约束

使用“匹配”约束定位两个选定参照，使其彼此相对。一个匹配约束可以将两个选定的参照匹配为重合、定向或者偏移，如图 8-1 所示。

如果基准平面或者曲面进行匹配，则其黄色的法向箭头彼此相对。如果基准平面或曲面以一个偏移值相匹配，则在组件参照中会出现一个箭头，指向偏移的正方向。如果元件配对时重合或偏移值为零，说明它们重合，其法线正方向彼此相对。创建基准或曲面时，定义了法向。

使用“匹配”约束定位时，系统默认使用偏移选项为“重合”，还可以使用“偏移”方式定义“匹配”约束。用“匹配”约束可使两个平面平行并相对，偏移值决定两个平面之间的距离，使用偏移拖动控制滑块来更改偏移距离，如图 8-2 所示。

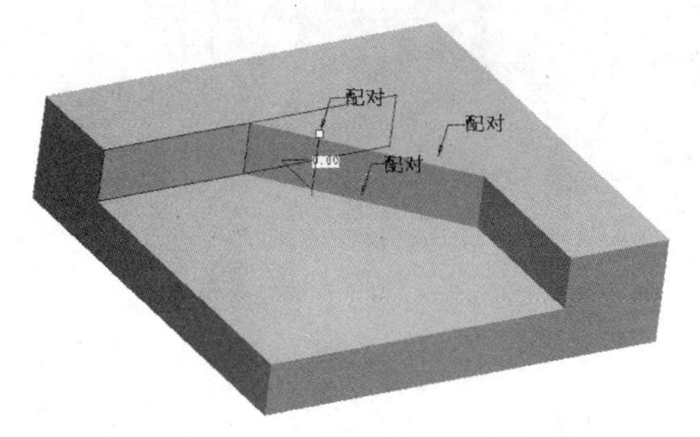

图 8-1 使用“匹配”约束

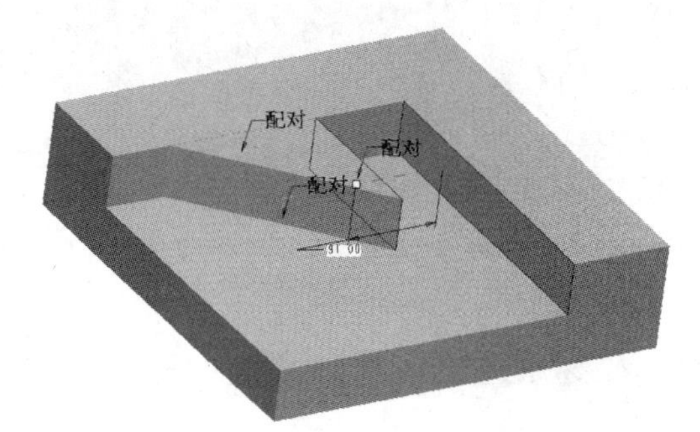

图 8-2 使用“匹配偏移”约束

二、对齐约束

使用“对齐”约束可对齐两个选定的参照使其朝向相同。对齐约束可以将两个选定的参照对齐为重合、定向或者偏移。

对齐约束可使两个平面共面(重合并朝向相同)，两条轴线同轴或两个点重合，可以对齐旋转曲面或边。对齐偏移值决定两个参照之间的距离，使用偏移句柄可改变偏移值，如图 8-3 所示。

如果两个基准平面要定向配对，则其黄色的法向箭头彼此相对，这样它们就能以不固定的值进行偏移。只要它们的方向箭头彼此相对，就可将它们定位在任何位置。定向对齐方式与上述方式相同，只是它们的方向箭头朝向同一方向。使用配对定向或对齐定向时，必须指定附加约束，以便严格定位元件。

使用“对齐”约束定位时，系统默认使用偏移选项为“重合”，还可以使用“偏移”方式定义对齐约束。用对齐约束可使两个平面以某个偏距对齐，平行并朝向相同，使用偏移拖动控制滑块来更改偏移距离，如图 8-4 所示。

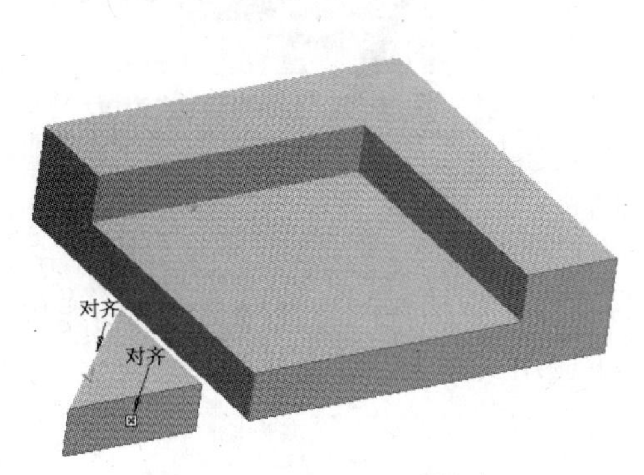

图 8-3 使用“对齐”约束

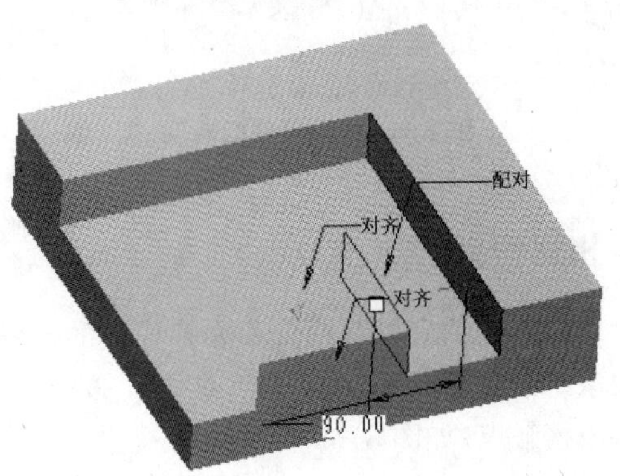

图 8-4 使用“对齐偏移”约束

三、插入约束

用"插入"约束可将一个旋转曲面插入另一旋转曲面中，且使它们各自的轴同轴。当轴选取无效或不方便时可以用这个约束，如图 8－5 所示。

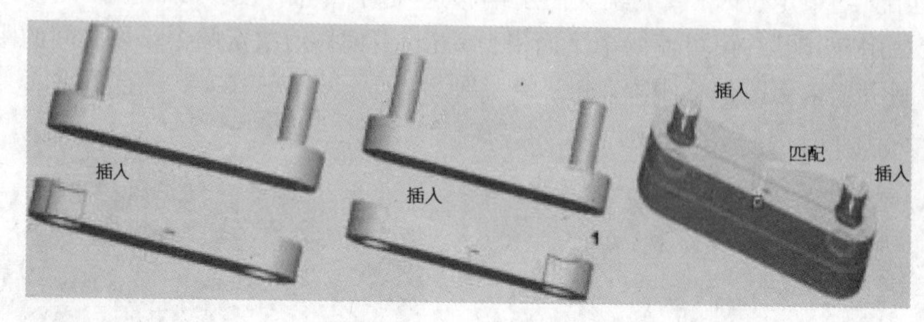

图 8－5　使用"插入"约束

四、坐标系约束

用"坐标系"约束，可通过将元件的坐标系与组件的坐标系对齐(既可以使用组件坐标系，又可以使用零件坐标系)，将该元件放置在组件中。可以使用搜索工具根据名称选取坐标系，也可以从组件以及元件中选取坐标系，甚至可以即时创建坐标系。通过对齐所选坐标系的相应轴来装配元件，如图 8－6 所示。

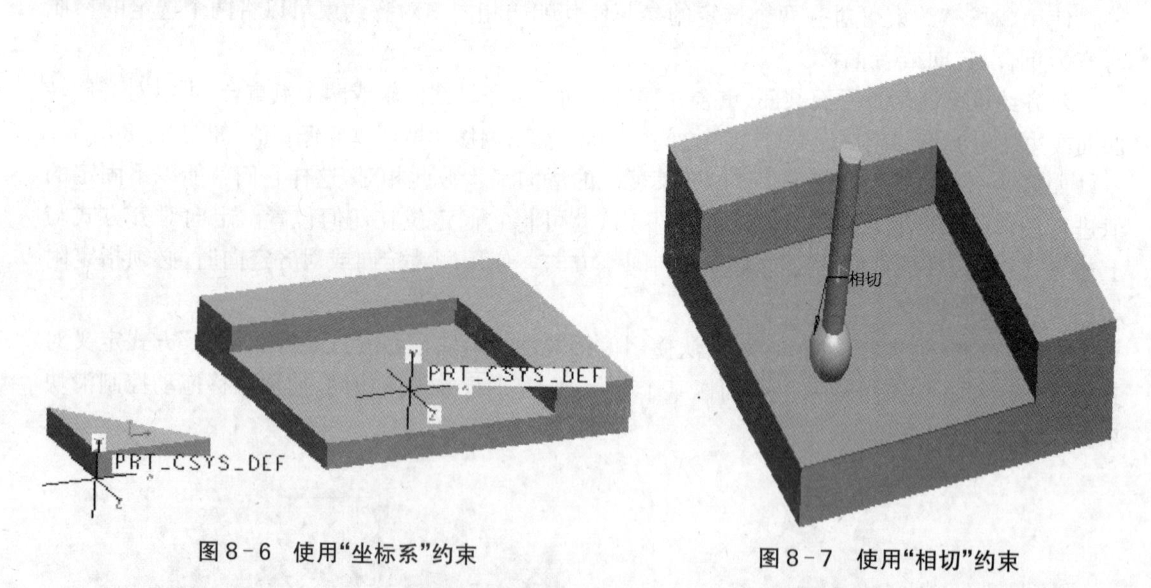

图 8－6　使用"坐标系"约束

图 8－7　使用"相切"约束

五、相切约束

用"相切"约束控制两个曲面在切点的接触。该放置约束的功能与"匹配"约束功能相似，因为该约束匹配曲面，而不对齐曲面。该约束的一个应用实例为凸轮与其传动装置之间的接触面或接触点，如图 8－7 所示。

六、直线上的点约束

用“直线上的点”约束控制边、轴或基准曲线与点之间的接触。在图 8-8 所示的示例中，直线上的点与边对齐。

图 8-8 使用“直线上的点”约束

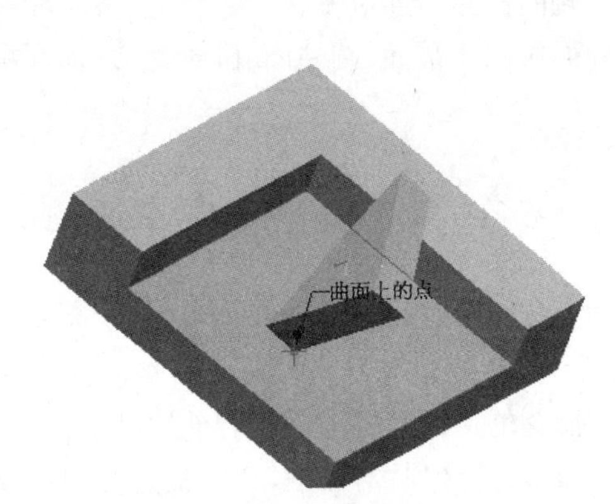

图 8-9 使用“曲面上的点”约束

七、曲面上的点约束

用“曲面上的点”约束控制曲面与点之间的接触。如图 8-9 所示，系统将块的曲面约束到三角形上的一个基准点。可以用零件或组件的基准点、曲面特征、基准平面或零件的实体曲面作为参照。

八、曲面上的边约束

使用“曲面上的边”约束可控制曲面与平面边界之间的接触。如图 8-10 所示，系统将一条线性边约束至一个平面。可以用基准平面、平面零件或组件的曲面特征，或任何平面零件的实体曲面作为参照。

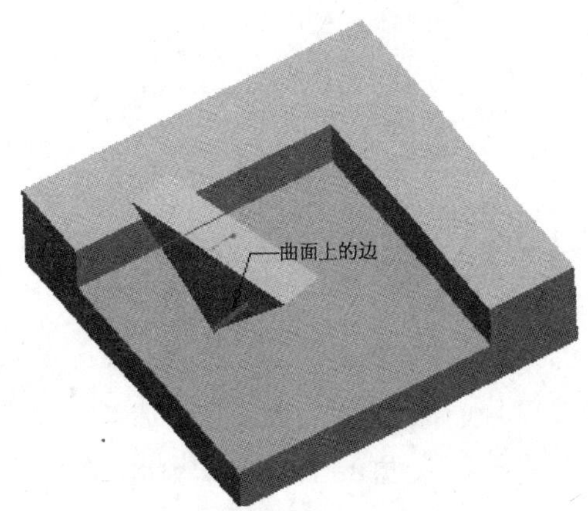

图 8-10 使用“曲面上的边”约束

九、缺省约束

用“缺省”约束将系统创建的元件的缺省坐标系与系统创建的组件的缺省坐标系对齐，与“坐标系”约束相似。

十、固定约束

用“固定”约束来固定被移动或封装的元件的当前位置。

在使用放置约束时应该遵守以下原则：

(1) 匹配和对齐约束的参照的类型必须相同(平面对平面、旋转对旋转、点对点、轴对轴)。

(2) 为匹配和对齐约束输入偏距值时,系统显示偏移方向。要选取相反的方向,请输入一个负值或在图形窗口中拖动控制柄。

(3) 一次添加一个约束。不能使用一个单一的对齐约束选项将一个零件上两个不同的孔与另一个零件上的两个不同的孔对齐,必须定义两个单独的对齐约束。

(4) 放置约束集用来完全定义放置和方向。例如,可以将一对曲面约束为配对,另一对约束为插入,还有一对约束为对齐。

旋转曲面是指通过旋转一个截面,或者拉伸圆弧或圆而形成的曲面。可在放置约束中使用的曲面仅限于平面、圆柱面、圆锥面、环面和球面。

任务三　组件装配工具

在主菜单中,单击"文件"→"新建",或者在"文件"工具栏中单击 按钮,系统弹出如图8-11所示的"新建"对话框,选择新建文件"类型"为"组件"后,取"子类型"为缺省的"设计",输入所需要的文件名称,并取消"使用缺省模板"选项,单击【确定】按钮。系统显示如图8-12所示的"新文件选项"对话框,在模板列表中选择模板类型为"mmns_asm_design"后,直接单击【确定】按钮,进入组件环境。

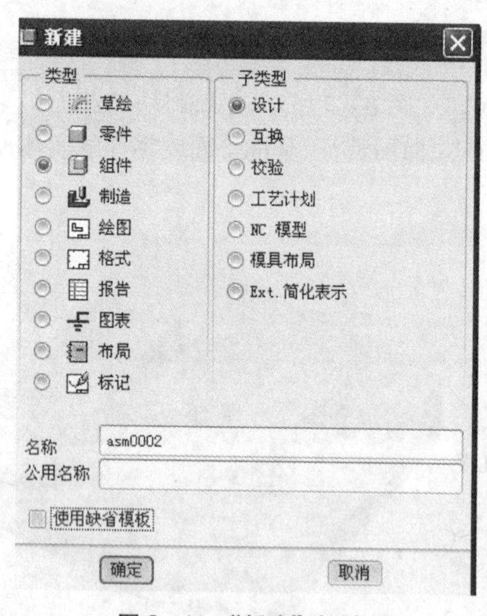

图8-11 "新建"对话框

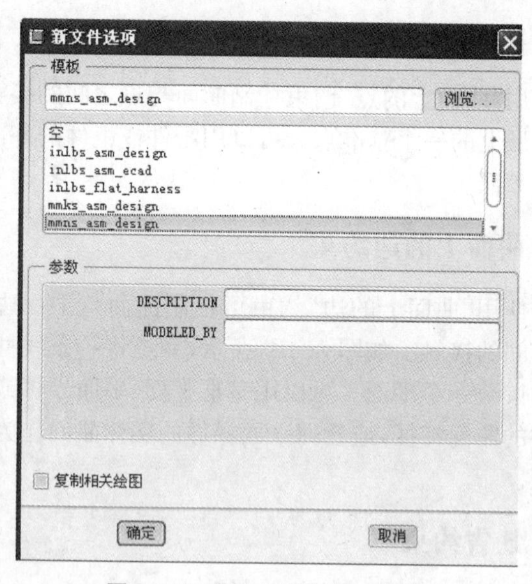

图8-12 "新文件选项"对话框

组件环境与零件环境非常相似,但功能更加强大。在组件环境中,不光可以使用各种实体特征创建模型,还可以将已经创建完成的零件(或者组件)装配进来。

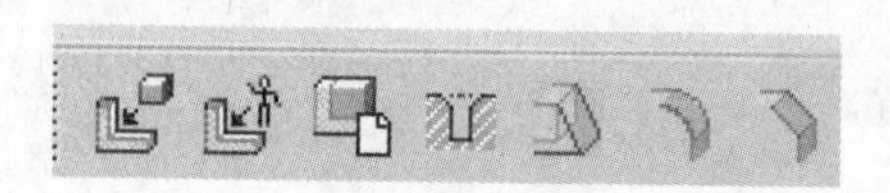

图8-13 "工程特征"工具栏

在组件环境中,可以单击"工程特征"工具栏(图8-13)中的 按钮,将元件添加到组件;也可以单击 按钮,在组件模式下创建元件。在自下而上的装配设计中,往往是首先设计好各个零件后,使用 按钮将各个零件逐次添加到组件中。在Pro/E Wildfire5.0中新增加机器人功能，点击按钮，即可加入机器人，感兴趣的读者可以自行测试一下。

在“工程特征”工具栏中，单击按钮，进入“元件放置”工具操控板，如图8-14所示。在该操控板中，用户可以使用放置约束和连接约束为元件定位。

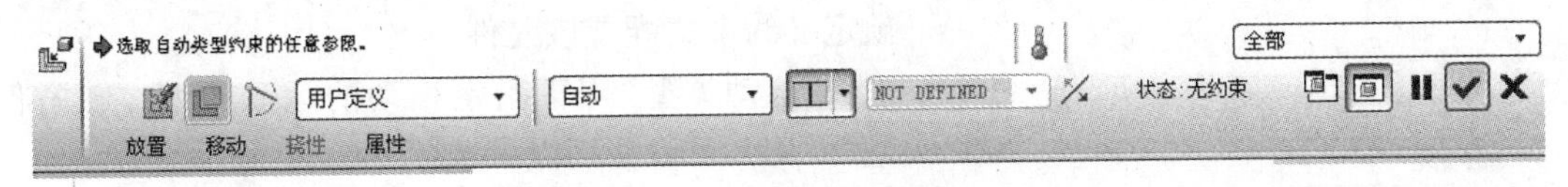

图8-14 “元件放置”工具操控板

“元件放置”工具操控板使用了结构更加简单、操作更加方便的操控板代替了老版本中的“元件放置”对话框，其界面与各种特征创建的工具操控板相似，极易掌握，使用效率也比较高。

“元件放置”工具操控板也可以分为三块：“元件放置”工具栏、上滑面板和元件操控键。

使用“元件放置”工具栏，可以定义元件放置方法、元件间连接性质、约束的偏移性质等，还可以将放置约束和连接约束相互转换。

“元件放置”工具操控板中包括了三个功能性的上滑面板：“放置”上滑面板、“移动”上滑面板和“挠性”上滑面板。

一、上滑面板

1. “放置”上滑面板

“放置”上滑面板如图8-15所示，它用于启用和显示元件放置和连接定义。它包含两个区域：

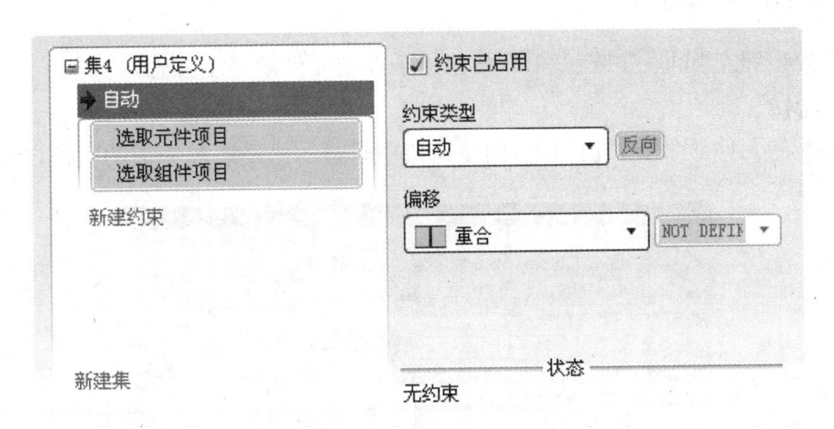

图8-15 “放置”上滑面板

1) “导航”和“收集”区域　显示集和约束，将为预定义约束集显示平移参照和运动轴。集中的第一个约束将自动激活，在选取一对有效参照后，一个新约束将自动激活，直到元件被完全约束为止。

2) “约束属性”区域　与在导航区中选取的约束或运动轴上下相关。

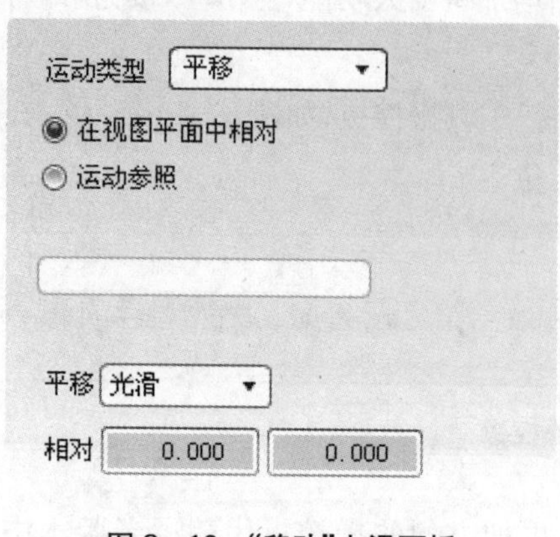

图 8-16 “移动”上滑面板

2. “移动”上滑面板

“移动”上滑面板如图 8-16 所示，使用“移动”上滑面板可移动正在装配的元件，使元件的取放更加方便。当“移动”上滑面板处于活动状态时，将暂停所有其他元件的放置操作。要移动元件，必须要封装或用预定义约束集配置该元件。

“运动类型”用于指定移动的运动类型。缺省值是“平移”，可以使用以下选项：

(1) 定向模式：重定向视图。

(2) 平移：移动元件。

(3) 旋转：旋转元件。

(4) 调整：调整元件的位置。

“在视图平面中相对”选项表示相对于视图平面移动元件，该选项也是缺省选项。

“运动参照”选项表示相对于元件或参照移动元件，选择此选项激活“运动参照”收集器。

“运动参照”收集器用于搜集元件移动的参照，运动与所选参照相关，最多可收集两个参照。选取一个参照以激活“垂直”和“平行”选项。

(1) 垂直：垂直于选定参照移动元件。

(2) 平行：平行于选定参照移动元件。

“平移”/“旋转”/“调整参照”框针对每种运动类型的元件运动选项。

“相对”文本框显示元件相对于移动操作前位置的当前位置。

3. “挠性”上滑面板

此面板仅对于具有预定义挠性的元件是可用的，此处不作介绍。

二、元件显示控制按钮

元件操控按钮左侧的 按钮和 按钮用于控制元件的显示方式。

1. 按钮

使待装配的元件显示于子窗口中，而主窗口中只显示已经装配完成的组件，如图 8-17 所

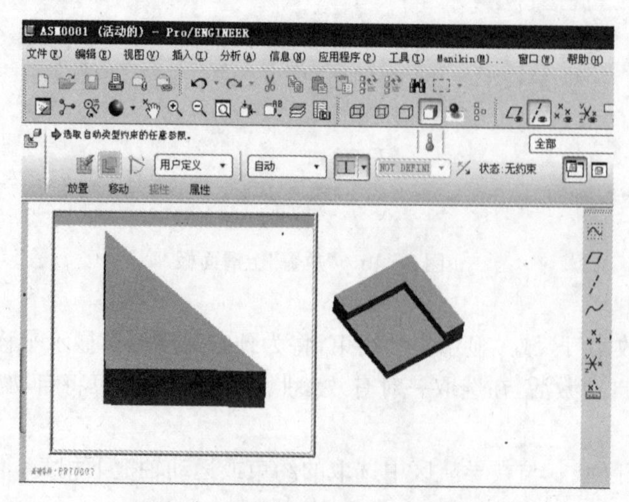

图 8-17 待装配元件显示于子窗口

示。使用这种方法装配元件时，由于两个装配对象处于不同的窗口中，因此无法实时显示装配结果，但由于两个装配对象分开显示，可以单独为每一个对象设置显示方式，因此适用于两个装配对象的几何尺寸相差较大，或者装配时由于相互重叠难以看清参照的情况。

2. 按钮

将待装配的元件显示于主窗口中，如图 8－18 所示，这种方式是系统缺省的装配显示方式。用这种方式显示，系统会根据所设置的装配约束，实时显示装配结果。在一般情况下，使用这种方式装配较为方便。

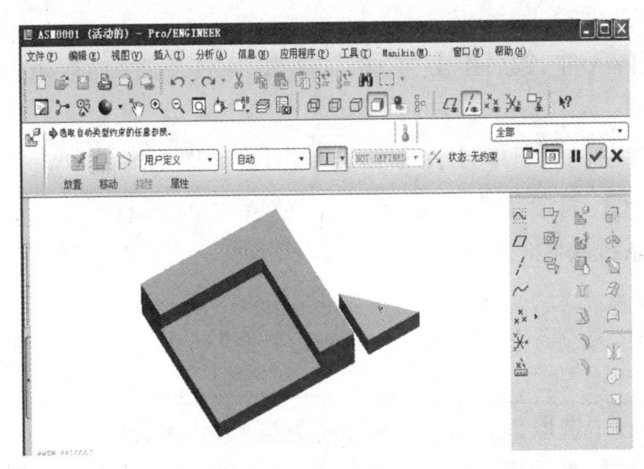

图 8－18 待装配元件显示于主窗口

还可以将 按钮和 按钮同时按下，此时待装配的元件同时显示于子窗口和主窗口中，如图 8－19 所示。

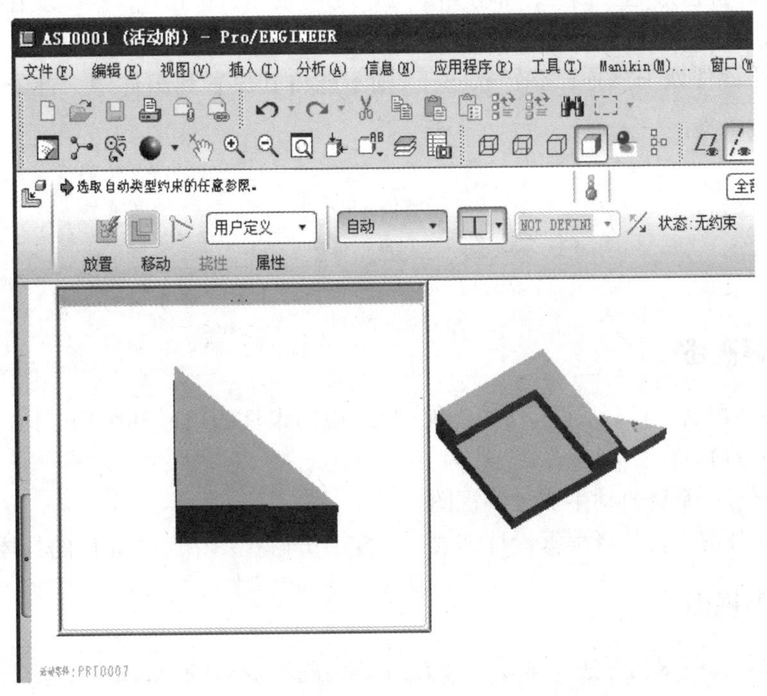

图 8－19 待装配元件同时显示于子窗口和主窗口

任务四　组件装配的一般步骤

组件装配，就是使用放置约束或者连接约束，将元件按照设计要求插入组件之中。一般情况，组件装配遵循以下步骤：

(1) 在组件环境中，单击“工程特征”工具栏中的 按钮或单击“插入”→“元件”→“装配”，系统弹出“打开”对话框。

(2) 选取要放置的元件，然后单击“打开”，显示“元件放置”操控板，同时选定元件出现在图形窗口中。

(3) 单击 在单独的窗口中显示元件，或单击 在图形窗口中显示该元件(缺省选项)。

(4) 选取约束类型。可以使用连接约束或者放置约束(缺省选项)。为元件和组件选取参照，不限顺序。使用系统缺省的放置约束的“自动”类型后，选取一对有效参照，系统将自动选取一个相应的约束类型。

小技巧：也可打开“放置”上滑面板，在“约束类型”列表中选取一种约束类型，然后选取参照。

(5) 从“偏距”列表中选取偏距类型，缺省偏距类型为“重合”。

(6) 如果用户使用放置约束，在一个约束定义完成后，系统会自动激活一个新约束，直到元件被完全约束为止。用户可以选取并编辑用户定义集中的约束。要删除约束，单击鼠标右键，从快捷菜单中选取“删除”。要配置另一个约束集，单击“新建集”，先前配置的集收缩，出现新集，并显示第一个约束。

(7) 当元件状态为“全约束”、“部分约束”或“无约束”时，单击 ，系统就在当前约束的情况下放置该元件。

说明：如果元件处于“约束无效”状态下，则不能将其放置到组件中。首先必须完成约束定义。

任务五　组　件　分　解

一、组件分解概述

完成模型装配后，可以创建组件的分解视图，说明组件的组成和结构。Pro/E 中，系统提供了两种视图分解方法。

1) 自动分解　系统自动生成分解视图。

2) 自定义分解　设计者根据设计需要自己定义分解视图中各个元件的具体位置。

二、自动分解视图

创建自动分解视图的方法非常简单。在打开装配完成后的 ASM 组件文件后，从主菜单中依次单击“视图”→“分解”→“分解视图”，系统自动生成组件的分解视图，如图 8 - 20 所示。

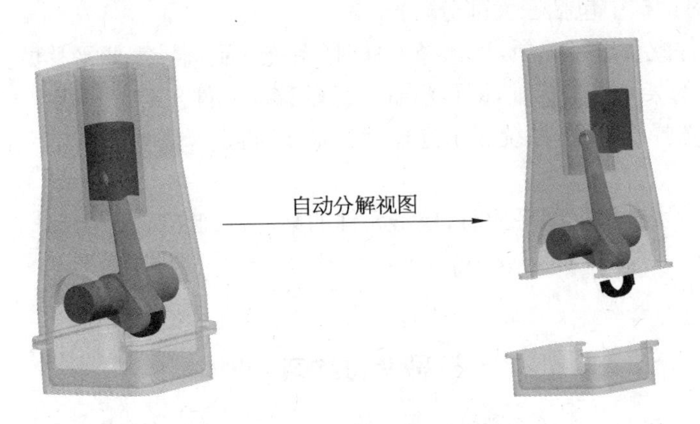

图 8－20 自动创建分解视图

如果要取消分解视图，使组件恢复原有形态，可以在分解视图状态下，从主菜单中依次单击“视图”→“分解”→“取消分解视图”，则分解视图取消，恢复原有显示状态。

三、自定义分解视图

很多情况下，系统自动生成的分解视图并不能满足用户的需要，因此用户经常需要自己动手定义分解视图中元件的位置。在分解视图中，元件的位置是使用“编辑位置”对话框（图 8－21）来设定的。如图 8－22 和图 8－23 所示分别为自定义分解视图和未分解状态的装配图。

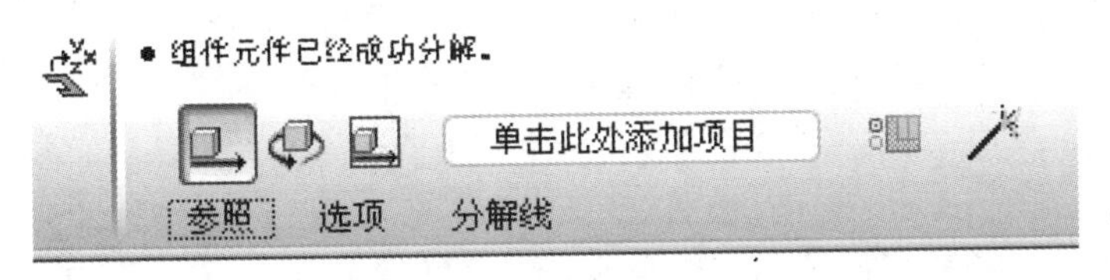

图 8－21 “编辑位置”对话框

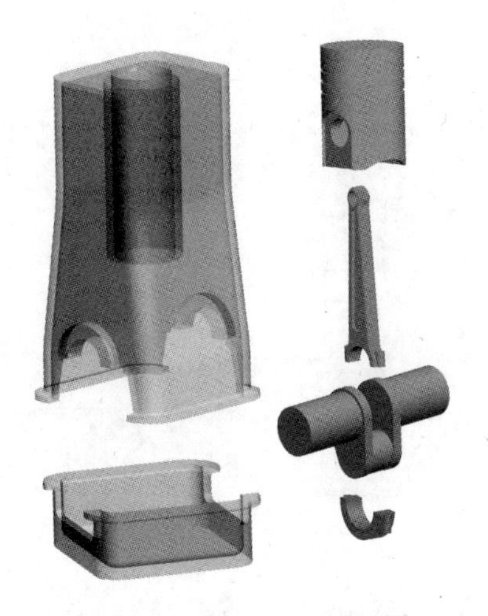

图 8－22 自定义分解视图

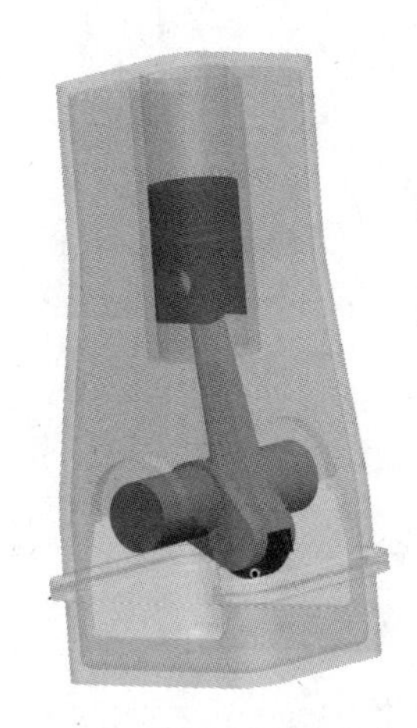

图 8－23 连杆活塞组件

“编辑位置”对话框中包括三大部分，分别为：

1）平移　软件默认选择此项，当选择平移时，系统提示选择需要平移的元件，此时出现坐标系，选择坐标系的某一个坐标轴，即可沿着坐标轴移动元件。

2）旋转　当选择旋转时，系统提示选择旋转轴线，再选择需要旋转的元件，此时元件即可绕着轴线旋转。

3）视图平面　当选择视图平面时，单击元件的某部位，此部位即为移动点，移动鼠标即可移动该元件。

思考与练习

1. 组件装配从原理上可以分为哪两类？请简述这两种装配方法的不同点，并说明其应用方面的特点。现代工业设计中，往往采用哪种组件装配设计方法？
2. Pro/E中将约束分为哪两类，各有多少种，各种约束都有什么用途？
3. 放置约束和连接约束有什么不同点，它们又有什么相同点？对于一个元件，若无法使用单一的约束种类准确连接，应该如何处理？

项目九　工程图设计

本项目主要介绍了 Pro/DETAIL 模块的主要内容，包括工程图环境设置、各种视图的创建、驱动尺寸的显示与从动尺寸的添加等。掌握 Pro/E 的工程图设计概念和方法，并不仅仅是为了出一张完全符合国标的二维图纸（当然这本身是要追求的一个目标），更是为了理解 Pro/E 在整个产品研发过程中，从图纸设计到三维造型，再到加工制造等各模块的数据共享。协同工作的设计理念，是为了体现这种现代设计方法的先进性和高效性。

任务一　工程图环境的基本配置

一、Pro/E 工程图模块简介

Pro/E 具有通过 Pro/DETAIL 模块在“绘图”模式下处理工程图的功能。使用此模块可执行以下操作：

(1) 创建所有 Pro/E 模型的绘图。

(2) 查看模型和绘图，并添加注释。

(3) 处理尺寸，并利用层来管理不同项目的显示。Pro/E 使二维绘图与其三维模型相关，模型会自动反映使用者对绘图所做的任何尺寸更改。另外，相应的绘图也反映用户对零件、钣金件、组件或制造模式中的模型所做的任何改变（如添加或删除特征和尺寸变化）。

(4) 使用不同的视图类型。绘图中的所有视图都是相关的，如果在一个视图中更改了尺寸值，其他视图会相应地进行更新。

(5) 添加并修改不同种类的文本信息和符号信息。

(6) 定制带有草绘几何的工程绘图，创建绘图格式，并对绘图进行多次修饰更改。

(7) 将绘图文件导出到其他系统，或将文件导入到“绘图”模式中。

(8) 其他与工程图相关的操作。

说明：Pro/E 软件中将工程图也称为“绘图”。

二、绘图用户界面

在主界面上的菜单栏中选择“文件”→“打开”命令，或单击工具栏中的图标，选择一个绘图文件（后缀是“.drw”，文件图标为），可以进入绘图用户界面，如图 9－1 所示。

绘图用户界面帮助用户快速高效地完成细节化的任务，大多数界面元素与在“零件”和“组件”模式中的相同（比如菜单栏和工具栏），但 Pro/DETAIL 有些特殊的项目：

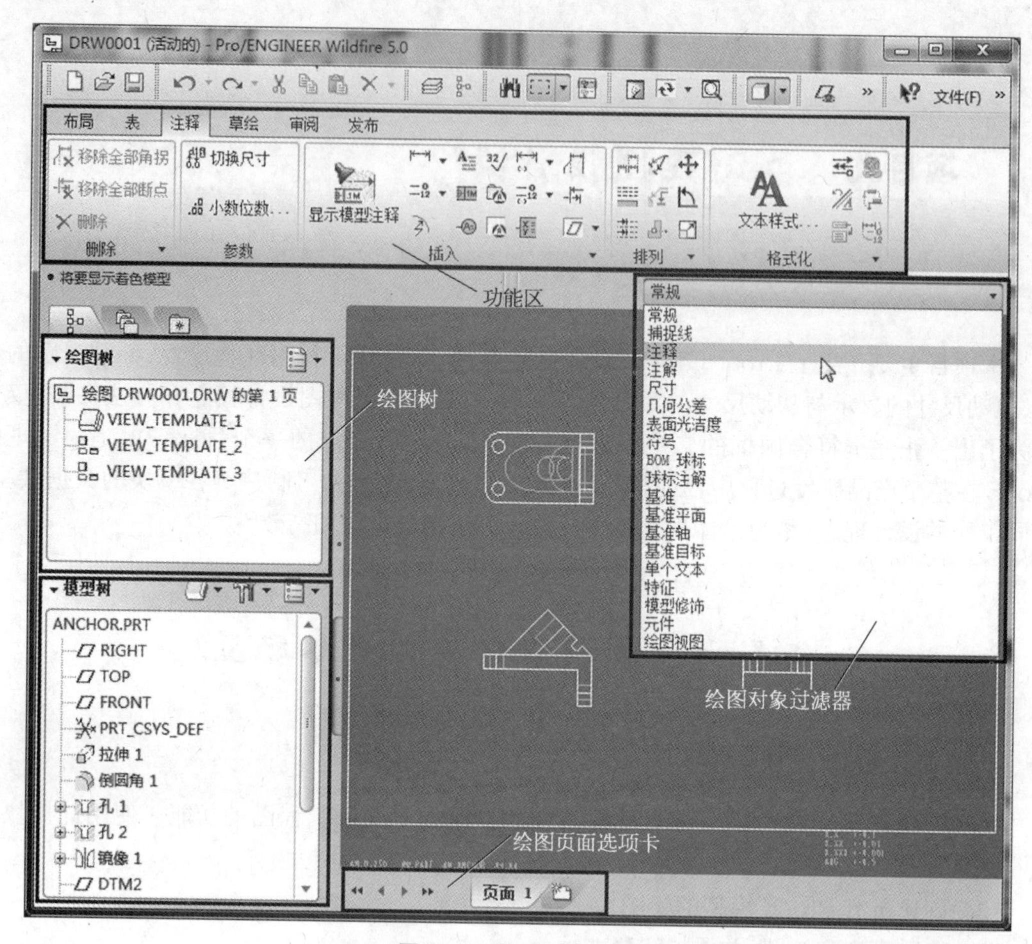

图9-1 绘图用户界面

图9-2 功能区最小化

1) 功能区 功能区由多个选项卡组成,其中包括若干以逻辑顺序排列的常用命令组。单击某一选项卡时,功能区上的组、绘图对象过滤器、快捷菜单和“绘图树”都会进行更新,以便进行与任务相关的操作。在功能区的空白处单击鼠标右键,选择快捷菜单中的“最小化带”,如图 9-2 所示,功能区被最小化,仅显示选项卡标签,重复该操作则恢复。

2) 导航区 包含“绘图树”和“模型树”。“绘图树”会动态更新以反映与当前功能区内容相关联的绘图对象。例如当选择“注释”选项卡时,“绘图树”中显示的是在绘图中添加的注释或尺寸。“模型树”中显示零件各特征。

3) 绘图页面选项卡 位于图形窗口下方。可以创建多个绘图页面,并在页面之间移动项目,还可以移动、复制、添加、重命名或删除页面。

三、绘图选项设置

绘图选项参数控制工程图中诸如尺寸和注释文本的高度、方向、箭头长度等特性。在绘图开始之前,应该首先设置符合国家标准的绘图选项参数。

在主界面菜单栏选择“文件”→“绘图选项”命令，打开“选项”窗口，如图 9－3 所示，其中加亮黑框中的内容含义如下：

(1) “drawing_text_height”：参数名，该参数控制当前绘图中所有缺省文本的高度。

(2) “3.500000”：该参数的当前取值，单位由另一个参数“drawing_units”指定，此处单位为“mm”，即国标规定的绘图中汉字的最小高度 3.5 mm。

(3) “0.156250”：该参数的缺省取值，英文 Pro/E 环境下该参数一般取值是 0.156250 in。

每个参数后的“说明”列里有对该参数的简要说明。

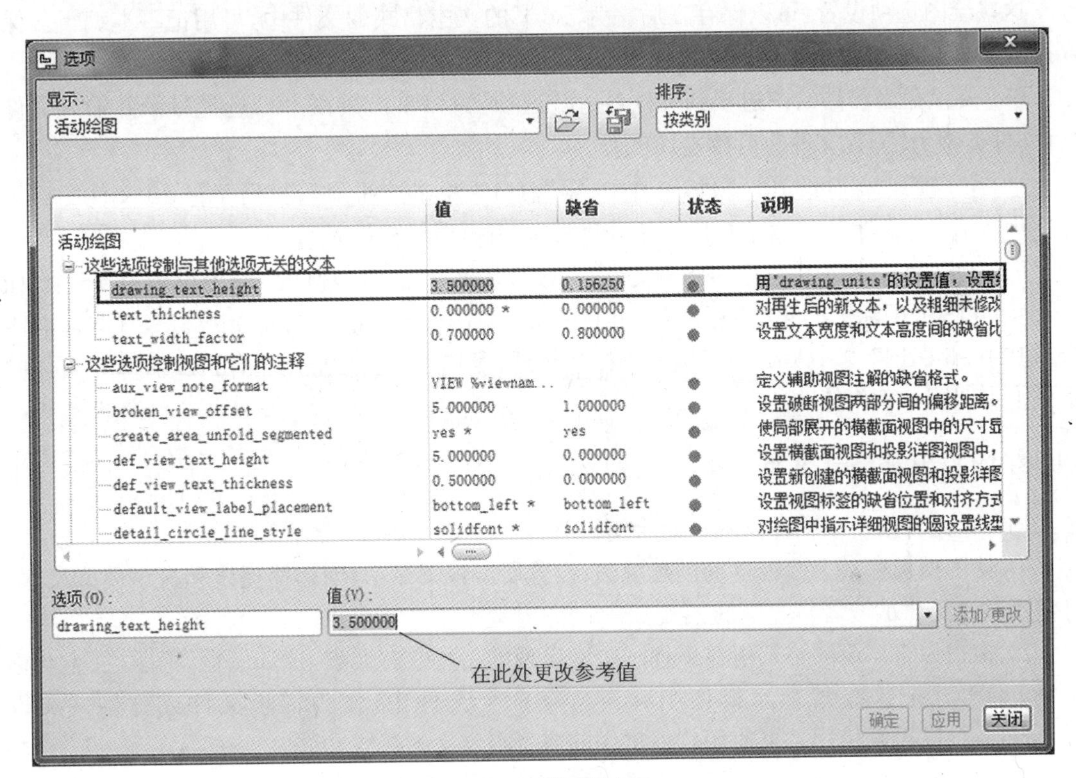

图 9－3　“选项”窗口

表 9－1 列出部分适合国标的绘图选项参数，供参考。

表 9－1　绘图选项参数

参　数　名	参数值	参　数　名	参数值
show_total_unfold_seam	no	def_xhatch_break_around_text	yes
view_scale_denominator	3600	remove_cosms_from_xsecs	all
view_scale_format	ratio_colon	thread_standard	std_iso
crossec_arrow_style	tail_online	decimal_marker	period
cutting_line_segment	3	sym_flip_rotated_text	yes

如需修改某参数，可按以下步骤：

(1) 选择该参数,然后在图9-3所示位置键入新值。

(2) 单击右侧【添加/更改】按钮,接受参数修改。

(3) 单击窗口右下角【应用】按钮,按新的参数值更新绘图。

(4) 单击【确定】或者【关闭】按钮可以关闭“选项”窗口。

可以修改多个参数,直到最后单击【确定】按钮,应用对所有参数的修改并且关闭“选项”窗口。

如果选择【关闭】按钮,则直接关闭“选项”窗口,忽略最后一次【应用】之后的参数修改。

这些绘图选项设置,可以保存在后缀为“.dtl”的文本格式的文件中,可用记事本编辑。保存过的dtl文件,可在下次出图时直接应用。

(1) 要保存当前的绘图选项到文件,可在“选项”窗口单击按钮,选择目录并输入文件名(文件类型为“配置文件”)后单击【OK】。

(2) 要应用已保存的dtl文件,可在“选项”窗口中单击按钮,找到存有dtl文件的目录并选中所需dtl文件,再单击【打开】。回到“选项”窗口后选择【确定】。

Pro/DETAIL模块内含多种dtl文件,存放在“打开”窗口左侧的“绘图设置目录”中,如“iso.dtl”(ISO,国际标准化组织),“din.dtl”(DIN,德国标准协会),“jis.dtl”(JIS,日本标准协会),其中“din.dtl”、“iso.dtl”与我国国家标准相近,可选用。实际应用中,可在现有dtl文件的基础上参照国标再作修改。

四、绘图模板和格式文件

Pro/E允许用户以三种方式开始绘图。

1) 使用模板　基于模板自动创建视图、设置所需视图显示、创建捕捉线和显示模型尺寸。可使用软件提供的或者自定义的模板。

2) 格式为空　绘图格式指在工程图中常出现的一些共有元素,比如图框、标题栏、企业标志(logo)等。把这些共有元素集中起来放在一个文件中,作为样板文件或称格式文件(format),可以重复使用。可使用软件提供的或者自定义的格式文件。

3) 空　不使用任何初始模板和格式,只确定绘图幅面和方向。

Pro/E软件提供了一些格式文件,也允许用户创建自己的格式文件。格式文件的文件名后缀为“.frm”,针对不同幅面的图纸(比如A3、A4幅面),应该分别设计适合零件图和装配图的格式文件。

Pro/E在打开绘图文件时如需用到格式文件,将优先在模型所在目录和工作目录下搜索,因此初学者最好把模型和格式文件放在同一目录。

五、实例操作

(1) 建立新绘图文件。在主菜单选择“文件”→“新建”,或单击工具栏中的图标,在打开的“新建”窗口中,选择类型“绘图”,名称栏输入“sam”(绘图文件名,不支持中文),单击【确定】,弹出“新建绘图”窗口。选择“缺省模型”右侧按钮【浏览】,找到模型“sam.prt”并打开,“指定模板”选择“空”,“标准大小”列表里选择“A3”。最后选择【确定】进入绘图界面。

(2) 设置绘图选项。选择主菜单的“文件”→“绘图选项”,出现“选项”窗口,按表9-1修改参数,然后选择【确定】。

(3) 选择主菜单的“文件”→“保存”，或者单击工具栏中的图标，弹出“保存对象”窗口，注意模型名称为“SAM. DRW”，选择【确定】，完成本例。

任务二 创建和定制绘图视图

一、一般视图

在 Pro/E 中要放置的第一个视图必须是一般视图，它可以作为投影视图或由其导出的其他视图的父视图。以下方法可用来向绘图中放置一个一般视图：

(1) 选择功能区“布局”页“模型视图”组中的按钮，然后在绘图区空白处(视图放置点)单击。

(2) 在绘图区空白处单击鼠标右键，选择快捷菜单中的“插入普通视图”，然后单击放置视图。

一般视图最初是以着色模式，按斜轴测方向放置在绘图区，同时“绘图视图”窗口打开，如图 9-4 所示。

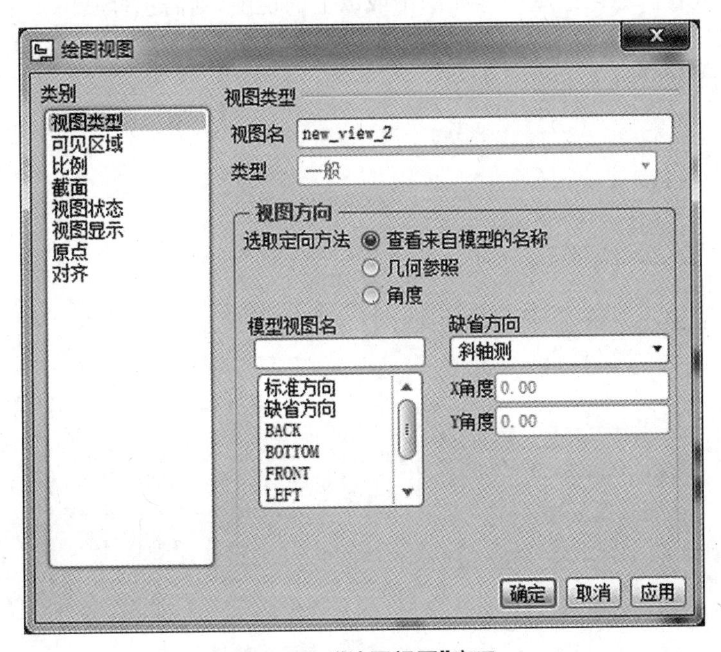

图 9-4 “绘图视图”窗口

“绘图视图”窗口是有关视图设定和控制的综合功能对话框，其内容依照左侧“类别”栏的选择而变化：

(1) “视图类型”可以设定视图名称，提供三种确定视图方向的方法，分别为“查看来自模型的名称”、“几何参照”和“角度”。

(2) “可见区域”可以设定视图是全视图、半视图、局部视图或者破断视图。

(3)“比例”可以设定个别视图(比如详细视图)的比例,以区别整个工程图的缺省比例。

(4)“截面”可以设置视图为2D剖面(即工程图中常用的剖视图)或者3D剖面,包括全剖、半剖、局部剖等剖视图。

(5)“视图状态”可以在装配图中显示分解视图或使用简化表示。

(6)“视图显示”控制视图的显示线型、相切边显示方式等。

(7)“原点”和“对齐”可设置视图的位置和原点,控制视图间的对齐关系和对齐参照。

“绘图视图”窗口在创建工程图时经常要用到,打开它的方法有:

(1)在放置一般视图时自动出现。

(2)在创建其他类型的视图,或者需要对已有视图修改时,选中视图后单击鼠标右键,选择快捷菜单中的“属性”。

(3)直接在视图上双击。

二、投影视图

投影视图是另一个视图(父视图)沿水平或垂直方向的正交投影,通常放置在父视图的周围并与之对齐。

要创建投影视图,可以选择功能区“布局”页“模型视图”组中的投影视图按钮 投影... ,然后在绘图区单击放置。如果绘图中存在两个或以上的视图,则需选择其中一个作为父视图。

如图9-5所示,“父视图1”为刚才放置的一般视图,“子视图2”和“子视图3”分别由“父视图1”在竖直和水平两个方向投影而得。

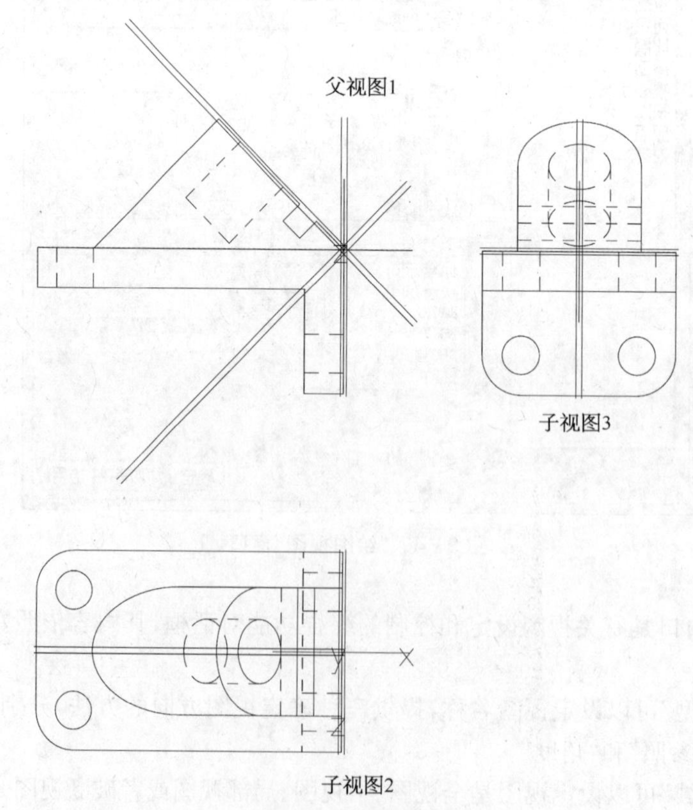

图9-5 投影视图

可以在绘图区移动视图，前提是视图未被锁定。在绘图区空白处单击鼠标右键，弹出快捷菜单如图 9－6 所示。如要解锁视图，取消选项“锁定视图移动”前的“√”。

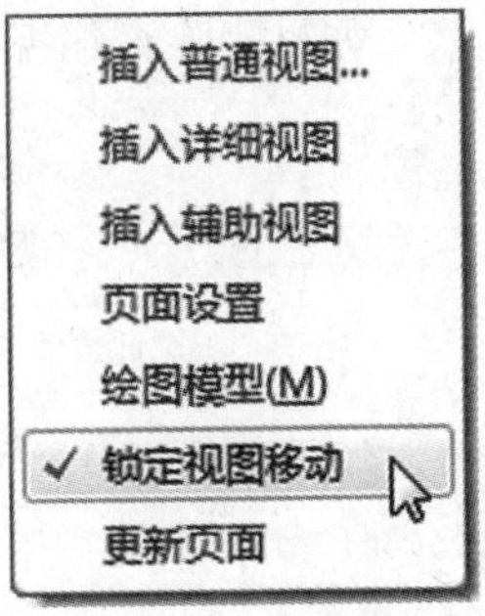

移动父视图时，子视图也将移动，但始终与其父视图对齐。而移动子视图时其父视图不动，且子视图只能在其投影方向移动，例如图 9－5 中“子视图 2”只能在与“父视图 1”对齐的垂直方向移动。

子视图可以单独删除，而删除父视图时，也将删除所有以它为父视图的投影视图。

插入普通视图...
插入详细视图
插入辅助视图
页面设置
绘图模型(M)
✓ 锁定视图移动
更新页面

图 9－6 视图锁定与解锁

三、详细视图

Pro/E 所谓详细视图，即国标中的局部放大图，是将零件的某一部分向基本投影面投射所得的视图。在父视图中包括一个参照注解和边界作为详细视图设置的一部分。

详细视图需要至少一个一般视图或者投影视图作为其父视图。

启动详细视图创建的方式有：

（1）选择功能区“布局”页“模型视图”组中的按钮 详细...。

（2）在绘图区空白处单击鼠标右键，在弹出的快捷菜单中选择“插入详细视图”。

此时需要在父视图中单击选取一个点，然后在其周围画出样条曲线（注意并非使用“草绘”页中的样条工具，而是直接在绘图区单击绘制）。单击鼠标中键结束边界绘制，如图 9－7 所示。最后在空白处单击放置详细视图，如图 9－8 所示。

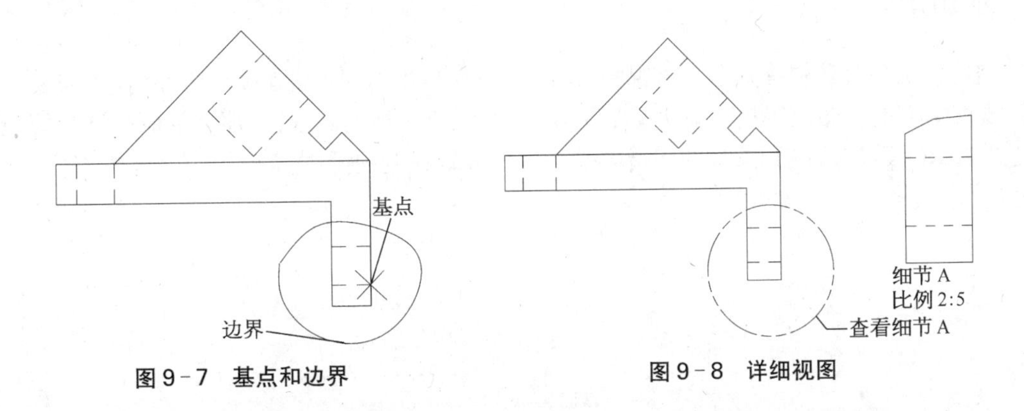

图 9－7 基点和边界　　图 9－8 详细视图

详细视图的视图比例可以独立于整个绘图修改，方法是打开“绘图视图”窗口（在详细视图上双击），“类别”栏选择“比例”，然后修改“定制比例”的值，如图 9－9 所示。

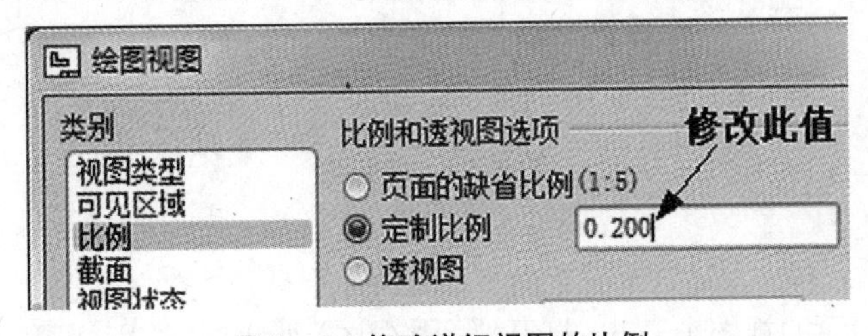

图 9－9 修改详细视图的比例

如果删除详细视图，则父视图中的边界和注释也将同时删除。

四、辅助视图

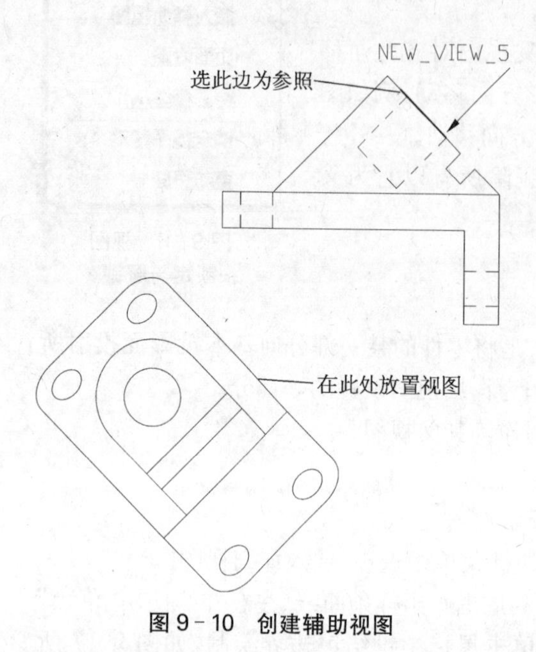

图 9－10 创建辅助视图

辅助视图是向选定的曲面或轴进行垂直投影而得到的投影视图，国标称为“斜视图”，常用于表达零件上倾斜部分的实形。

辅助视图需要至少一个一般视图或者投影视图作为其父视图。

启动详细视图创建的方式有：

(1) 选择功能区“布局”页中的按钮 辅助... 。

(2) 在绘图区空白处单击鼠标右键，在弹出的快捷菜单中选择“插入辅助视图”。

在父视图中选择一个曲面、轴或边作为参照(注意父视图中的参照必须垂直于屏幕平面)。然后在空白处单击放置辅助视图，如图 9－10 所示。

辅助视图在创建时默认没有表示投射方向的箭头。如要添加，打开“绘图视图”窗口(在辅助视图上双击)，“类别”选择“视图类型”，在右边“投影箭头”选项中选择“单一”。

五、剖视图

创建剖视图时必须首先定向该视图，使剖面与屏幕平行，如需指示剖切方向，还需要一个与剖视图垂直的视图放置指向箭头。如图 9－11 所示，正视图做剖视，那么剖面应该在俯视图中选取“FRONT”基准面，同时剖切指向箭头也可放置在俯视图中。

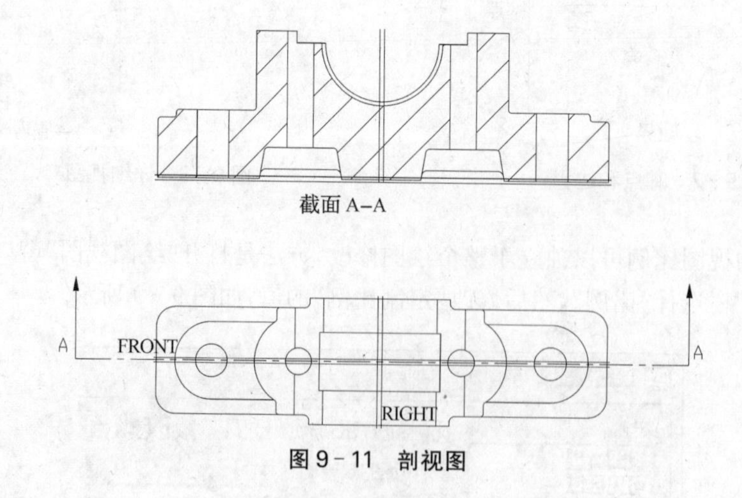

图 9－11 剖视图

1. 全剖视图

(1) 在要显示剖面的视图上双击，打开“绘图视图”对话框，类别选择“截面”，剖面选项选择“2D 剖面”，如图 9－12 所示。如果模型中已有平行该视图的剖面(可在零件模式下由“视图”→“视图管理器”创建)，则剖面名前会显示✓，如图中表示剖面“A”可用。也可选择“创建新...”，创建一个新剖面。

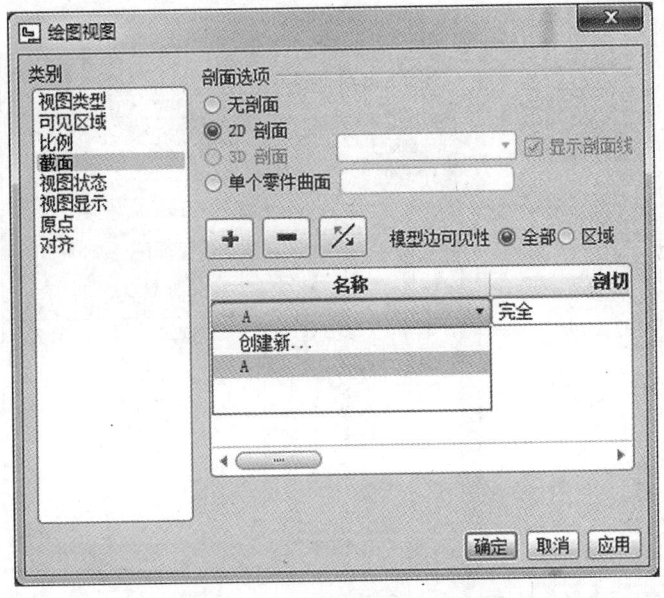

图 9-12　“绘图视图”对话框

(2) 要新建剖面，单击“绘图视图”对话框中的按钮 + 或者选择“创建新...”，弹出“剖截面创建”菜单，如图 9-13 所示。

选项“平面”和“偏移”的区别在于：选择“平面”，可选择单一平面作为创建剖面的参照；选择“偏移”，可草绘一段不封闭的折线作为剖面的参照，例如用来创建阶梯剖。

(3) 选择“平面”或者“偏移”选项，然后单击“完成”，在随后的输入框中输入剖面的名字(例如“A”、“B”)，然后回车。软件在显示剖面名时会处理成“A-A”、“B-B”等样式。根据所作选择，在绘图中选择单一平面或是在零件模式中绘制一段折线，然后回到“绘图视图”对话框。

图 9-13　“剖截面创建”菜单

(4) 要添加剖切箭头，在“绘图视图”对话框中单击“箭头显示”下方空白条，会显示“选取项目”，选择要放置箭头的视图，最后选择【应用】或者【确定】。

2. 半剖视图

在“绘图视图”对话框中可以修改剖面的剖切区域为“一半”，如图 9-14 所示。选择视图中的基准面“RIGHT”作为半剖视图的分界，红色箭头指示了当前应被剖切的一半，如图 9-15 所示。如需剖切另一半，可以在“RIGHT”基准面的另一侧单击鼠标。图 9-16 是完成后的半剖视图。

3. 局部剖视图

“绘图视图”对话框中修改剖面的剖切区域为“局部”，在视图上选择一个参照点，然后围绕该点单击鼠标，绘制一段样条曲线，按鼠标中键曲线自动封闭，如图 9－17 所示。注意此样条曲线并非使用“草绘”选项卡中的样条工具绘制。最后选择【应用】或者【确定】，如图 9－18 所示。

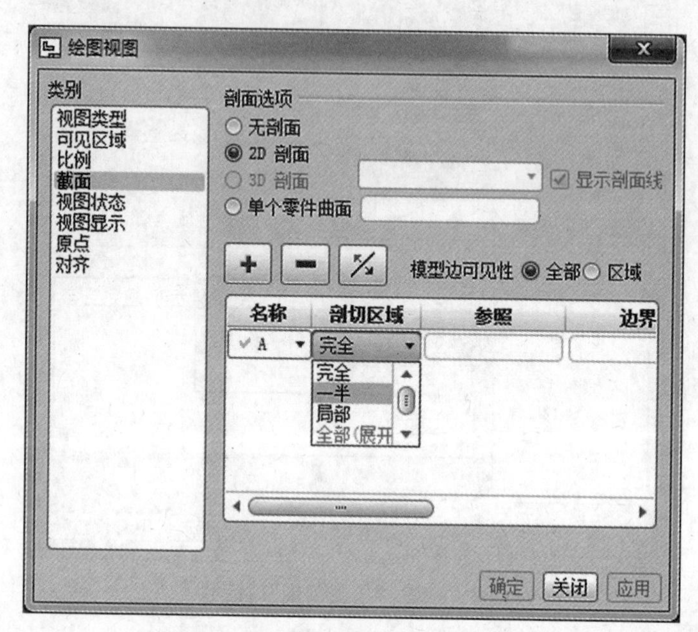

图 9－14 修改剖切区域为“一半”

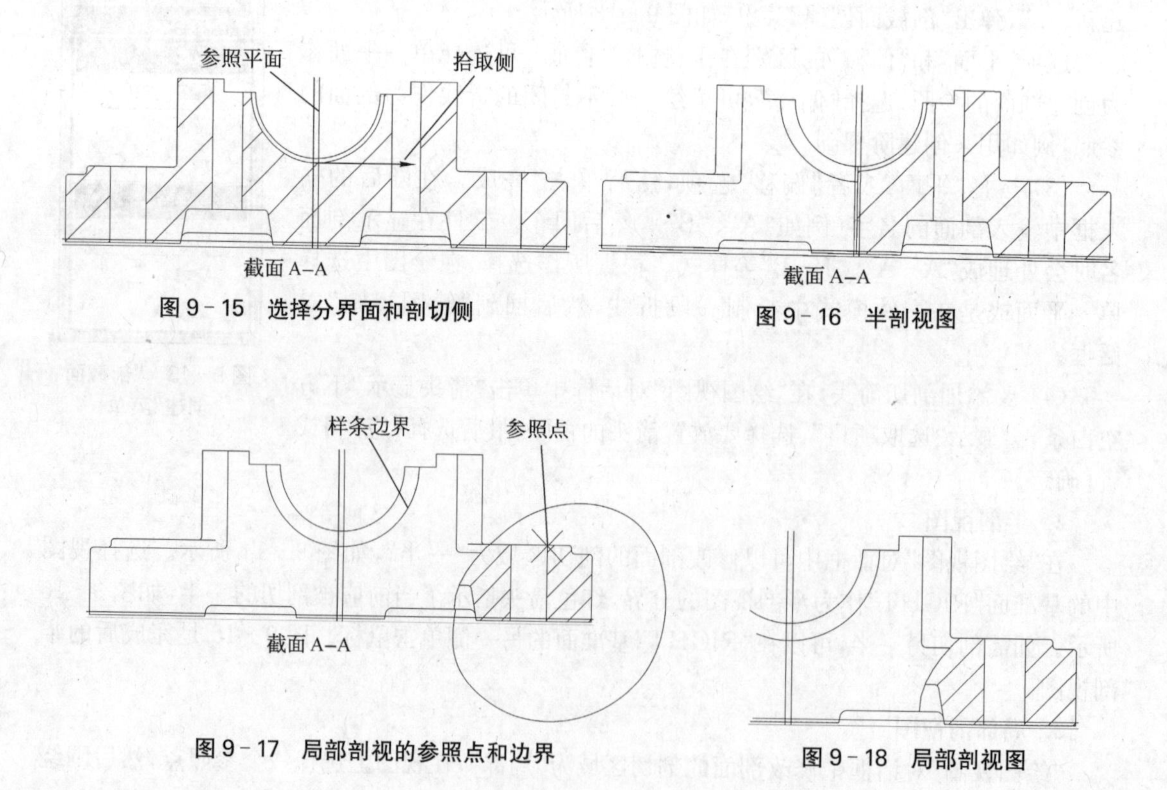

图 9－15 选择分界面和剖切侧

图 9－16 半剖视图

图 9－17 局部剖视的参照点和边界

图 9－18 局部剖视图

4. 修改剖面线

在剖面线上双击鼠标(注意不是双击视图),打开"修改剖面线"菜单管理器,如图9-19所示。选择各修改项目将扩展该菜单,常用的修改包括:

(1) 间距。菜单如图9-20所示,"一半"和"加倍"是相对剖面线默认间距而言,也可选"值"然后输入一个数值。

(2) 角度。菜单如图9-21所示,国标只可选择"45"和"135"。

选择"完成"退出剖面线修改。

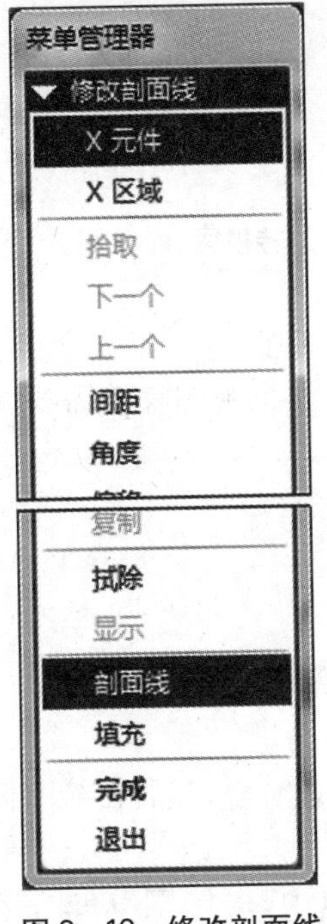

图9-19 修改剖面线

图9-20 修改间距

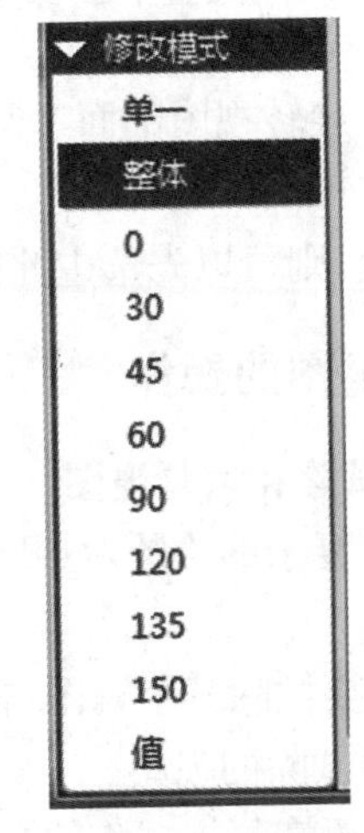

图9-21 修改角度

六、旋转视图

Pro/E中所谓旋转视图,是指现有视图的一个剖面绕切割平面投影旋转90°而生成,在我国新的制图规范中将之定义为"移出断面图"。一个典型的应用就是轴上键槽的断面图。

用来产生旋转视图的剖面可以是在零件模式下,通过主菜单中选择"视图"→"视图管理器"创建,也可以在放置旋转视图时创建。

要创建旋转视图,在功能区"布局"页"模型视图"组中选择 旋转... (需要单击下拉箭头),然后选择轴的主视图,作为旋转视图的父视图。在绘图区空白处单击,弹出"绘图视图"窗口和"剖截面创建"菜单,如图9-22所示。

图9-22 剖截面创建

选择"完成",并在随后的输入框中输入剖截面的名字(比如"A"),然后回车确定,出现"设置平面"菜单,如图9-23所示。在主视图中单击基准面"DTM5",选择该基准面为剖截面的参照,则旋转视图已出现在放置位置，如图 9-24 所示。

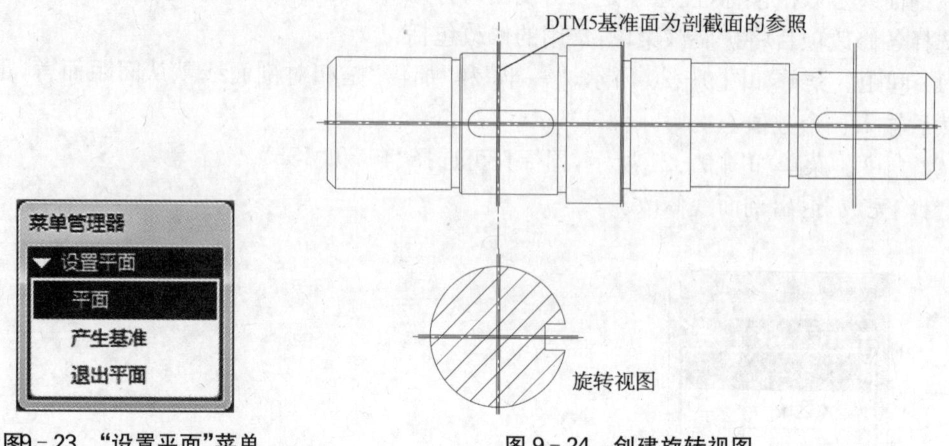

图9-23 “设置平面”菜单

图 9-24 创建旋转视图

用作旋转视图剖面参照的基准面“DTM5”必须与屏幕平面垂直。

在主视图和旋转视图之间有细点画线表示剖切面的位置，如果视图移动需要调整此延长线的长度，则可以先选中此线，待指针变为✥时再拖动。

七、对视图的操作

1. 拭除和恢复视图

有时复杂的绘图，打开或者重画都比较费时，此时可拭除暂时无需进行操作的视图，以节省时间。

(1) 要拭除某个视图，在“布局”页“模型视图”组中，选择 拭除视图 ，然后在绘图树或绘图区中选择要拭除的视图。

(2) 要恢复被拭除的视图，在“布局”选项卡“模型视图”组中，选择 恢复视图 ，然后在绘图树、绘图区或弹出的视图选择菜单中选择要恢复的视图。

2. 删除视图

与“拭除视图”不同，删除视图是将视图从当前绘图中永久删除。要删除视图，首先选中一个或多个视图，然后：

(1) 选择主菜单的“编辑”→“删除”。

(2) 在视图上单击鼠标右键，然后选择快捷菜单中的“删除”。

(3) 直接按下键盘上的 Delete 键。

3. 修改视图比例

在绘图区左下角显示的是当前绘图的全局比例，即全图的缺省比例，其初始值与图纸大小和模型尺寸有关，如图 9-25 所示。对于一般视图或者详细视图，还可以单独修改视图比例。

(1) 要修改全局比例，双击图 9-25 中的比例数字，然后在弹出的输入框中输入比例值。

(2) 要单独修改某个视图(比如详细视图)的比例，可选中该视图并打开“绘图视图”窗口，如图 9-26 所示，然后修改“定制比例”右侧的比例值。

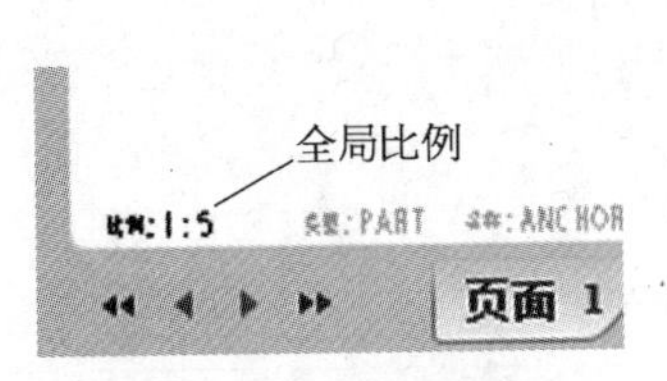

图 9-25　修改全局比例

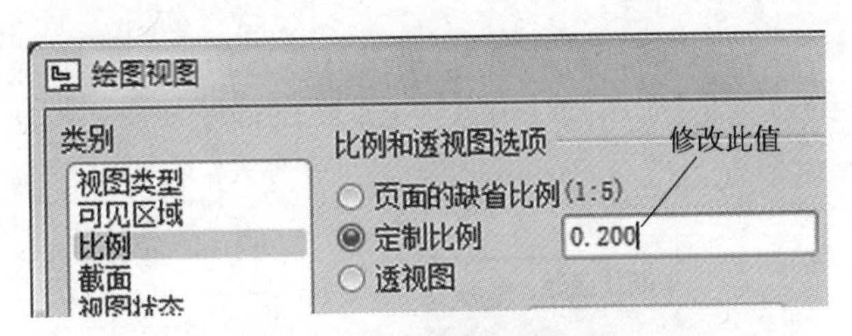

图 9-26　修改某视图比例

4. 修改视图的可见区域

打开“绘图视图”对话框，在类别“可见区域”中可以更改视图的可见区域选项。新创建的视图该选项默认都是“全视图”，还可更改为“半视图”、“局部视图”和“破断视图”，如图 9-27 所示。其中“半视图”和“局部视图”的修改方法与创建半剖视图和局剖视图时类似。

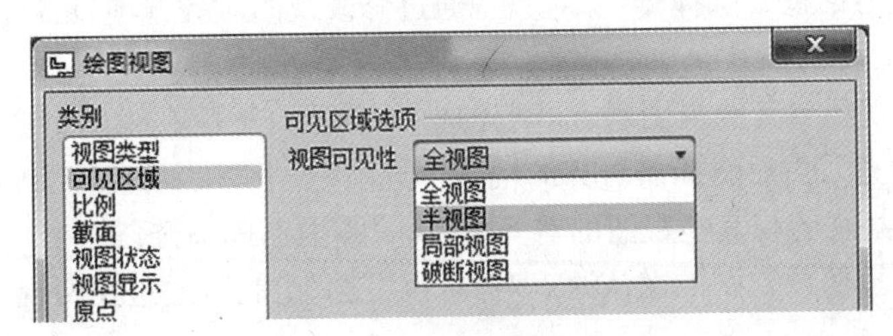

图 9-27　修改视图可见性选项

破断视图只适用于一般视图和投影视图。一旦将视图定义为破断视图，就不能将其更改为其他视图类型。

如图 9-28 所示，可见区域选项选择“破断视图”，单击按钮 + ，然后在视图中(图 9-29)选取红色边为参照，向下拖动鼠标绘制第一破断线，再选取第二个点，决定第二破断线的位置，图中破断线的造型为“直”。

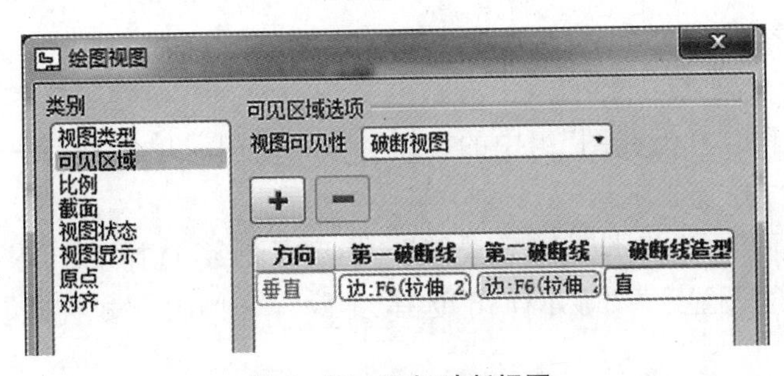

图 9-28　添加破断视图

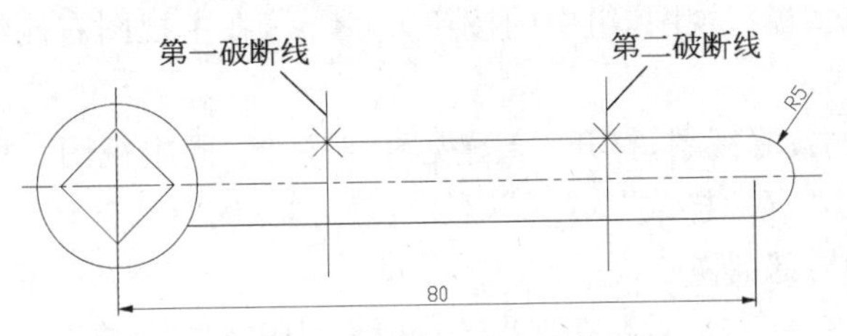

图 9-29　确定两条破断线的位置

修改“破断线造型”选项为“草绘”，如图9-30所示，然后在第一破断线附近用鼠标草绘一段破浪线，点击【应用】或【确定】，完成后的破断视图如图9-31所示。

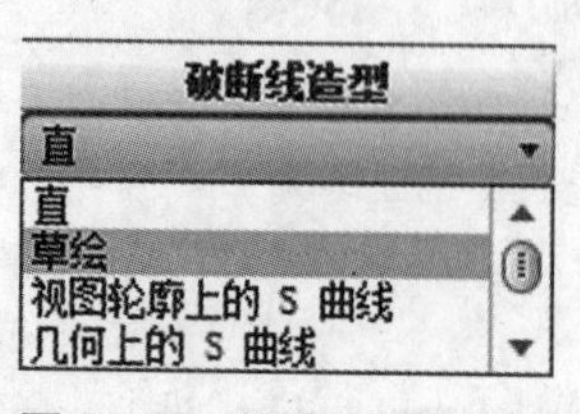

图9-30 修改破断线造型

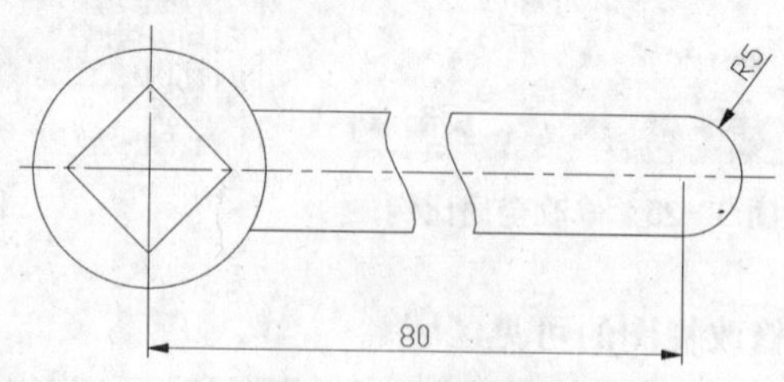

图9-31 破断视图

5. 修改视图的对齐选项

在“绘图视图”对话框中选择类别“对齐”，通过修改视图对齐选项，可以控制视图间的对齐关系。

(1) 若要使某视图与其他视图对齐，则先选中该视图，然后在视图对齐选项中勾选“将此视图与其他视图对齐”，然后选择需对齐的视图。选项“水平”和“垂直”控制对齐的方式。

(2) 若要取消某视图与其他视图的对齐关系，只需取消此勾选。

对齐参照可以按照两视图的默认原点对齐，也可选“定制”，通过在两视图中选择参照来对齐视图。

辅助视图也可以取消对齐，但当需要重建辅助视图的对齐关系时，只可以选择创建它时的视图来对齐。

八、实例操作

本例创建“sam. prt”零件的工程图视图。

1. 打开文件

打开绘图文件“sam. drw”。在上例中，已经为此绘图文件指定了“A3”图纸，并且参照国标设置了绘图选项参数。

2. 创建主视图

(1) 选择“布局”页“模型视图”组中的按钮，在绘图区单击，放置一个一般视图，同时“绘图视图”对话框打开。

(2) 在“绘图视图”中选择类别“视图类型”，“模型视图名”选择“FRONT”，点击【应用】。

(3) 选择类别“视图显示”，“显示样式”选择“消隐”，“相切边显示样式”选择“无”，点击【确定】关闭对话框。

3. 创建侧视图

(1) 选择“布局”页“模型视图”组中的按钮 投影...，在主视图右侧绘图区单击，放置一个投影视图。

(2) 双击新放置的投影视图，打开“绘图视图”对话框，同主视图一样设置该视图的“显示样式”为“消隐”，“相切边显示样式”为“无”，点击【确定】关闭对话框。

4. 修改主视图为局部剖视

(1) 选中主视图，单击鼠标右键，在弹出的快捷菜单中选择“属性”，打开“绘图视图”对话框。

(2) 选择类别“截面”,“剖面选项”选择“2D 剖面”,单击按钮 ,在“剖截面创建”菜单管理器中选择“平面”→“完成”。

(3) 在随后的输入栏里键入“B”为截面名,回车,选择侧视图中的“FRONT”基准面为参照,创建剖面。

(4) 回到“绘图视图”对话框,选择“剖切区域”为“局部”,在主视图中单击并且绘制一段样条曲线,单击鼠标中键封闭,如图 9-32 所示,点击【确定】关闭对话框。

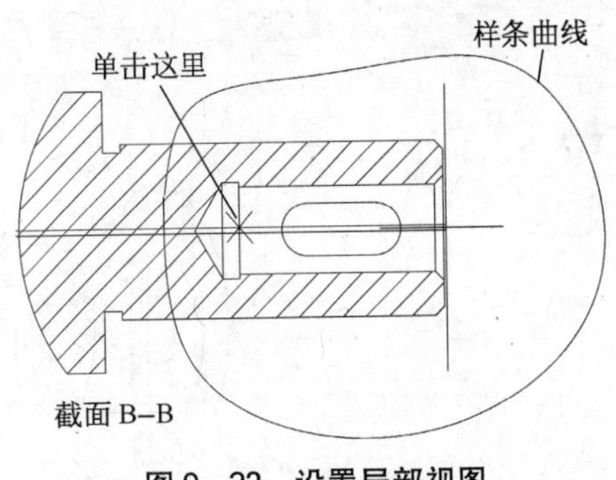

图 9-32 设置局部视图

5. 创建通孔的截面剖视图

(1) 选择按钮 投影... ,单击主视图,然后在其右侧再次放置一个投影视图。

(2) 双击新创建的投影视图,打开“绘图视图”对话框,选择类别“截面”,“剖面选项”选择“2D 剖面”,单击 ,“剖截面创建”菜单管理器中选择“平面”→“完成”。

(3) 随后的输入栏里键入“A”为截面名,回车,在“设置平面”菜单管理器中选择“产生基准”,菜单“基准平面”下选择“偏移”,然后选择主视图中的“RIGHT”基准面。

(4) 在“偏移”菜单里选择“输入值”,依照图 9-33 中箭头指示的偏移方向,输入“−12”,然后“完成”,点击“绘图视图”里的按钮【应用】,此投影视图已变成剖视图。

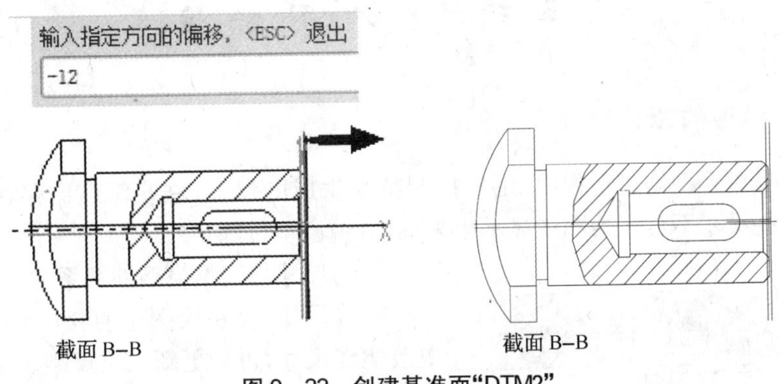

图 9-33 创建基准面“DTM2”

(5) 在类别“截面”里,单击“箭头显示”下空白栏,然后选择主视图,添加剖切指示箭头。

(6) 将该视图修改为“显示样式”为“消隐”、“相切边显示样式”为“无”。

(7) 类别选择“对齐”,取消“将此视图与其他视图对齐”前的√,点击【确定】关闭对话框。

(8) 移动此视图到主视图下方。如果不能移动视图,单击鼠标右键,检查弹出的快捷菜单中“锁定视图移动”选项的状态。

6. 修改视图比例

双击绘图区左下角的比例数字,修改为“2”。移动各视图到合适位置,如图 9-34 所示。

7. 保存文件

保存文件,完成本例。

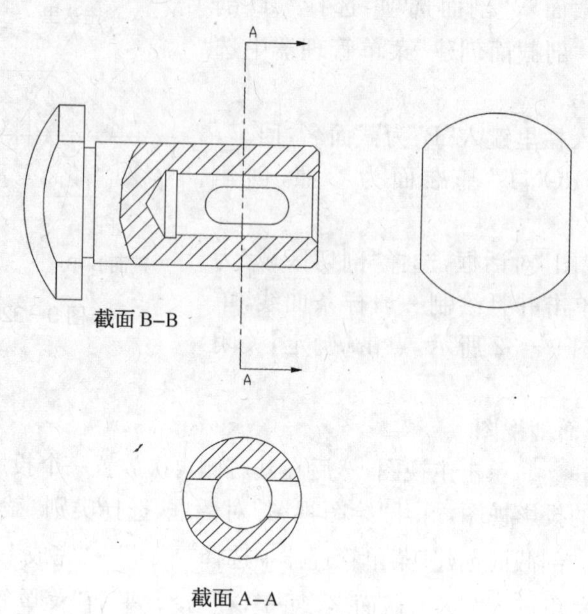

图 9-34 完成的“sam. drw”视图

任务三 工程图标注

一、显示3D模型的驱动尺寸

驱动尺寸是指模型创建过程中，用来控制特征生成的尺寸，这些信息保存在3D模型中，缺省情况下这些尺寸不会在绘图中显示出来（或者说已被拭除了）。

驱动尺寸与三维模型的关系是双向的，即在模型中修改尺寸，会在绘图中直接体现，而在绘图中更改驱动尺寸，也会更新三维模型。

要显示尺寸，可在功能区中的“注释”页“插入”组中，选择“显示模型注释”按钮，弹出“显示模型注释”对话框，如图9-35所示。可显示的模型注释包括六种：

图 9-35 “显示模型注释”对话框

，列出模型的尺寸。

，列出几何公差。

，列出注释。

，列出表面粗糙度。

，列出符号。

，列出基准。

这里选择列出尺寸，然后通过选择模型、特征或者视图，将待选尺寸添加到“显示模型注释”对话框的列表中。

尺寸显示后，还需在“显示模型注释”对话框中勾选相应尺寸左边的检查框以确认。当鼠标在对话框尺寸列表里划过时，注意绘图中各尺寸颜色的改变，它指示出当前鼠标所指的尺寸。直接在绘图里的尺寸值上单击鼠标，与选择检查框效果相同。选择按钮以接受全部，或按钮取消全部。

要显示中心线，在“显示模型注释”对话框中选择列出基准，然后选择视图，则该视图中的轴线被显示出来。可用鼠标靠近轴线的四个端点句柄，当指针形如⟺时按下并拖动鼠标，调整中心线的长度。

二、创建从动尺寸

如果显示的驱动尺寸不足以表达零件，或者不符合国标规范，那么就需要手动创建从动尺寸。其与模型的关联是单向的，即从模型到绘图，尺寸值由模型决定，因此不能修改。

1. 插入尺寸-标准参照

根据一个或两个选定的参照来创建尺寸，可以创建线性、角度、半径或直径尺寸，标注方法与在草绘中类似(例如在弧线上单击标注半径，双击标注直径)。

(1) 要插入尺寸-标准参照，选择“注释”页“插入”组中的按钮，会弹出“依附类型”菜单，如图 9 - 36 所示，可选择参照的依附类型。如图 9 - 37 所示为创建的三个从动尺寸。

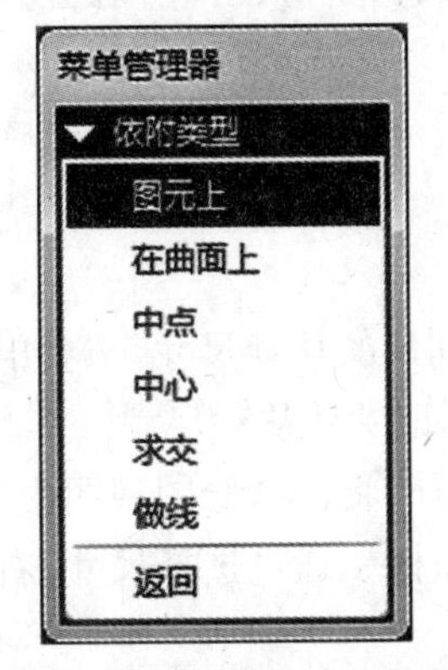

图 9 - 36　“依附类型”菜单

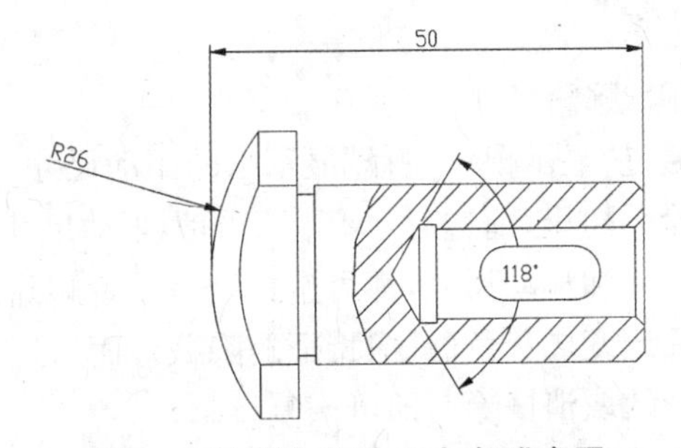

图 9 - 37　插入从动尺寸-标准参照

(2) 要插入尺寸-公共参照，单击按钮右边的，然后选择按钮，首先选择公共参照，然后每选择一次参照就放置一次尺寸，如图 9 - 38 所示。

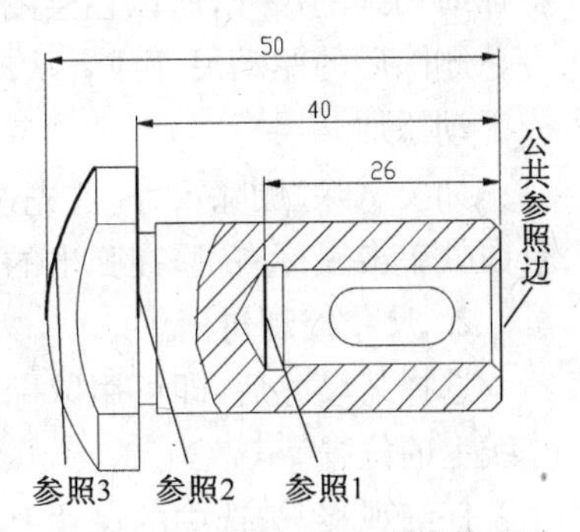

图 9 - 38　插入尺寸-公共参照

2. 插入参考尺寸

插入参考尺寸的按钮图标为和，分别为插入标准参照尺寸和有公共参照的参考尺寸。操作方法与插入尺寸相同，区别在于尺寸值后有“参照”字样。

3. 插入 Z -半径尺寸

当无法标出圆弧的圆心位置时，可采用 Z-半径标注。

选择“注释”页“插入”组中的按钮，首先选择被标注的圆弧，然后在虚拟圆心处单击放置尺寸，如图 9-39 所示。

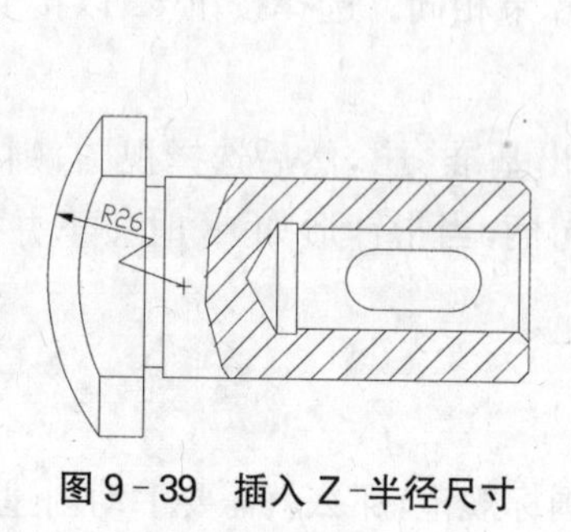

图 9-39 插入 Z-半径尺寸

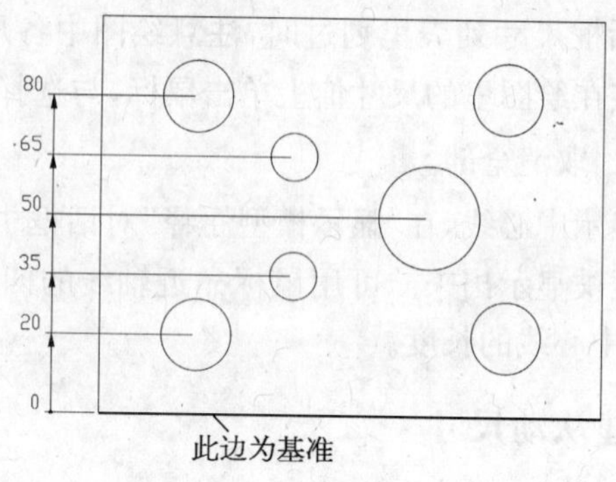

图 9-40 插入纵坐标尺寸

4. 插入纵坐标尺寸

对同一基准出发的尺寸，如果数量较多，可采用纵坐标尺寸标注，以简化图面。

选择功能区“注释”页“插入”组的按钮图标，首先选择基准，如图 9-40 所示，然后每次选择参照(图中各圆的边)后按下鼠标中键放置尺寸。

5. 插入纵坐标参考尺寸

插入纵坐标参考尺寸的按钮图标为，操作方法与插入纵坐标尺寸相同，区别在于尺寸值后有“参照”字样。

三、尺寸整理

1. 拭除/删除尺寸

无论通过“显示模型注释”显示出的驱动尺寸，还是手动创建的从动尺寸，都会出现在左侧导航栏的绘图树里，前边有“”标记的为驱动尺寸，有“”标记的为从动尺寸。

驱动尺寸和从动尺寸，都可选择拭除或者删除。拭除是暂时将其从绘图视图中抹去，在绘图树中的标记变成灰色(就像特征的隐藏)，而后还可以在绘图树中通过选择尺寸，右键弹出菜单，然后选择“取消拭除”，即可恢复显示。

如果选择“删除”，那么对于从动尺寸就是彻底去除尺寸信息，而因为驱动尺寸是模型创建特征时用到的尺寸，所以在绘图中只是将其作为一个注释删除，模型中的尺寸仍然存在。

删除后的驱动尺寸或者从动尺寸，如果要重新显示，则需要重新使用“显示模型注释”工具或手动添加。

如要拭除/删除尺寸，首先选择要拭除/删除的尺寸(按下 Ctrl 键可多选)，然后在绘图区空白处单击鼠标右键，在弹出的快捷菜单中选择“拭除”或“删除”。

2. 尺寸控制句柄

选择某尺寸后，即可用鼠标在尺寸值处按下并拖动来移动尺寸，并可同时调整尺寸值在尺寸线上的位置。

仔细观察，被选中的尺寸上有 9 个小方框(尺寸控制句柄)，如图 9-41 所示。

用鼠标点击并拖动不同的句柄，可进行的操作有：

(1) 倾斜尺寸界线。鼠标指向句柄 1，当指针形如⟺时按下并拖动，如图 9－42 所示。

(2) 移动尺寸位置。鼠标指向句柄 2，当指针形如⇕时按下并拖动，如图 9－43 所示。

(3) 移动尺寸值位置。鼠标指向句柄 3，当指针形如⟺时按下并拖动，注意此时仅能移动尺寸值。如果要同时移动尺寸和尺寸值位置，可使用句柄 4。

(4) 调整尺寸界线起点。鼠标指向句柄 5，当指针形如⇕时按下并拖动，如图 9－44 所示。

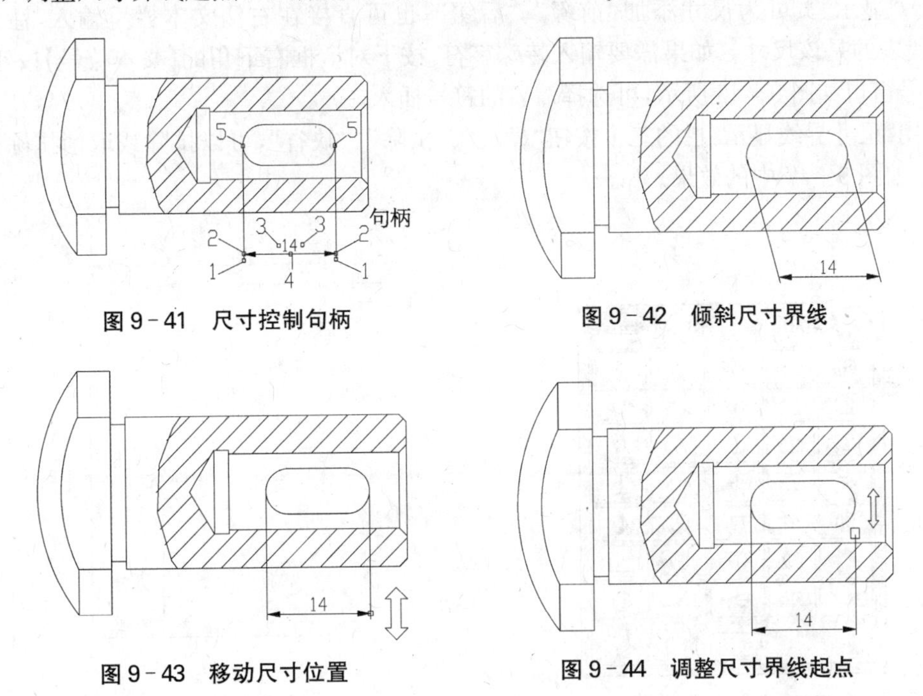

图 9－41　尺寸控制句柄

图 9－42　倾斜尺寸界线

图 9－43　移动尺寸位置

图 9－44　调整尺寸界线起点

3. 修改尺寸属性

选择某个尺寸，有两种方法可打开如图 9－45 所示的“尺寸属性”对话框：在右键快捷菜单中选择“属性”；在尺寸线上双击鼠标。

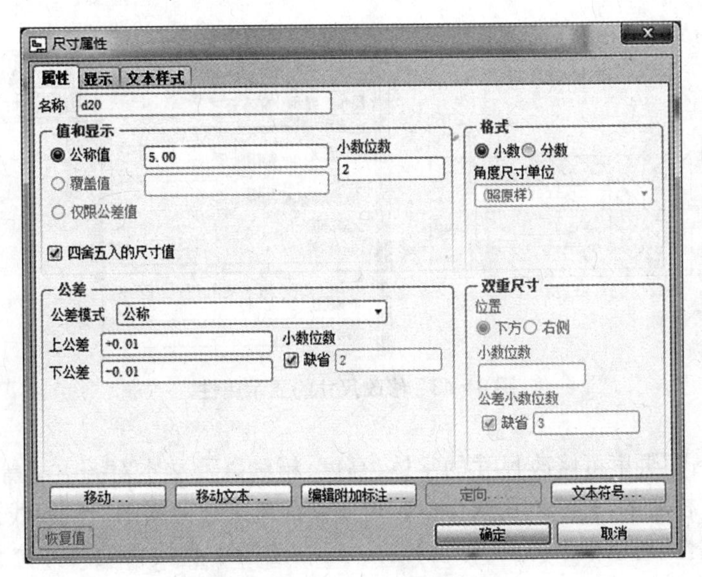

图 9－45　“尺寸属性”对话框

(1)“属性”页显示的有该尺寸的公称值和显示格式，如果是驱动尺寸，公称值可以修改，然后选择主菜单的“编辑”→“再生模型”，即可修改模型。如果是从动尺寸，则该项是灰色的，表示不可修改。

公差栏里可以设定“公差模式”，包括“公称”、“限制”、“加-减”、“＋－对称”和“＋－对称(上标)”五种，并可设定上下公差和小数位数。

(2)“显示”页可为尺寸添加“前缀”、“后缀”，也可直接在右侧文本栏里输入，注意图中“@D”代表的是该尺寸。如果需要输入特殊字符，按下对话框右下角的【文本符号】按钮，弹出文本符号窗口如图9-46所示，可选择需要的符号插入。

利用“尺寸界线显示”栏的三个按钮“显示”、“拭除”、“缺省”，可以拭除或取消拭除尺寸界线之一，如图9-47中的效果。

图9-46 文本符号

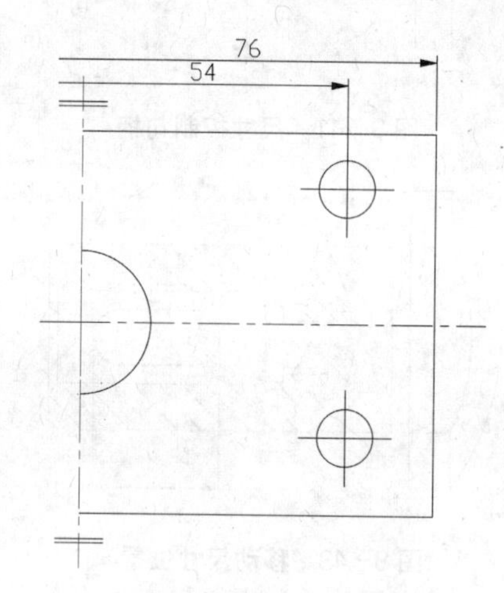

图9-47 拭除尺寸界线

图9-48所示是修改从动尺寸“20”，前缀插入直径符号“ϕ”，文本栏添加尺寸公差“f7”之后的样子。

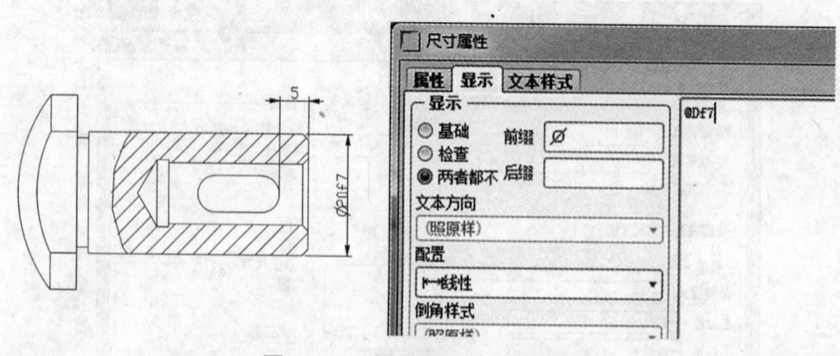

图9-48 修改尺寸的显示属性

(3)“文本样式”页里可修改尺寸的字体、高度、粗细以及文本对齐方式等各种文本样式。勾选“注解/尺寸”栏中的“打断剖面线”选项，可使剖面里尺寸值周围的剖面线被打断。

选择“尺寸属性”对话框下方的【移动】按钮，可在绘图中直接移动尺寸位置，按钮“移动文本”的作用，是只调整尺寸值在尺寸线上的位置。

“显示”页中的“反向箭头”按钮，与右键快捷菜单中的“反向箭头”选项作用相同。

4. 将项目移动到其他视图

可以将驱动尺寸或者与模型连接的其他绘图项目，从模型的一个视图移动到另一视图。具体步骤如下：

(1) 选择要移动的驱动尺寸。

(2) 选择“注释”页“排列”组中的按钮 移动到视图，或者在绘图区空白处单击鼠标右键，在弹出的快捷菜单中选择“将项目移动到视图”。

(3) 单击选择目的视图。如果 Pro/E 在所选的视图中不能显示尺寸，就显示一条警告消息并且不作任何更改。

5. 反向尺寸箭头

选择尺寸后，在右键快捷菜单里包含了许多对尺寸的常用操作，例如“反向箭头”，可用于改变尺寸箭头位置获得不同的标注方式。如图 9－49 所示为某半径标注，使用“反向箭头”选项可在四种标注方式中切换。

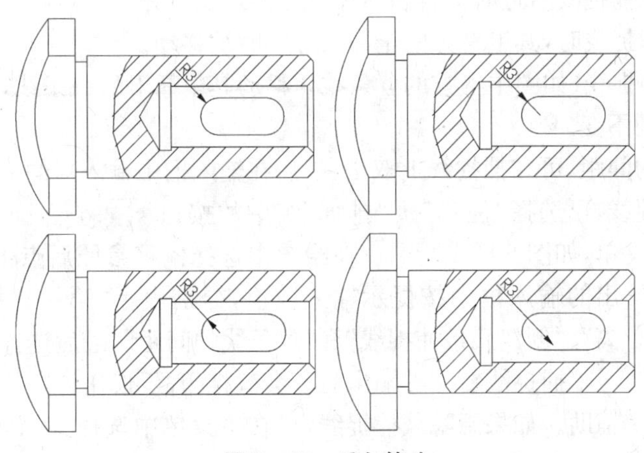

图 9－49　反向箭头

6. 对齐尺寸

如果要使同一排或列的尺寸对齐，可使用 Ctrl 键选择多个尺寸(注意第一选择的尺寸被作为对齐基准)，然后选择“注释”页“排列”组中的按钮 对齐尺寸，或是在右键快捷菜单中选择“对齐尺寸”即可。

7. 使用捕捉线自动整理尺寸

当尺寸较多且杂乱时，可使用自动整理功能并配合捕捉线，使众多尺寸排列的整齐有序。

有两种打开尺寸整理对话框的方法：①选择“注释”页“排列”组中的 清除尺寸；②在绘图区空白处单击鼠标右键，选择快捷菜单中的“清除尺寸”。

在“清除尺寸”对话框中，“要清除的尺寸”里表示已选择了 14 个尺寸。“清除设置”里可设定分隔尺寸，“偏移”表示第一条捕捉线到“偏移参照”的距离(偏移参照这里设定的是视图轮廓)，“增量”表示相邻两条捕捉线间的距离。勾选“创建捕捉线”，会创建捕捉线并将尺寸分别与捕捉线对齐，勾选“破断尺寸界线”，会在尺寸界线与其他绘制图元相交处破断该尺寸界线。如图 9－50 所示为使用“清除尺寸”对话框自动整理的尺寸，图中虚线是捕捉线。

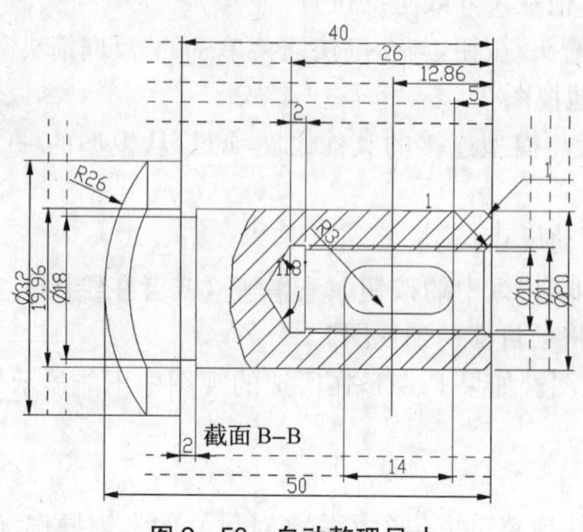

图 9-50 自动整理尺寸

使用捕捉线的好处如下：

(1) 移动尺寸到捕捉线附近时会自动使尺寸与捕捉线对齐。

(2) 移动某条捕捉线时，其上对齐的全部尺寸同时被移动。

(3) 对成组的捕捉线(如图中上方的五条线)，移动其中靠下的一条线，则其上的其他几条线同时被移动而间距不变。

要修改捕捉线的间距，可在捕捉线上双击，然后在输入框中输入新的间距值。

要创建新的捕捉线，可选择"注释"页"排列"组中的按钮 捕捉线... ，弹出"创建捕捉线"菜单，如图 9-51 所示。在绘图中选择偏移参照后点击【确定】，然后在弹出的输入框中按提示输入数值，分别表示"第一条捕捉线到参照的距离"、"创建几条捕捉线"和"各条线的间距"，最后选择"完成/返回"。

图9-51 创建捕捉线

捕捉线在绘图输出时不会被打印，仅仅作为定位尺寸和绘图细节的辅助。如果想隐藏捕捉线，可在主菜单中选择"工具"→"环境"，在弹出的"环境"对话框里取消"捕捉线"的勾选。

要删除捕捉线，选中捕捉线后，在右键快捷菜单中选择"删除"，或者直接按下 Delete 键。

四、插入注释

绘图中的注释必不可少，比如技术要求。有些驱动尺寸显示出来与国标不符，也需要使用注释重新标注，如图 9-52 中对倒角的标注。具体步骤如下：

(1) 选择"注释"页"插入"组中的创建注解图标 ，弹出"注解类型"菜单管理器。在此设置注释是否带引线及引线类型、是手工输入注释内容还是由文件读取、注释文本是水平还是竖直排列以及对齐方式等。设置完成后选择"进行注解"。

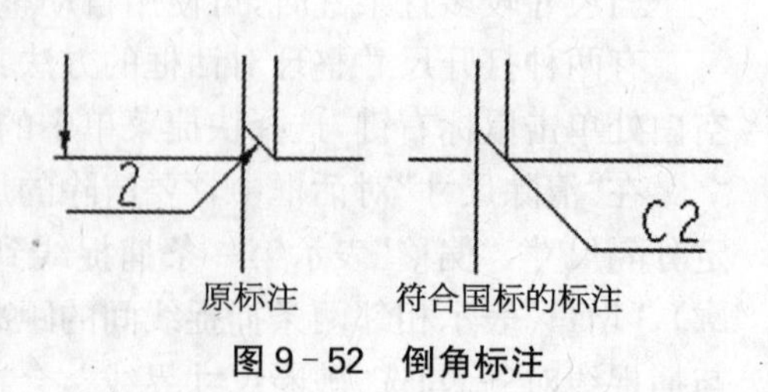

图 9-52 倒角标注

(2) 弹出"依附类型"菜单管理器。其中设置的是该注释的依附类型(依附于某图元还是可自由移动),依附端点的类型(是否显示箭头)。此时需要在绘图中选择依附图元后选择“完成”。

(3) 当鼠标指针形如,表示已准备好录入注释。在要放置注释处单击鼠标,弹出输入栏和“文本符号”窗口,可输入包括特殊符号在内的注释内容。

每行文本输入完后按下回车或按钮,可录入多行注释。如要结束输入,连续两次回车即可。选择“完成/返回”退出注释操作。

五、设置几何尺寸公差

机械制图中的公差包括尺寸公差和形位公差,其中尺寸公差可以在“尺寸属性”对话框中,通过设置尺寸的公差模式,以及添加尺寸的前、后缀等形式实现,如图 9-48 所示。

形位公差如果有基准要求,则需要首先设定基准平面或基准轴。

1. 设定基准平面或基准轴

在零件或组件模式中经常使用的基准平面和基准轴,可以通过修改名称和属性,使其作为形位公差的设置基准。具体步骤如下:

(1) 选择要作为公差基准的基准面或轴。如有必要,可按下工具栏中的显示基准面按钮。

(2) 在基准面标签(如 TOP、RIGHT)上双击,或者在绘图区空白处单击鼠标右键并在快捷菜单中选择“属性”,打开“基准”对话框,如图 9-53 所示。

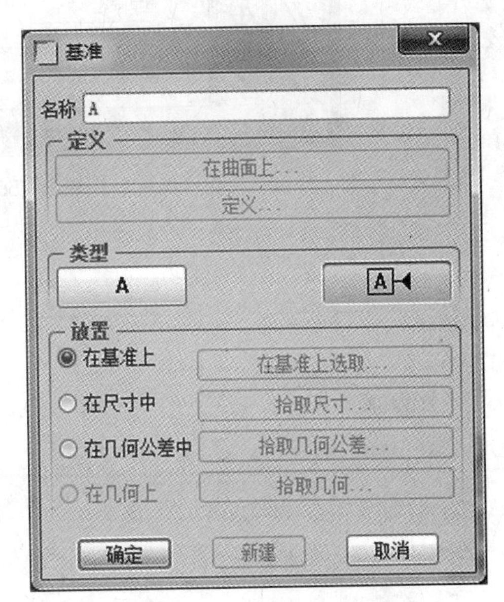

图 9-53 “基准”对话框

(3) 在“名称”栏里将基准名称改为 A、B 或 C 等公差基准常用字母,在“类型”里选择按钮,将该基准设置为公差基准。

(4) 通过在“基准”对话框(图 9-53)中选择“放置”栏中的选项,此公差设置基准标签可以放置在不同对象上。

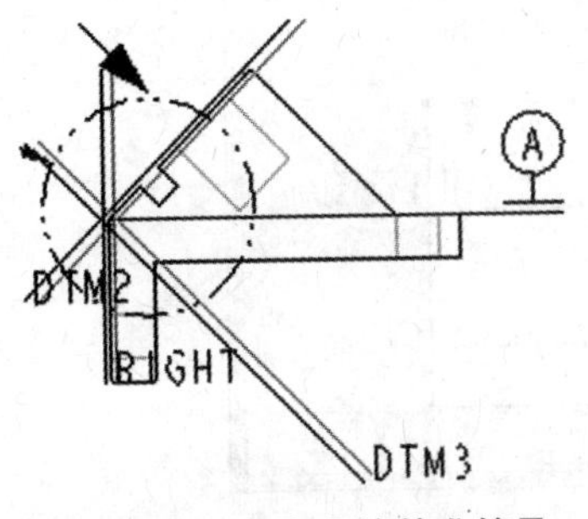

图 9-54 自定义的基准符号

在基准上:将模型的设置基准平面标签添加到其自身上,此为缺省。

在尺寸中:将模型的设置基准平面标签添加到尺寸上。

在几何公差中:在几何公差上添加模型的设置基准平面标签。

在几何上:将模型的设置基准平面标签添加到几何,如模型中的弧或圆。

(5) 选择【确定】,关闭“基准”对话框。

Pro/E 默认的基准符号不符合我国标准,可通过自定义符号的方式实现符合国标的标注,如图 9-54 所示。

2. 创建几何公差

选择“注释”页“插入”组中的创建几何公差按钮,打开“几何公差”对话框,如图 9-55 所示。

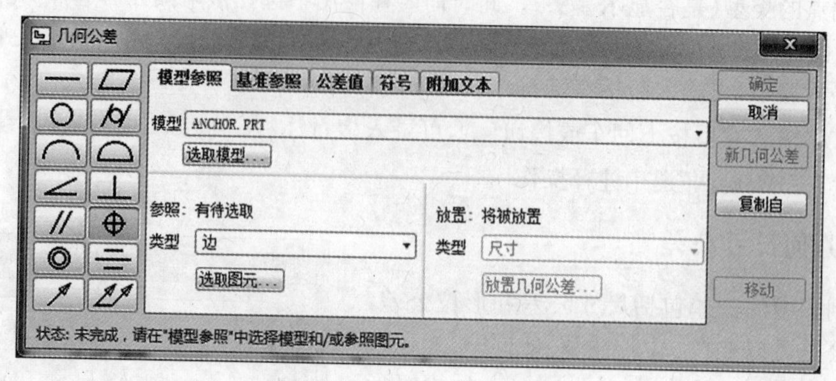

图 9－55 "几何公差"对话框

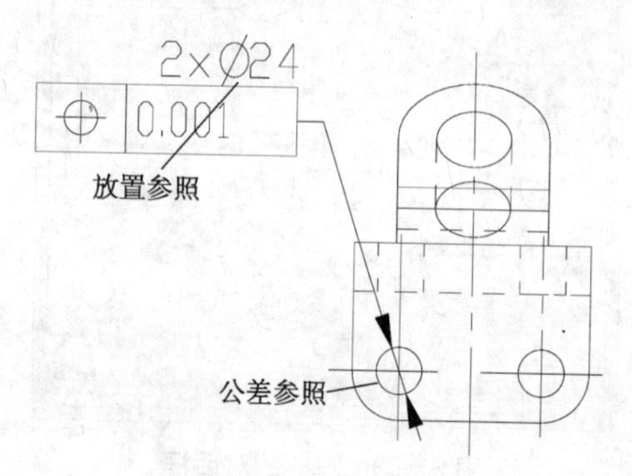

图 9－56 模型参照

首先在左侧选择公差符号，如位置度 ⊕，然后设置"模型参照"、"基准参照"、"公差值"、"符号"和"附加文本"各页。

1）模型参照 在"模型参照"页里可以设置要创建公差的模型和参照。

（1）参照类型选定后，可按下 选取图元... ，在绘图区选择公差参照。

（2）放置类型选定后，可按下 放置几何公差... ，在绘图区选择放置参照。

如图 9－56 所示为选择孔边为公差参照、孔径尺寸为放置参照，而初步显示的公差。

2）基准参照 "基准参照"页里，用来指定公差的参照基准和材料状态。复合公差的值和基准参照也在此页设置，如图 9－57 所示。

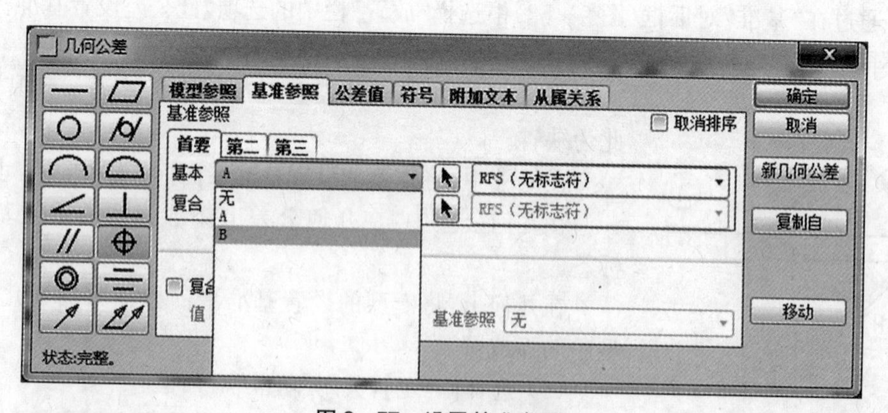

图 9－57 设置基准参照

点开"首要"里"基本"右侧的下拉列表，是之前设置的公差基准，可直接选用。点击"第二"、"第三"，可分别设置第二基准和第三基准。

材料状态在每个基准后均可设置，可用选项有：LMC—最小材料状态；MMC—最大材料状态;RFS—忽略材料尺寸状态。

3) 公差值 此页设置总公差值和被测要素的材料条件,其出现在公差框格的第二格中。如图 9-58 所示。

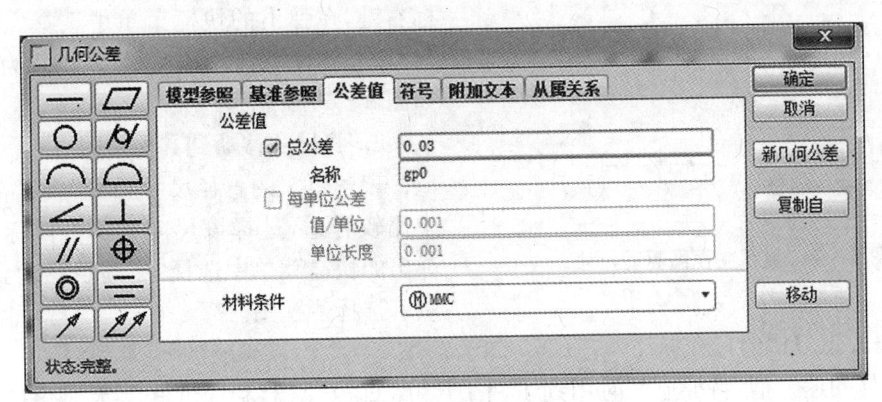

图 9-58 设置公差值

4) 符号和附加文本 "符号"页和"附加文本"页用来设置符号和修饰符,突出公差带,以及公差值的前、后缀等。

图 9-59 所示为设置完成的某孔的位置度公差。

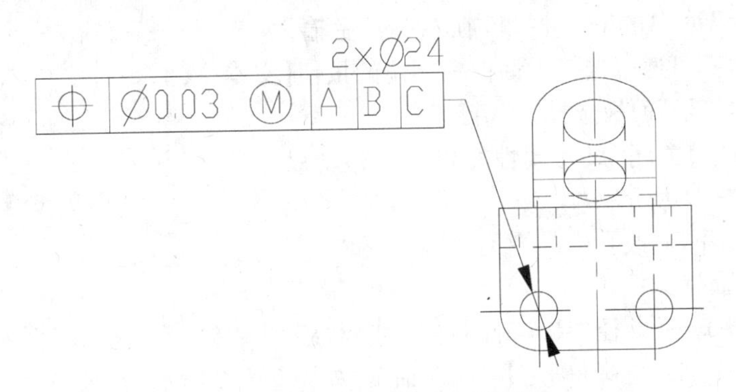

图 9-59 设置完成的位置度公差

选择【确定】完成该公差创建并且关闭"几何公差"创建对话框。选择【新几何公差】则不关闭对话框,继续创建新的公差。选择【复制自】然后选择已有公差,则复制其设置到当前创建公差。选择【移动】然后在绘图区内单击,则当前公差移动到鼠标位置。

六、实例操作

本例将完成"sam. drw"的工程图尺寸标注。

1. 打开文件

打开上例的绘图文件"sam. drw"。

2. 显示主视图中的驱动尺寸

(1) 选择"注释"页"插入"组中的显示模型注释按钮,在"显示模型注释"对话框中选择类型,然后在绘图区选择主视图,主视图中的所有驱动尺寸被显示。

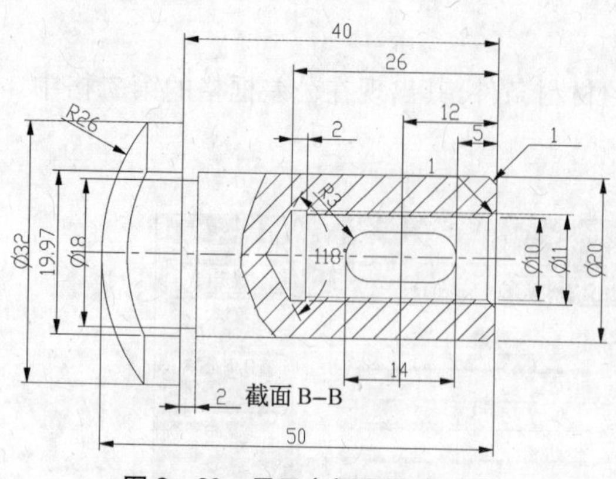

图 9－60 显示主视图驱动尺寸

(2) 选择“显示模型注释”对话框中的全选按钮，然后选择【确定】关闭对话框。

(3) 此时所有尺寸为选中状态，可单击鼠标右键，在弹出的快捷菜单中选择“属性”，修改“尺寸属性”对话框中的公差模式为“公称”，如图 9－60 所示。

3. 将尺寸移动到其他视图

表达钉头的直径尺寸“ϕ32”放置在侧视图中比较合适，选择该尺寸后单击鼠标右键，在弹出的快捷菜单中选择“将项目移动到视图”，然后选择侧视图。

4. 修改退刀槽的尺寸标注

钉头处的退刀槽，特征造型时用到了两个尺寸，直径“ϕ18”和深度“2”，为简化标注，将直径尺寸拭除，表达在深度尺寸中。

(1) 选择直径尺寸“ϕ18”，右键快捷菜单中选择“拭除”，在空白处单击后可发现尺寸已拭除。

(2) 选择深度尺寸“2”，右键快捷菜单中选择“属性”，打开“尺寸属性”对话框。

(3) 在“显示”页中的输入栏里，在“@D”后输入“×ϕ18”。其中字符“ϕ”可通过选择对话框右下角的按钮【文本符号】，打开“文本符号”面板选择。

(4) 选择【确定】关闭“尺寸属性”对话框，移动尺寸到合适位置，如图 9－61 所示。

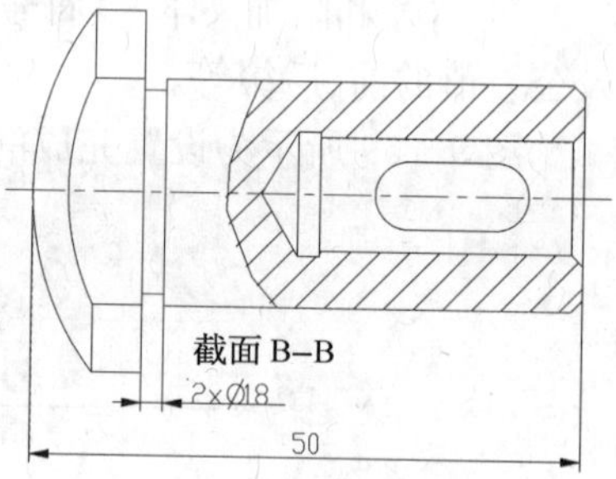

图 9－61 退刀槽标注

(5) 同样的操作，修改孔内的槽尺寸“ϕ11”和“2”。

5. 修改尺寸属性

(1) 双击钉头球面半径“R26”打开“尺寸属性”对话框，在“显示”页右侧输入栏里的“R@D”前输入“S”，然后选择【确定】关闭对话框，如图 9－62 所示。

(2) 选择孔径尺寸“ϕ10”，打开“尺寸属性”对话框，在“显示”页输入栏的“ϕ@D”后输入“H8”，选择【确定】关闭对话框。同理修改外径尺寸“ϕ20”，添加“f7”，如图 9－63 所示。

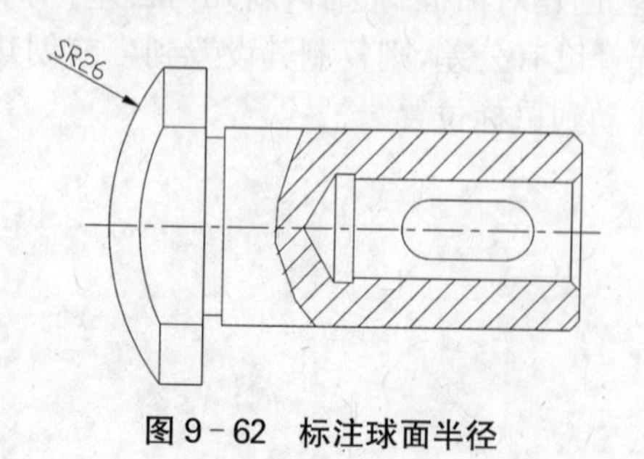

图 9－62 标注球面半径

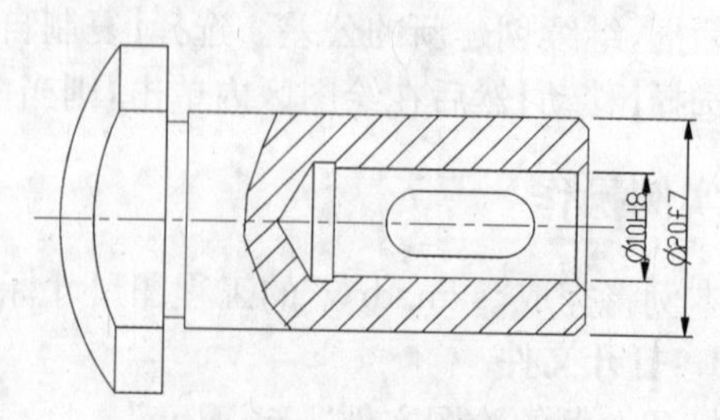

图 9－63 标注尺寸配合公差

6. 拭除不需要显示的尺寸

对于要拭除的尺寸，比如创建剖面时的参照面尺寸“12”，角度尺寸“118°”，可选择尺寸后

(按下 Ctrl 键多选),选择右键快捷菜单中的"拭除"命令拭除。

7. 修改注释,标注倒角

图中对两个倒角的标注不符合国标,可先拭除,然后用创建注释的方法重新标注。

(1) 选择"注释"页"插入"组中的创建注释按钮,在弹出的菜单管理器中"注解类型"选择"带引线"、"切向引线",然后选择"进行注解"。

(2) 在弹出的菜单管理器"引线类型"中选择"没有箭头",然后在绘图区选择需要标注的倒角边,如图 9-64 所示。

(3) 此时鼠标指针变为,表示已经准备好输入注释内容,在倒角边附近的绘图区空白处单击鼠标,然后在输入栏里键入"C1",按两次回车结束注释。

(4) 默认的注释引线在注释文本的中部,可使用右键快捷菜单中的"切换引线类型"修改。同理完成对另一倒角的标注,如图 9-65 所示。

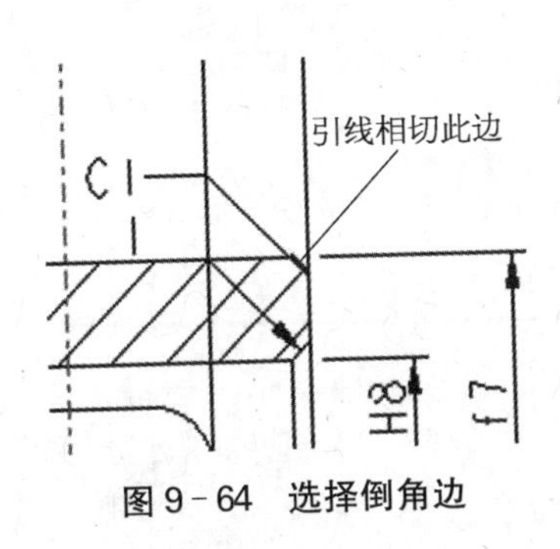

图 9-64 选择倒角边

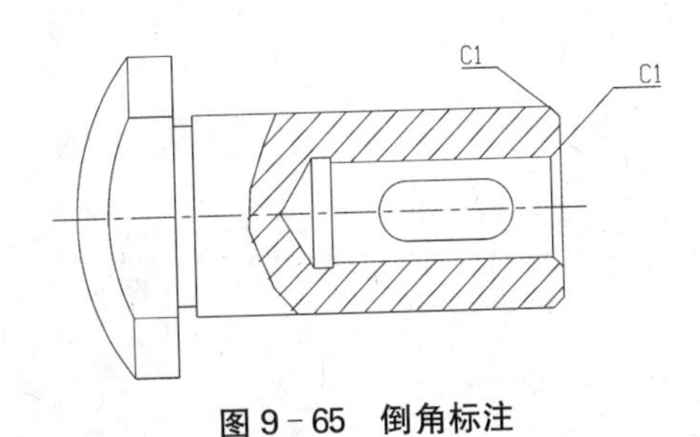

图 9-65 倒角标注

(5) 主视图下方的注释"截面 B-B"不需要显示,选择后右键"拭除"。

(6) 注释"截面 A-A"的位置和显示不符合国标,需修改。选择该注释后右键选择"属性",打开"注解属性"对话框。删除文本内容"截面"及后边的几个空格,即仅保留"&xsec_name"。选择【确定】关闭对话框。拖动注释到视图的上方。

8. 显示中心线

(1) 选择"注释"页"插入"组中的显示模型注释按钮,打开"显示模型注释"对话框。

(2) 选择,按下 Ctrl 键选择三个视图,或者在模型树中选择"SAM. PRT",可将三个视图中的轴线全部显示出。

(3) 选择全选按钮,然后选择【确定】关闭"显示模型注释"对话框。

9. 添加从动尺寸

(1) 选择"注释"页"插入"组中的按钮,然后在侧视图中选择如图 9-66 所示的参照和放置位置,标注从动尺寸"25"。

(2) 在剖视图中添加另一个从动尺寸"6",并且修改属性,添加尺寸公差"H8"。

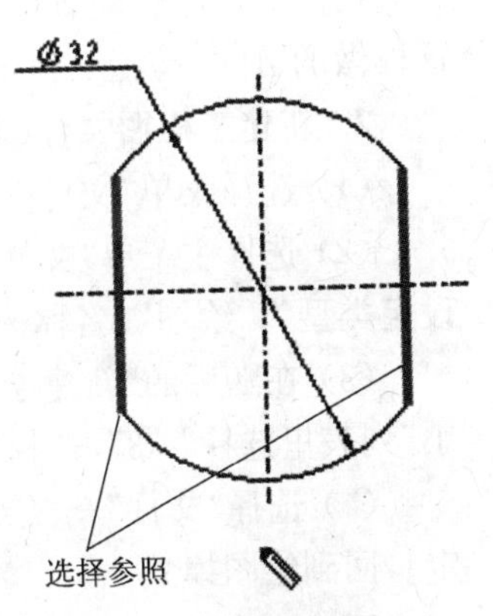

图 9-66 标注从动尺寸

10. 保存文件

调整各尺寸至合适位置,如图 9-67 所示。然后选择工具栏的保存按钮,将文件保存。

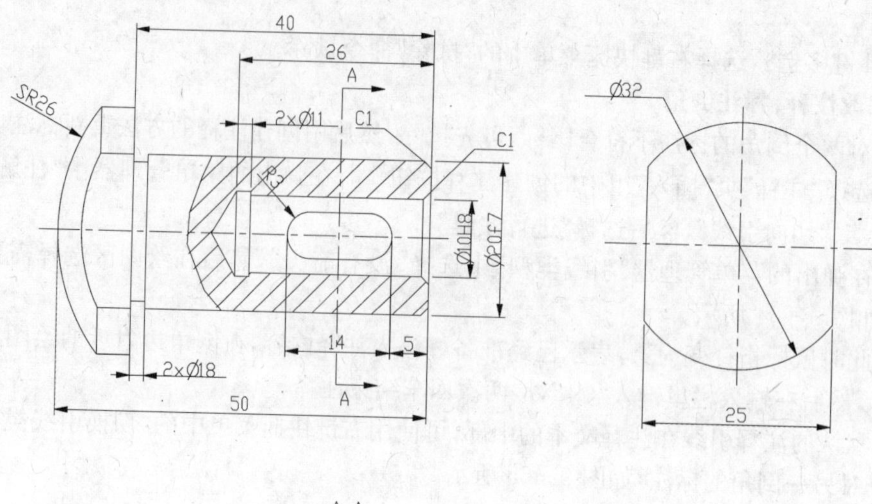

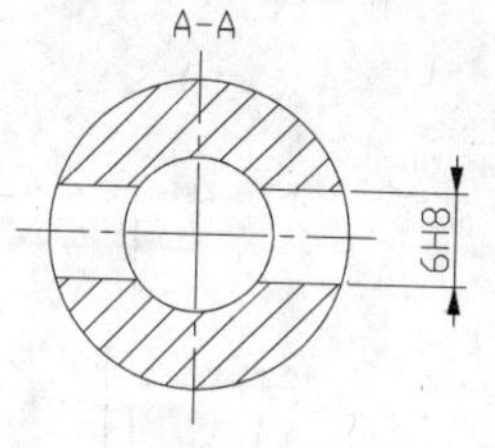

图 9 - 67 标注实例

任务四 工程图综合实例

一、综合实例一

1. 在零件模式下创建轴的模型

按图 9 - 68 创建轴的零件模型，文件名为“shaft. prt”，请尽可能使用图中尺寸定义特征，这样做的目的，是使工程图中尺寸标注以驱动尺寸为主。

2. 新建工程图文件(命名为“shaft. drw”)，并设置绘图选项参数

(1) 选择菜单“文件”→“设置工作目录”，将工作目录设置为轴零件所在目录。

(2) 选择主菜单“文件”→“新建”，或者在工具栏中选择新建按钮，弹出“新建”对话框。设定类型为“绘图”，名称输入“shaft”，取消“使用缺省模板”，然后选择【确定】。

(3) 在随后的“新建绘图”对话框中，缺省模型选择“shaft. prt”，指定模板为“空”，“标准大小”列表里选择“A3”，选择【确定】后进入绘图环境。

(4) 选择“文件”→“绘图选项”，打开“选项”对话框，按表 9 - 1 修改参数，然后选择【确定】，回到绘图模式。

3. 创建视图

1) 建立主视图

(1) 在“布局”页“模型视图”组中选择，然后在绘图区空白处单击，此时轴零件以三维着色形态出现在绘图区，同时“绘图视图”对话框打开。

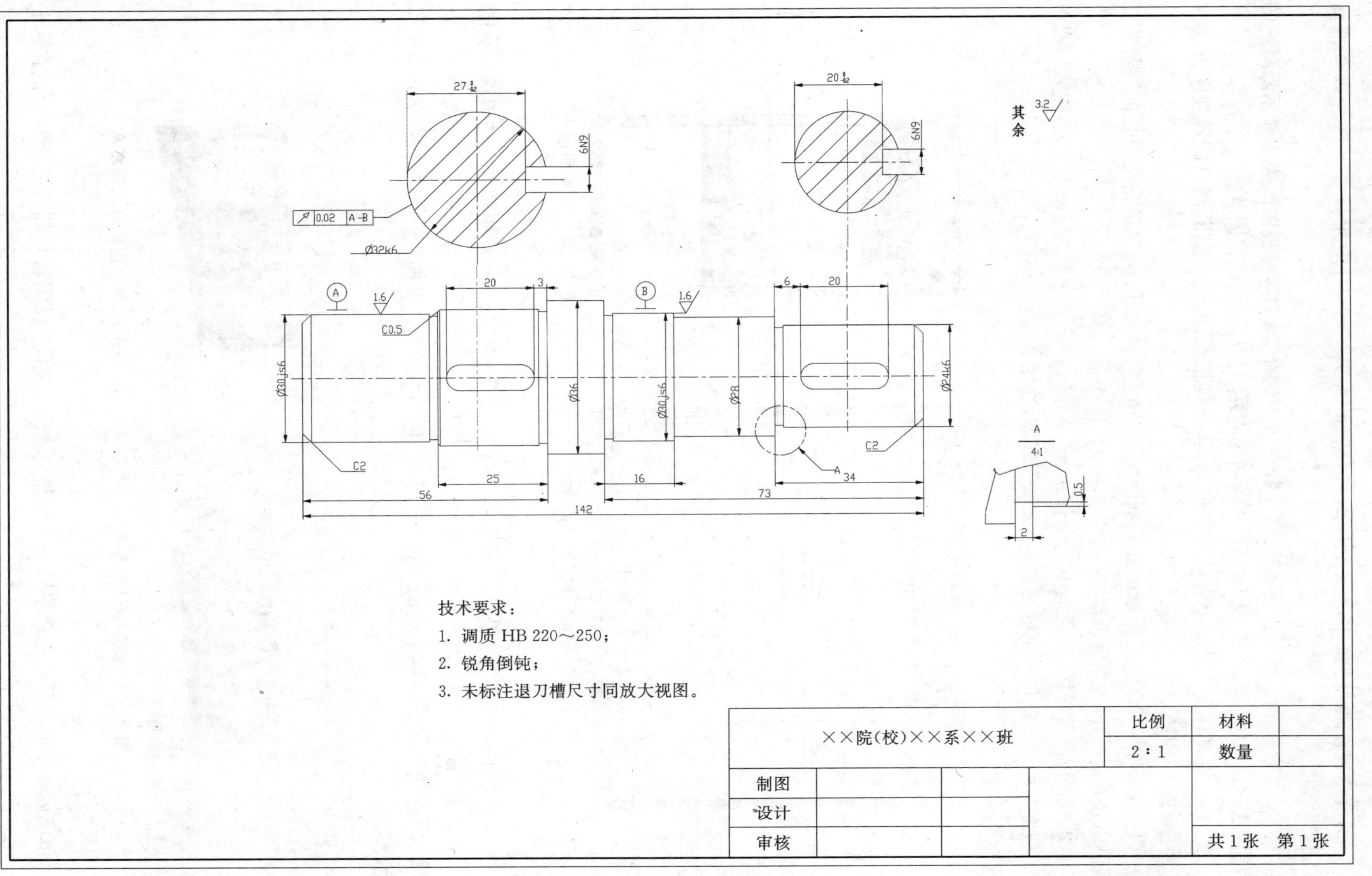
27
6N9
0.02 A-B
Ø32k6
20
6N9
其余 3.2
A
B
1.6
1.6
20
3
6
20
C0.5
Ø30js6
Ø36
Ø30js6
Ø28
Ø24k6
C2
C2
A
34
25
16
56
73
142
A
4:1
0.5
2
技术要求：
1. 调质 HB 220～250；
2. 锐角倒钝；
3. 未标注退刀槽尺寸同放大视图。
××院(校)××系××班
比例
2∶1
材料
数量
制图
设计
审核
共1张 第1张

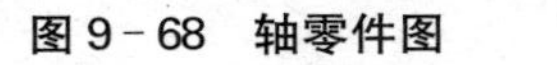
图 9-68 轴零件图

(2) 在“视图类型”页中,“模型视图名”选择“TOP”,单击【应用】,零件转为以基准面“TOP”为视图平面的二维显示。

(3) 在“视图显示”页中,“显示样式”下拉列表中选择“消隐”,将视图改为不显示隐藏线的线框模式,“相切边显示样式”选择“无”,最后单击【关闭】退出“绘图视图”窗口。

2) 建立旋转视图　该轴上有两处键槽,为表达键槽截面,可将其断面以旋转视图方式放置于主视图上方。

(1) 在零件模式下创建键槽断面的剖面。打开轴零件“shaft. prt”,单击菜单栏的“视图”→“视图管理器”,打开“视图管理器”对话框,如图 9-69 所示。

(2) 在“视图管理器”对话框中选“剖面”→“新建”,在删除名称“Xsec0001”后键入“A”作为该截面名称,回车打开“剖截面创建”菜单管理器,如图 9-70 所示。

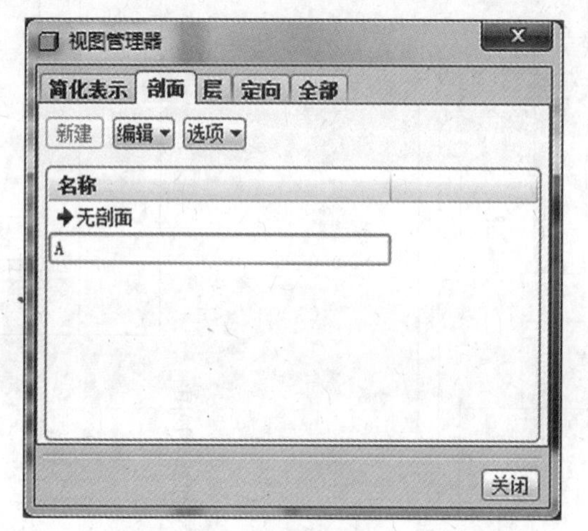

图 9-69 “视图管理器”对话框

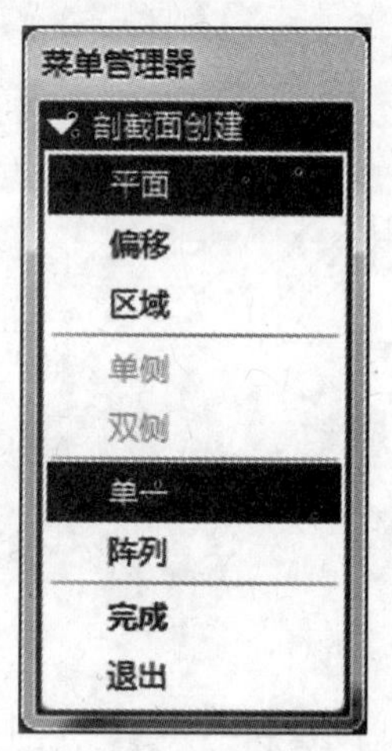

图 9-70 “剖截面创建”菜单管理器

(3) 从“剖截面创建”菜单管理器开始,选择“平面”→“完成”→“产生基准”→“偏移”,在图 9-71 中选择轴的左端面为偏距参照面,然后在菜单管理器中选择“输入值”,依照图中箭头方向输入偏距值“-40”mm,单击☑,菜单管理器中单击“完成”,剖面“A”创建完成,如图 9-72 所示。

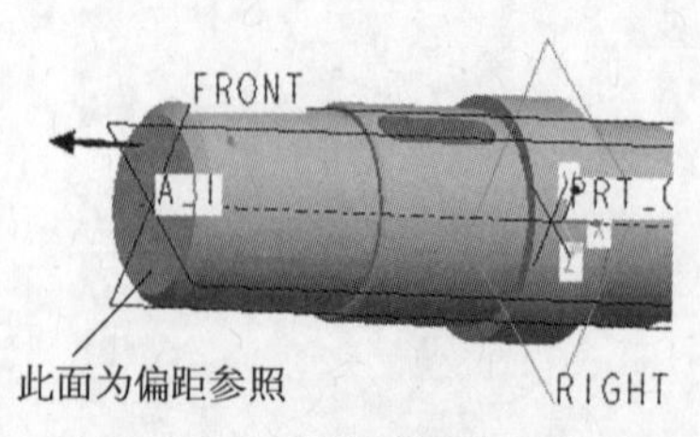

图 9-71 偏距参照与方向

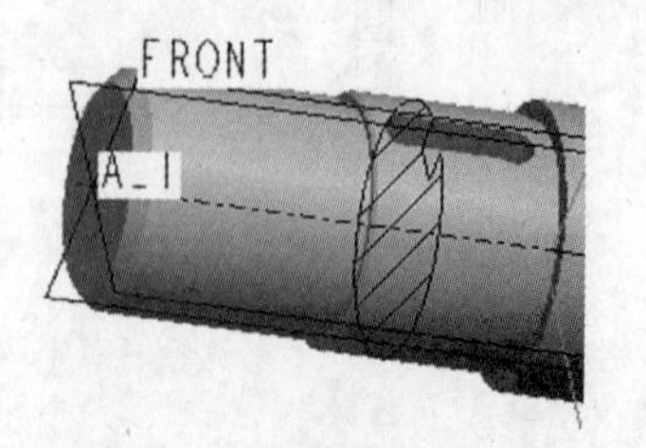

图 9-72 创建好的剖面 A

继续创建剖面“B”使之通过另一个键槽,完成后关闭“视图管理器”对话框。保存零件“shaft. prt”,并回到工程图模式。

(4) 插入旋转视图。选择“布局”页“模型视图”组中的按钮旋转...，然后选择主视图，接着单击主视图上方空白处放置截面A，同时弹出“绘图视图”窗口。单击【确定】关闭窗口，移动截面A到合适位置。

继续创建B截面的旋转视图，在“绘图视图”窗口中选择截面“B”，然后单击【确定】，即可将截面B显示出来。

3) 建立放大视图　选择“布局”页“模型视图”组中的按钮详细...，在退刀槽某边上单击作为视图中心点(图9-73中十字标记)，围绕该点绘制样条曲线，单击鼠标中键封闭，在合适位置单击放置放大视图。

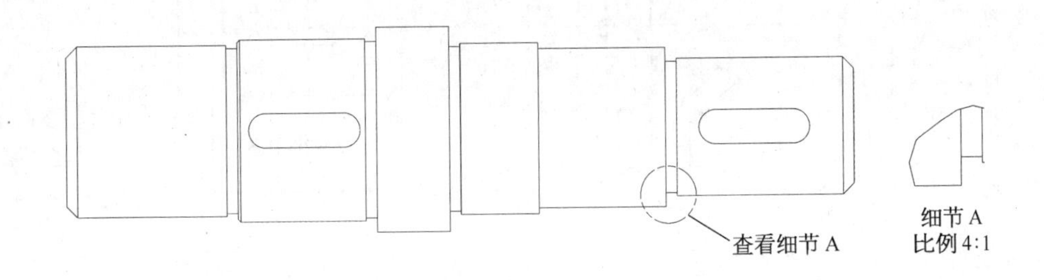

图9-73　建立放大视图

4) 移动各视图到合适位置　如不能移动视图，检查右键菜单中“锁定视图移动”的状态。

4. 标注尺寸

1) 显示中心线

(1) 选择“注释”页“插入”组中的显示模型注释按钮，打开“显示模型注释”对话框。

(2) 选择，按下Ctrl键选择主视图及两个断面图，或者在模型树中选择“SHAFT.PRT”，可将三个视图中的轴线全部显示出来。

(3) 选择全选按钮，然后选择【确定】关闭“显示模型注释”对话框。

2) 显示驱动尺寸　再次打开“显示模型注释”对话框，选择，然后单击主视图，所有主视图的驱动尺寸被显示。选择全选按钮，也可以取消不需要显示的个别尺寸，最后选择【确定】关闭“显示模型注释”对话框。

此时所有尺寸均为被选中状态，可选择右键快捷菜单中“属性”，修改公差模式为“公称”。

3) 参照图9-74整理尺寸　包括：

(1) 移动各尺寸到合适视图和位置。

(2) 该轴有四处退刀槽，尺寸相同，将其中一处的尺寸移动到放大视图，其余三处的尺寸删除。

(3) 对齐各行尺寸。

4) 修改尺寸属性，添加尺寸公差

(1) 选择“ϕ30”的两个轴径尺寸，右键快捷菜单中选择“属性”，在“尺寸属性”对话框中修改为“ϕ30js6”；同理修改“ϕ24”、“ϕ32”的轴径尺寸为“ϕ24k6”和“ϕ32k6”。

(2) 修改两个键槽宽度尺寸“6”为“6N9”。

5) 创建从动尺寸　在两个键槽的移出断面图中标注尺寸“27”、“20”。将其公差模式改为

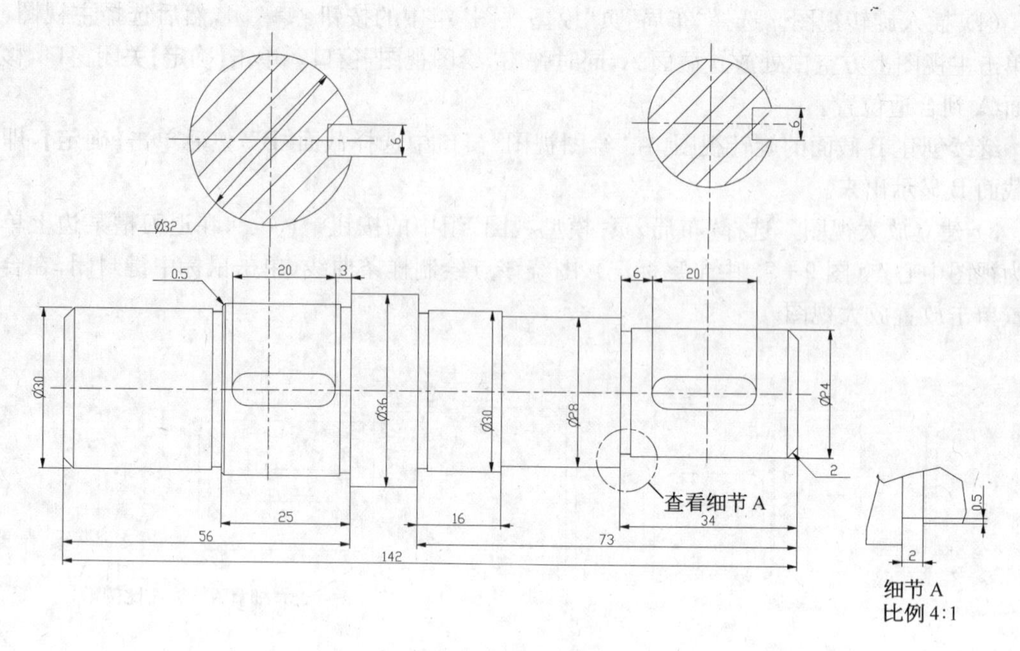

图 9－74　尺寸整理

"加-减"，上、下公差为"0"和"－0.2"。

6）标注倒角

（1）删除轴两端的倒角"2"，以及"ϕ32"轴段的倒角"0.5"。

（2）用插入注释的方法标注倒角，注意选择"带引线"→"切向引线"，而"引线类型"选择"没有箭头"。

（3）插入注释后，用右键快捷菜单中的"切换引线类型"，使标注文本放置在引线之上。

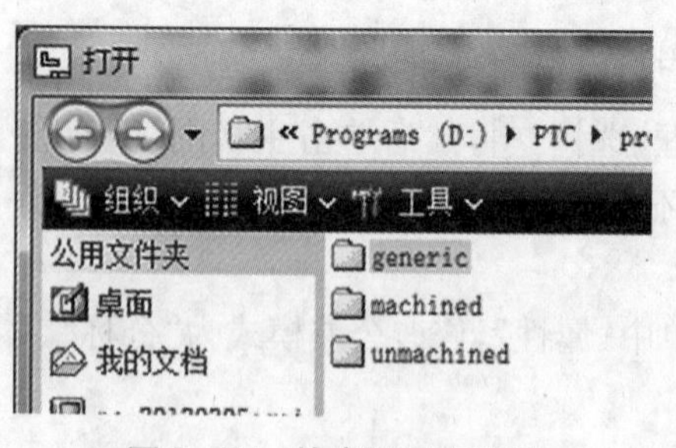

图 9－75　检索粗糙度符号

5. 标注表面粗糙度

（1）选择"注释"页"插入"组中的表面粗糙度按钮，在弹出的菜单管理器中选择"检索"，出现"打开"对话框，如图 9－75 所示。其中可以检索到Pro/E所带的三种表面粗糙度符号。"generic"表示表面可用任何方式获得；"machined"表示表面使用去除材料的方法获得（例如车、铣、钻、磨等）；"unmachined"表示表面是用不去除材料的方法获得（例如铸、锻等）。

（2）打开"machined"文件夹，内含不带粗糙度值的符号文件"no_value1. sym"和带粗糙度值的符号文件"standard1. sym"。选择"standard1. sym"→"打开"，弹出"实例依附"菜单，如图 9－76 所示，选择"法向"，然后单击选择轴表面，在文本输入行输入粗糙度值"1. 6"，回车结束输入。

（3）放置右上角"其余"粗糙度符号。先用插入注释的方法，在绘图区右上角插入"其余"。标注粗糙度时在"实例依附"菜单管理器中选择"无引线"，然后在注释"其余"右侧单击，文本输入行中输入粗糙度值"3. 2"后回车，如图 9－77 所示。

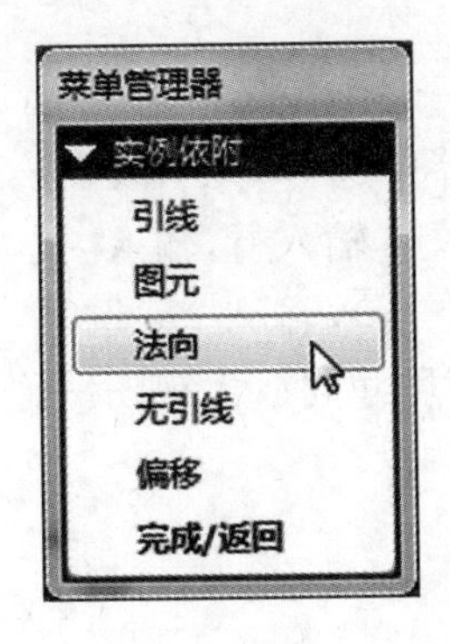

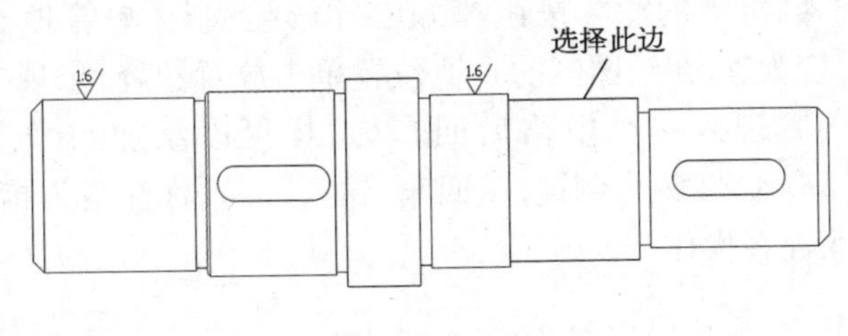

图 9－76 添加粗糙度标注

其余 3.2

图 9－77 无引线的粗糙度符号

6. 标注形位公差

1）设置公差基准轴 A、B 选择轴的中心线“A_1”，右键快捷菜单选择“属性”，打开轴属性对话框，如图 9－78 所示。名称改为“A”，类型选择 [A]◀ ，放置选择“在尺寸中”，按钮【拾取尺寸】按下，选择尺寸“ϕ30js6”，可看到基准轴 A 的符号[A]◀被放置到尺寸边界线上。

同理设置公差基准“B”到另一段“ϕ30js6”的轴上。

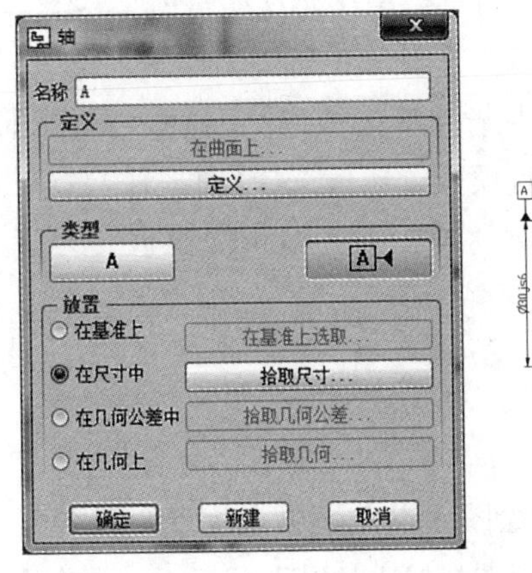

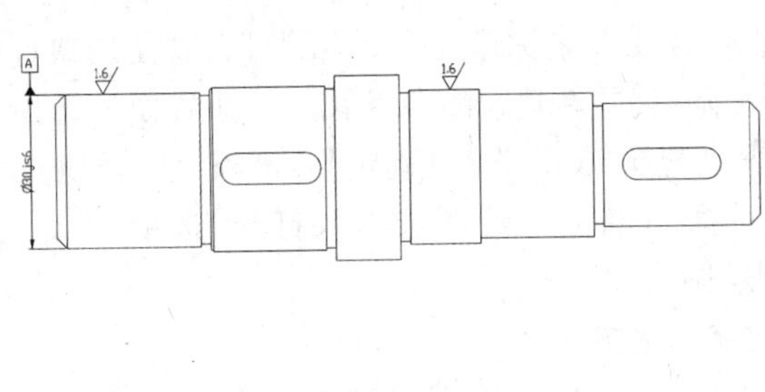

图 9－78 设置公差基准

2）标注形位公差

（1）选择“注释”页“插入”组中的按钮，打开“几何公差”对话框，单击“圆跳动”符号图标↗，“参照类型”选择“曲面”，然后单击轴上“ϕ32”段的圆柱面为参照。

（2）放置类型选择“带引线”，引线类型选择“没有箭头”，在旋转视图中选择轴的边为参照，按下鼠标中键接受，然后单击鼠标放置公差。

（3）在“几何公差”对话框的“基准参照”页中，设置首要公差为“A”，复合公差为“B”。

在“公差值”页中，将总公差由默认值“0.001”修改为“0.02”。选择【确定】关闭“几何公差”对话框，公差标注如图 9－79 所示。

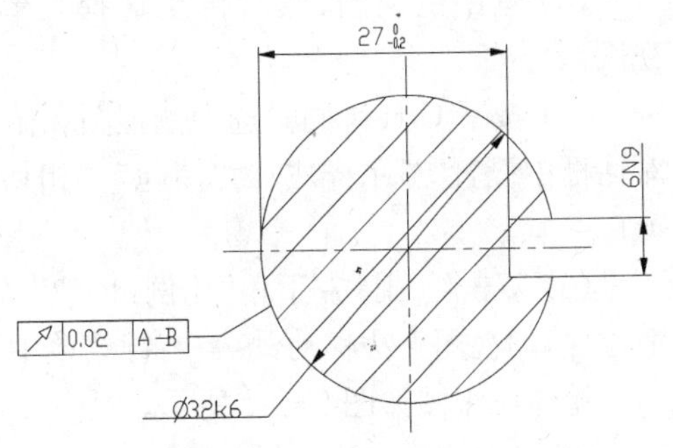

图 9－79 形位公差标注

7. 添加技术要求

选择“注释”页“插入”组中的注释按钮，在“注解类型”菜单管理器中选择“无引线”→“进行注解”，鼠标指针变为，在绘图区的合适位置单击放置注释，出现文本输入行，输入“技术要求：”然后回车，接着键入一个空格后回车（这样可以添加一个空行），输入“1. 调质HB 220～250；”，回车，输入“2. 锐角倒钝；”，回车，输入“3. 未标注退刀槽尺寸同放大视图。”。最后连续两次回车结束注释操作。

8. 保存文件

轴零件图完成，保存文件。

二、综合实例二

本例所用零件为涡轮减速器箱体，结构较为复杂，应使用多种视图结合剖视图表达结构尺寸。

1. 创建箱体零件

按图 9－80 创建箱体的零件模型，文件名为“xiangti. prt”。

2. 新建工程图文件并设置选项参数

(1) 选择主菜单“文件”→“设置工作目录”，将工作目录设置为箱体零件“xiangti. prt”所在目录。

(2) 选择主菜单“文件”→“新建”，或者在工具栏中选择新建按钮，弹出“新建”对话框。设定类型为“绘图”，名称输入“xiangti”，取消“使用缺省模板”，然后选择【确定】。

(3) 在随后的“新建绘图”对话框中，缺省模型选择“xiangti. prt”，指定模板为“空”，“标准大小”列表里选择“A3”，选择【确定】后进入绘图环境。

(4) 选择“文件”→“绘图选项”，打开“选项”对话框，按表 9－1 修改参数，然后选择【确定】，回到绘图模式。

3. 建立三视图

(1) 选择“布局”页“模型视图”组中的按钮，在绘图区空白处单击放置一般视图，“绘图视图”窗口弹出，“类别”选择“视图类型”，“模型视图名”选择“RIGHT”，然后单击按钮【应用】。再选择“类别”中的“视图显示”，“显示样式”选择“消隐”，“相切边显示样式”选择“无”，单击【确定】关闭“绘图视图”窗口。

(2) 选择“布局”页“模型视图”组中的按钮 投影...，在主视图右侧空白处单击，放置侧视图。

(3) 选中主视图，然后再次选择投影按钮 投影...，在主视图下方空白处单击，放置俯视图。

(4) 按下 Ctrl 键同时选中侧视图和俯视图，然后在右键菜单中选择“属性”，在“绘图视图”对话框中设置“显示样式”为“消隐”，“相切边显示样式”为“无”，单击【确定】关闭“绘图视图”窗口。

(5) 双击绘图区左下角“比例：1：3”，输入“0.5”，将图纸比例改为 1：2。移动三视图到合适位置，如视图无法移动，检查右键菜单中“锁定视图移动”的状态。

箱体三视图如图 9－81 所示。

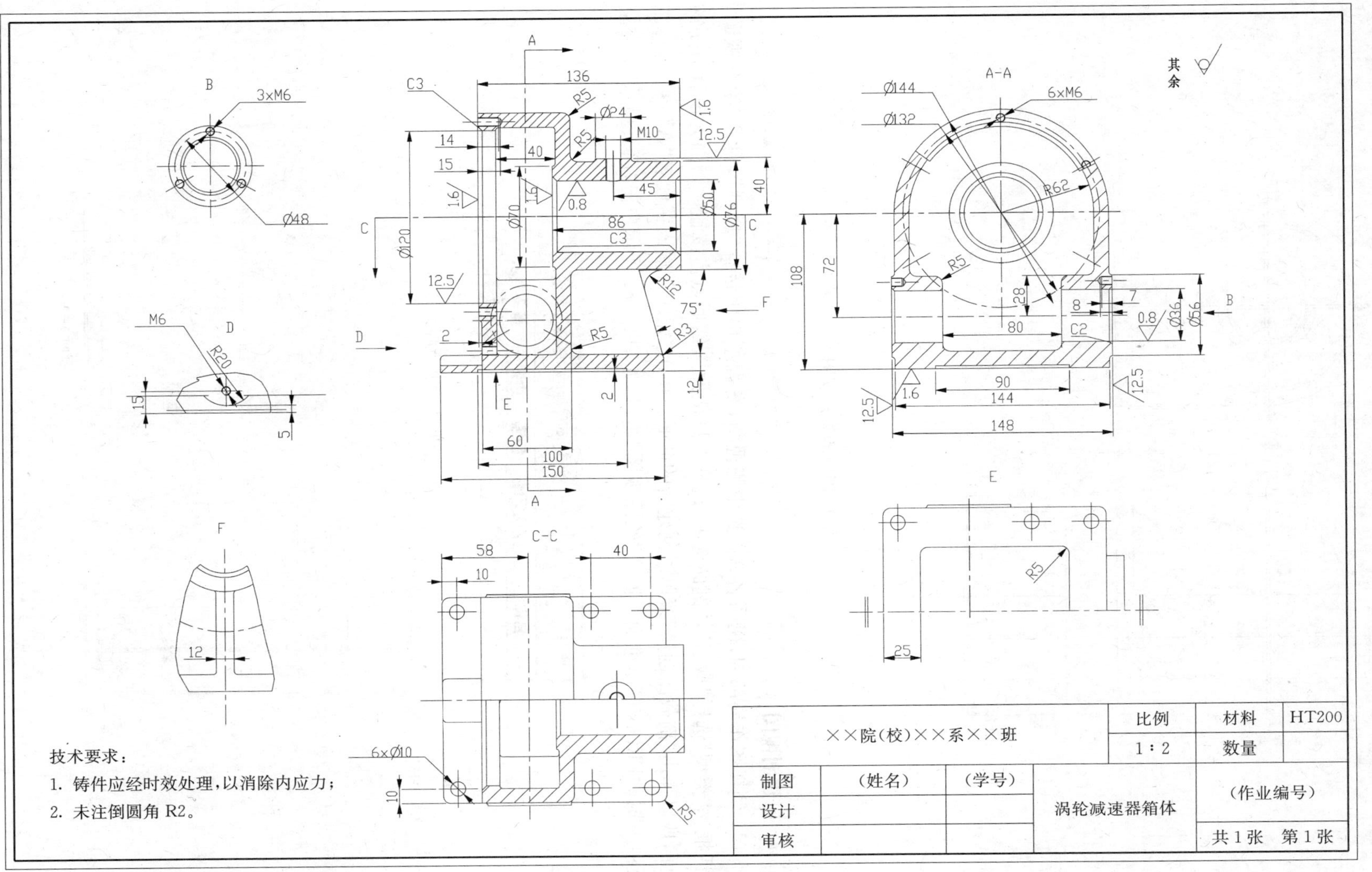

其余
B
3×M6
Ø48
A
136
C3
R5
ØP4
M10
14
15
40
1.6
12.5
0.8
45
86
C3
Ø50
Ø76
Ø70
Ø120
C
R12
75°
R3
R5
F
D
2
12
E
60
100
150
M6
R20
15
5
A-A
Ø144
Ø132
6×M6
R62
R5
28
7
8
0.8
Ø36
Ø56
108
72
80
C2
90
144
148
E
R5
25
F
12
C-C
58
10
40
6×Ø10
技术要求：
1. 铸件应经时效处理，以消除内应力；
2. 未注倒圆角 R2。
××院(校)××系××班
比例
1∶2
材料
HT200
数量
制图
(姓名)
(学号)
涡轮减速器箱体
(作业编号)
设计
审核
共1张 第1张

图 9-80 箱体零件图

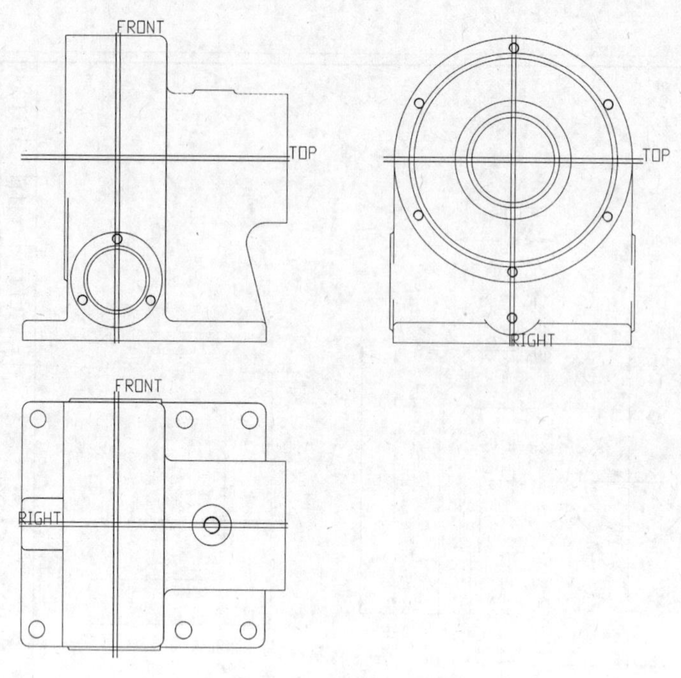

图 9-81 箱体三视图

4. 创建剖视图

(1) 侧视图作局部剖,视图名 A。选中侧视图,右键菜单中选择“属性”,打开“绘图视图”对话框。“类型”选择“截面”,“剖面选项”选择“2D 剖面”,然后点击按钮 ,因为没有可用的剖面,所以弹出“剖截面创建”菜单以创建新的截面。单击“完成”,输入截面名“A”,回车,在主视图中选择“FRONT”基准面。回到“绘图视图”窗口,如图 9-82 所示单击“箭头显示”下方空

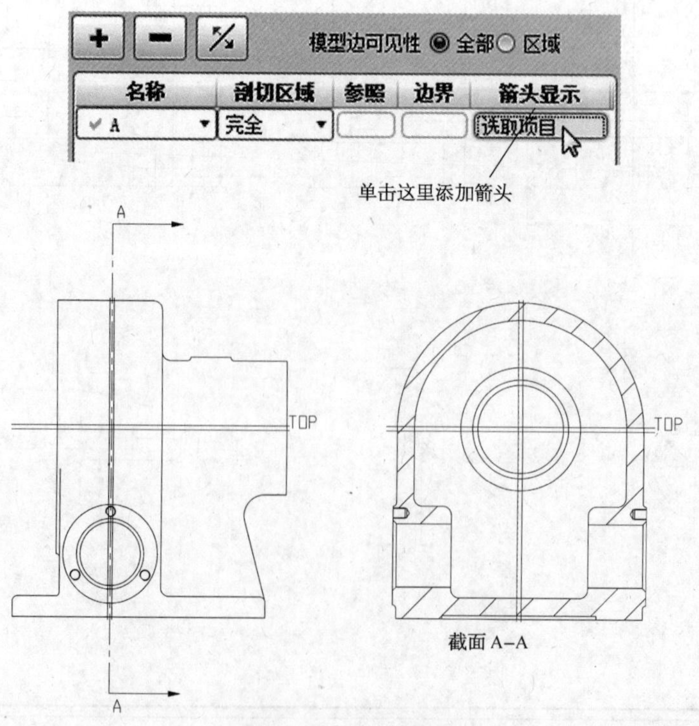

图 9-82 全剖视图

格，然后选择主视图（箭头放置视图），单击【应用】可看到侧视图已作全剖。

如图9-83所示，选择“剖切区域”下拉列表中的“局部”，在图中某边上单击选择参考点（图中十字标记所示），围绕参考点作样条曲线，按鼠标中键闭合。单击【确定】关闭“绘图视图”窗口，侧视图已修改为局部剖视图。

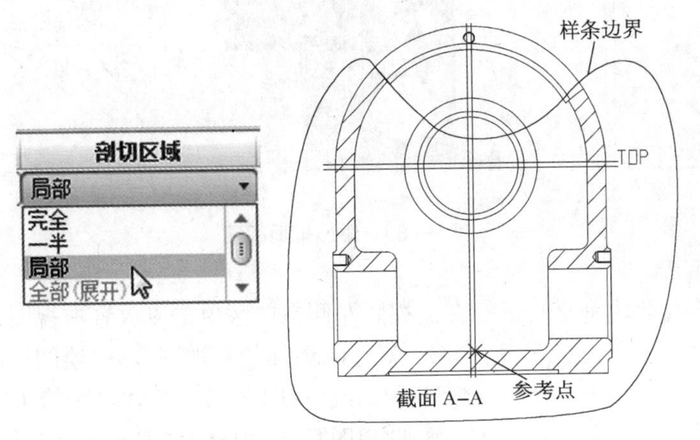

图9-83　局部剖视

侧视图下方的视图名“截面A-A”，可按修改注释的方法删除文字“截面”，然后拖动至视图上方。

（2）俯视图作半剖，视图名C。双击俯视图打开“绘图视图”窗口，选择“截面”→“2D截面”，单击按钮，可看到视图名“A”前的✖，表示该截面不可用（因截面A与俯视图垂直）。选择“创建新...”，“剖截面创建”菜单中选择“平面”→“完成”，输入截面名“C”，回车，在主视图中选择“TOP”基准面。回到“绘图视图”窗口，“剖切区域”下拉列表中选择“一半”，在俯视图中选择基准面“RIGHT”，如图9-84所示。图中的箭头指向要剖切的一半，可通过在“RIGHT”的另一侧单击更改。单击“箭头显示”下方空白，选择主视图放置箭头，最后单击【确定】关闭“绘图视图”窗口。视图名“截面C-C”移动至俯视图上方，并删除文字“截面”。

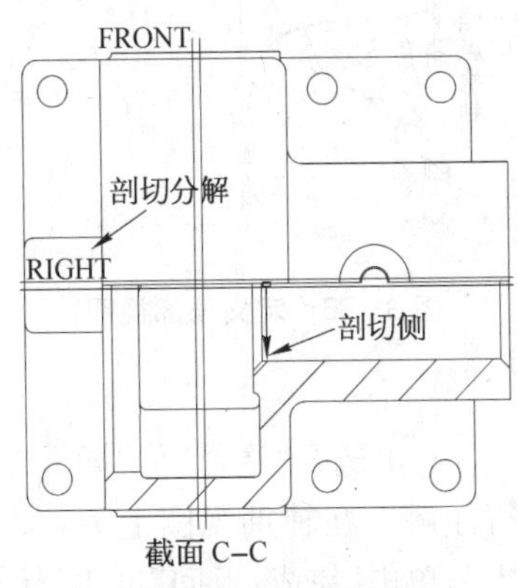

图9-84　半剖视图

（3）主视图作全剖，剖截面选择俯视图中的“RIGHT”基准面，视图名H，不添加箭头。不需要显示主视图的视图名和箭头，可选中注释“截面H-H”，右键快捷菜单中选择“删除”。

（4）剖面线修改。在要修改的剖面线上双击（注意不是双击视图），弹出“修改剖面线”菜单管理器。要修改剖面线的间距，选择“间距”，然后在“修改模式”中选“一半”、“加倍”或“值”指定数值。要修改剖面线的角度，选择“角度”，然后在“修改模式”中选择所需的角度，或者选择“值”指定角度。单击“完成”退出剖面线修改。

5. 创建辅助视图B

箱体零件图中的视图B，用于表达下方通孔端面的形状和尺寸，采用辅助视图结合局部视图的方式。

（1）选择“布局”页“模型视图”组中的按钮 辅助...，在侧视图中选择如图9-85所示的零

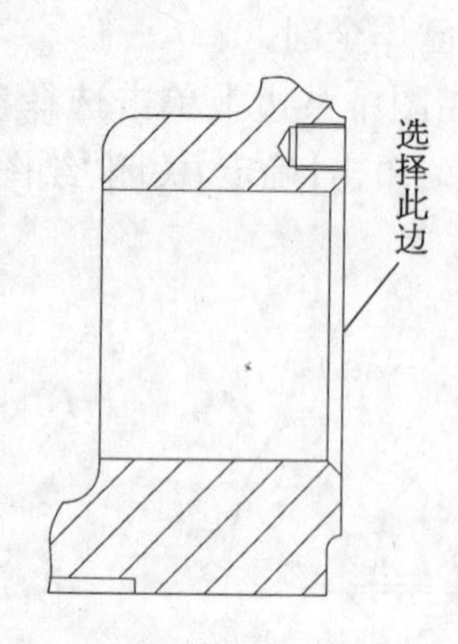

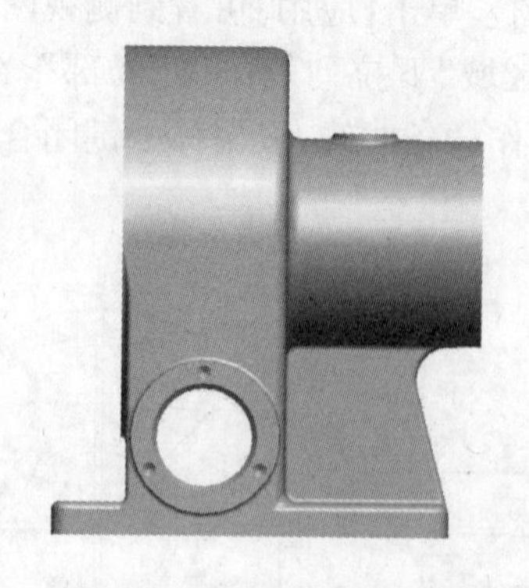
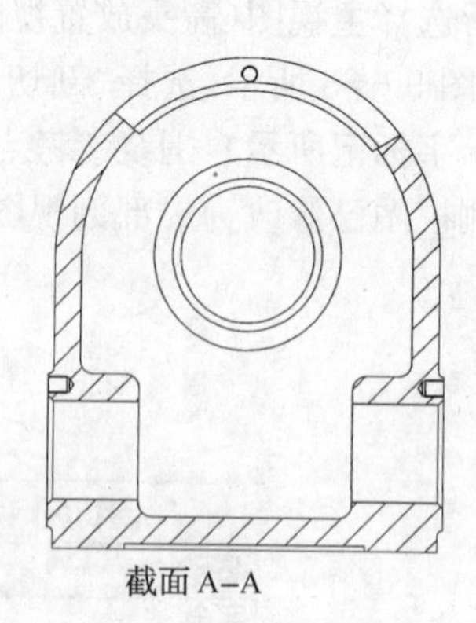

图 9－85 添加辅助视图

件边(辅助视图将与此边垂直),鼠标在侧视图左侧空白区单击以放置右视图。

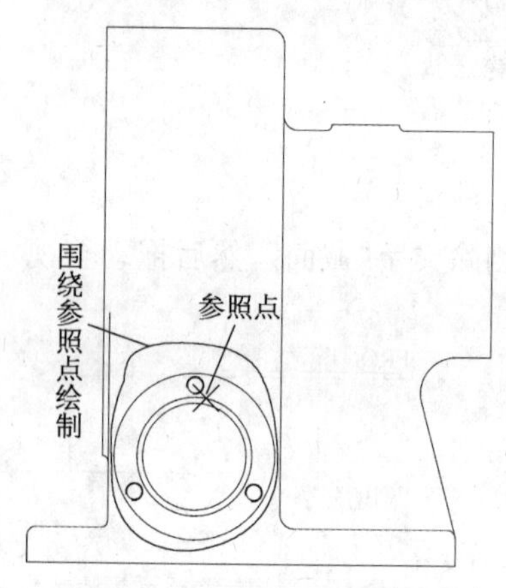

图 9－86 定义局部视图

(2) 双击刚添加的右视图打开“绘图视图”窗口,类别“视图类型”中修改“视图名”为“B”,“投影箭头”选择“单一”。

类别“视图显示”中修改“显示样式”为“消隐”,“相切边显示样式”为“无”,单击【应用】。

选择类别“可见区域”,“视图可见性”选“局部视图”,在图 9－86 中某实体边上单击作为参照点,围绕参照点作样条曲线,以定义视图的可见区域。取消勾选“在视图上显示样条边界”,单击【应用】。

选择类别“对齐”,取消勾选“将此视图与其他视图对齐”,单击【确定】关闭“绘图视图”窗口。此时可移动视图到主视图左侧合适位置。

(3) 移动侧视图中的辅助视图箭头及文字“B”到合适位置。

(4) 选择“注释”页“插入”组中的按钮,在“注释类型”菜单管理器中选择“无引线”→“进行注解”,在辅助视图上方单击以指定注释放置位置,注释内容输入“B”,按两次回车结束输入。单击“完成/返回”退出,然后移动注释文字“B”到合适位置,作为辅助视图的视图名。

6. 创建向视图 D、E、F

(1) 添加半视图 E 的方法与创建视图 B 类似,以主视图底边为参照创建一个辅助视图。

(2) 双击刚添加的视图打开“绘图视图”窗口,类别“视图类型”中修改“视图名”为“E”,“投影箭头”选择“单一”。类别“视图显示”中修改“显示样式”为“消隐”,“相切边显示样式”为“无”,单击【应用】。

选择类别“可见区域”,“视图可见性”选“半视图”,在新添加视图中选择基准面“RIGHT”作为参照平面,如图 9－87 所示。箭头指向要保留的一半,按下“保持侧”工具图标可反向选择。单击【应用】。

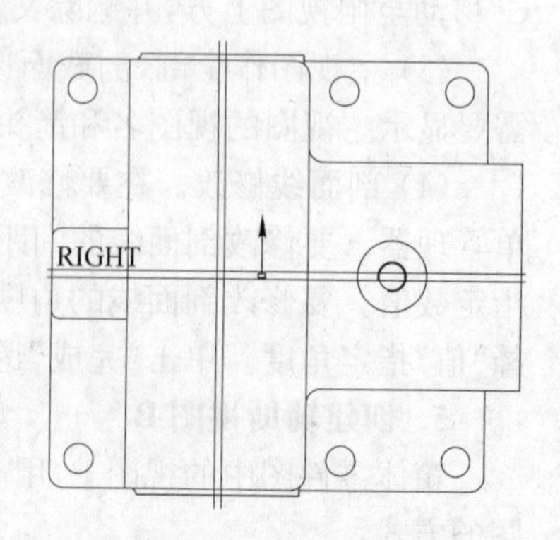

图 9－87 半视图 E

(3) 选择类别“对齐”，取消勾选“将此视图与其他视图对齐”，单击【确定】关闭“绘图视图”窗口。此时可移动视图到侧视图下方合适位置。

(4) 移动主视图中箭头及视图名“E”到合适位置，用插入注释的方法，插入视图名“E”并移动到半视图 E 的上方。

(5) 添加向视图 D 与 F。如果视图中有些线段需要拭除，可选择“布局”页“格式化”组中的按钮 边显示... ，弹出“边显示”菜单管理器，如图 9－88 所示。选择“拭除直线”，然后在视图中单击需要拭除的线段(按下 Ctrl 键可多选)，最后单击“完成”，如图 9－89 所示。

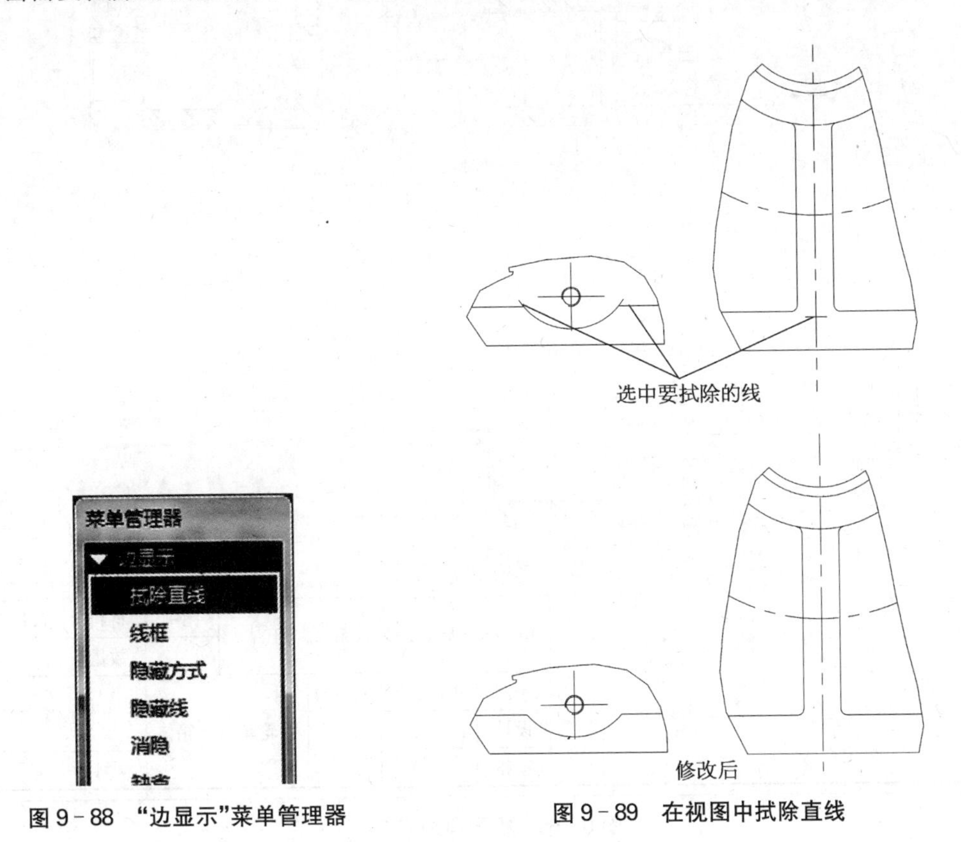

图 9－88　“边显示”菜单管理器　　图 9－89　在视图中拭除直线

所有视图完成后的工程图如图 9－90 所示(图中已关闭基准显示)。

7. 标注尺寸

1) 显示中心线　选择“注释”页“插入”组中的显示模型注释按钮，在“显示模型注释”对话框中选择列出基准，然后单击某个视图，则该视图中的轴线被显示。在视图中选择要显示的轴线，然后选择【应用】。

2) 显示驱动尺寸　在“显示模型注释”对话框中选择列出尺寸，参照箱体零件图显示尺寸。由于尺寸很多，建议采用按特征显示尺寸的方法，每次在模型树中选择少量特征，如图 9－91 所示，待整理完毕后继续显示下一组特征的尺寸。

3) 调整尺寸　包括：

(1) 将尺寸移动到合适的视图。

(2) 打开“尺寸属性”对话框，修改各尺寸公差模式为“公称”。

(3) 调整尺寸界线、箭头方向、对齐尺寸等。

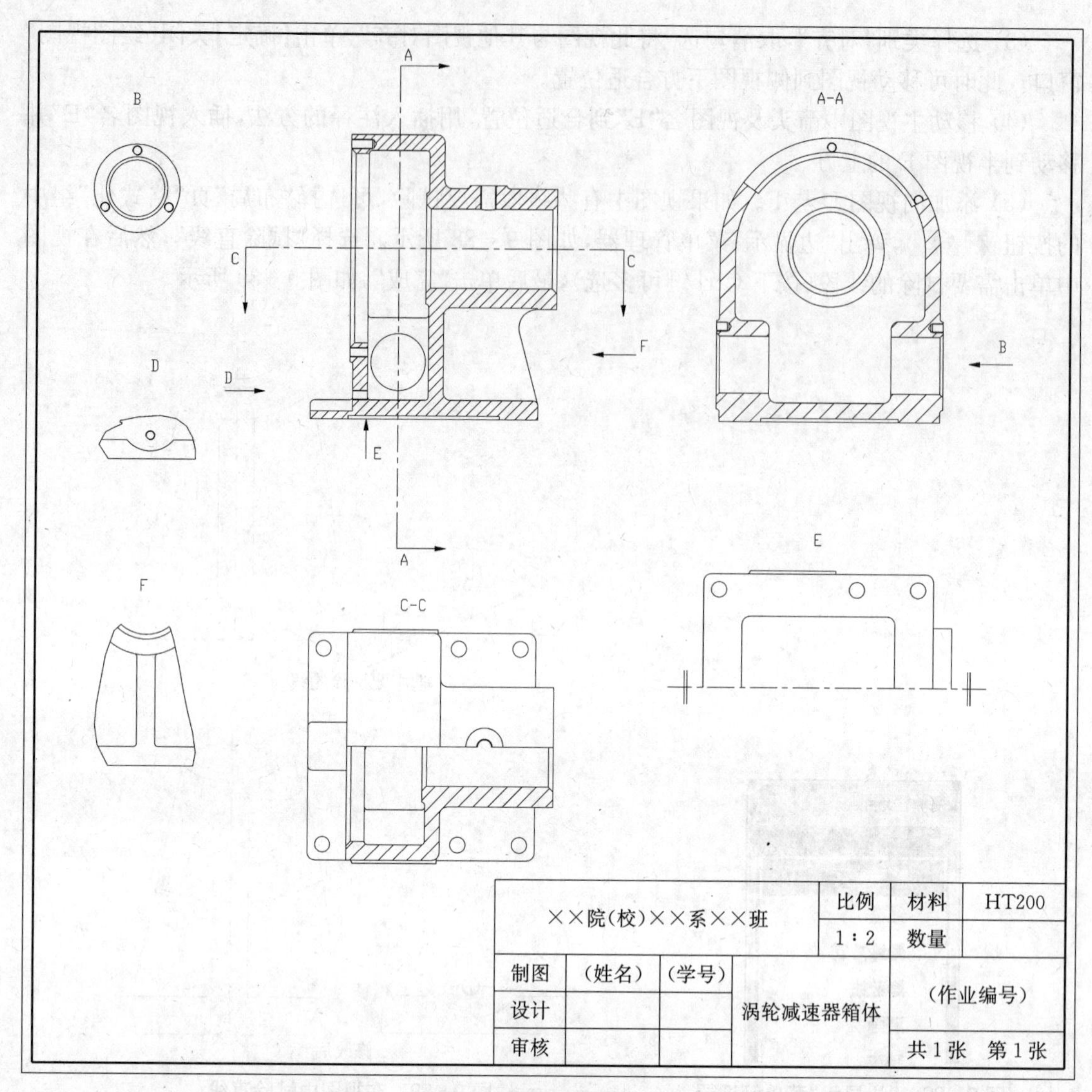

图 9-90　视图添加完成

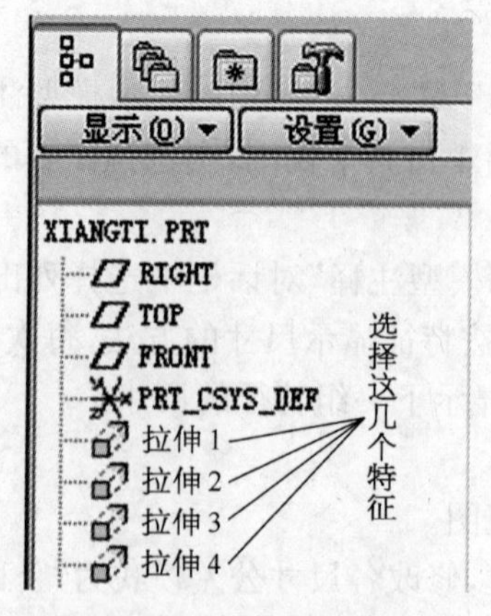

图 9-91　按特征显示尺寸

(4) 对无法用驱动尺寸标注的，手动添加从动尺寸。

(5) 用添加注释的方法，标注“C2”、“C3”的倒角。

(6) 用修改尺寸属性的方法，简化孔的标注，如“6×ϕ10”、“3×M6”等。

8. 标注表面粗糙度

该箱体零件工程图中标注的表面粗糙度有三种：标注在实体边、标注在尺寸界线上、自由标注。

1) 标注在实体边　选择“注释”页“插入”组中的创建表面粗糙度按钮，弹出“得到符号”菜单管理器，选择“检索”，打开“machined”文件夹。选择“standard1. sym”→“打开”，“实例依附”菜单管理器中选择“法向”，然后单击要标注表面粗糙度的边。在文本输入栏输入粗糙度值后回车，把粗糙度标注在实体边上。如图 9 - 92 中的粗糙度“0. 8”和“1. 6”。

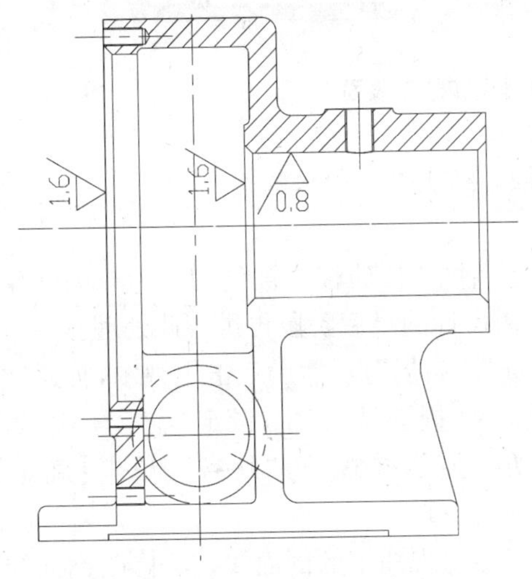

图 9 - 92　将粗糙度标注在实体边

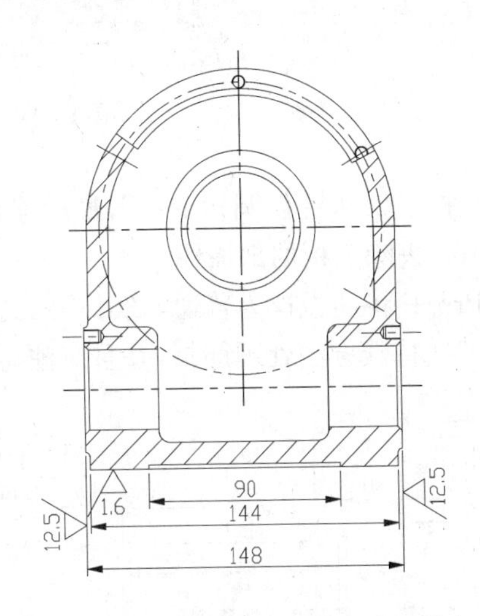

图 9 - 93　将粗糙度标注在尺寸界线上

2) 标注在尺寸界线上　要将粗糙度符号放置在尺寸界线上，如图 9 - 93 所示，在尺寸“148”的尺寸界线上标注粗糙度值“12. 5”。

(1) 选择“注释”页“插入”组中的创建表面粗糙度按钮，检索到“standard1. sym”，打开并设置依附方式为“法向”。

(2) 首先单击尺寸“148”，然后单击尺寸界线(粗糙度符号放置位置)，在“方向”菜单中选择“正向”接受箭头所示的符号放置方向，如图 9 - 94 所示。

(3) 选择加工表面，文本输入栏出现，输入粗糙度值“12. 5”后回车。

3) 自由标注　绘图区右上角的粗糙度符号，采用自由标注方式。选择“注释”页“插入”组中的创建表面粗糙度按钮，打开“unmachined”文件夹。选择“no_value2. sym”→“打开”，“实例依附”菜单管理器中选择“无引线”，然后在绘图区右上角单击放置符号，用添加注释的方法在符号前创建“其余”二字。

9. 添加技术要求

选择“注释”页“插入”组中的创建注解按钮，选择“无引线”→“进行注解”，鼠标指针变为，在绘图区的合适位置单击放置注释并出现文本输入框，输入“技术要求：”然后回车，接着键入一个空格后回车(用来添加一个空行)，继续输入“1. 铸件应经时效处理，以消除内应力；”，

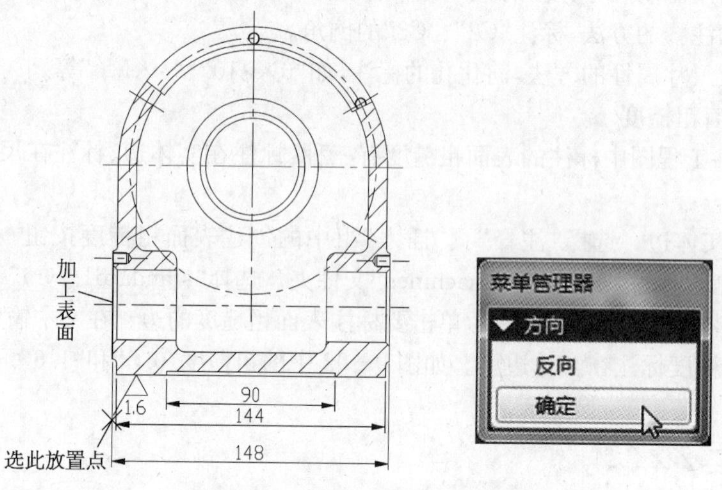

图 9-94 选择放置点和加工表面

回车，输入“2. 未注倒圆角 R2。”，最后连续两次回车结束技术要求的输入。

10. 去除筋板的剖面线

Pro/E 将筋板视为普通的实体，因此主视图作剖视时，筋板也被剖切。为与国标相符，需采用一些特殊方法处理筋板，并且应注意在工程图设计的最后阶段再进行此处理。

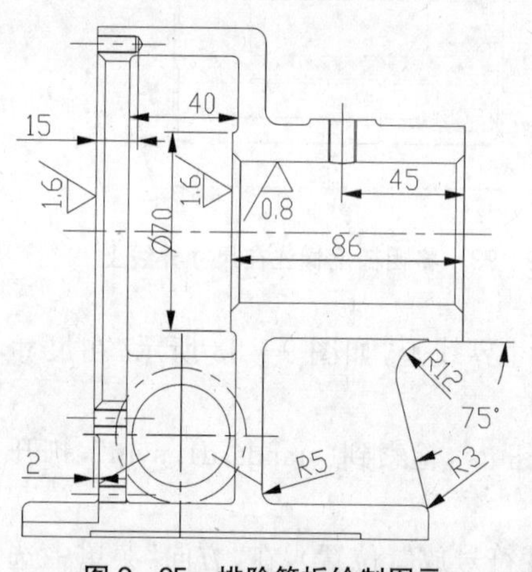

图 9-95 排除筋板绘制图元

(1) 选择“布局”页，然后双击主视图，打开“绘图视图”对话框，在“视图显示”中，设定“显示样式”为“隐藏线”，“相切边显示样式”为“缺省”，单击【确定】关闭窗口。

(2) 双击主视图中的剖面线，在“修改剖面线”菜单管理器中选“间距”，多按几次“加倍”直到主视图中不再有剖面线显示。

(3) 选择“草绘”页“插入”组中的“使用边”按钮，然后按下 Ctrl 键连续选择如图 9-95 中的几条边，将筋板排除在外。单击【确定】，然后选择主菜单的“编辑”→“相关”→“与视图相关”，单击主视图，则添加的图元会随主视图移动。

(4) 选择所有新添加的图元，然后选择“草绘”页“格式化”组中的按钮 剖面线/填充，在文本输入栏中指定横截面的名称(可任意命名，不需要显示)，然后回车，调整剖面线的间距及角度。

(5) 双击主视图打开“绘图视图”对话框，重新设定主视图的“显示样式”为“无隐藏线”，“相切边显示样式”为“无”，然后单击【确定】关闭窗口。结果如图 9-96 所示。

11. 保存工程图文件

调整各尺寸到合适的位置。单击菜单“文件”→“保存”，或者在工具栏单击保存按钮，打开“保存对象”对话框，单击【确定】，文件被保存。

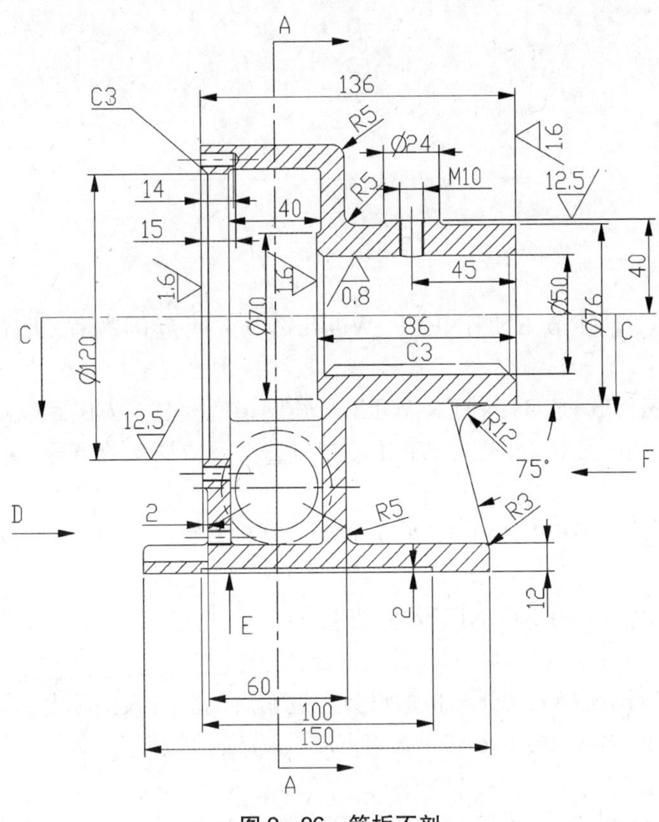

图 9-96　筋板不剖

思考与练习

1. 为什么要修改绘图选项参数?
2. 如何保证 Pro/E 所设计的工程图符合我国国家制图标准?
3. “绘图视图”对话框可以完成哪些绘图设置?
4. 简要说明各种视图的创建步骤。
5. 驱动尺寸与从动尺寸有什么不同?
6. 完成实例中各零件的造型和工程图设计。

参考文献

[1] 李世国,李强,等. Pro/ENGINEER Wildfire 中文版范例教程. 北京:机械工业出版社,2004.
[2] 白雁钧,祝凌云. Pro/ENGINEER Wildfire 绘图指南. 北京:人民邮电出版社,2004.
[3] 孙海波,陈功. Pro/ENGINEER Wildfire 三维造型及应用实验指导. 南京:东南大学出版社,2008.
[4] 孙传祝,梁霭明. Pro/ENGINEER 野火版 4.0 基础教程与上机指导. 北京:清华大学出版社,2008.
[5] 吴让利,赵小刚. Pro/ENGINEER 上机指导与习题集. 西安:西安交通大学出版社,2008.
[6] 佟河亭,冯辉. Pro/ENGINEER 机械设计习题精解. 北京:人民邮电出版社,2004.
[7] 冯如设计在线,杨家春. Pro/ENGINEER 数码产品设计手册. 北京:人民邮电出版社,2004.
[8] 博嘉科技,罗挽澜,等. Pro/Engineer 2000i 工业造型设计教程. 北京:希望电子出版社,2001.
[9] 蒋知民,张洪鏸. 怎样识读《机械制图》新标准. 4 版. 北京:机械工业出版社,2008.
[10] 二代龙震工作室. Pro/DETAIL Wildfire 2.0 工程图设计. 北京:电子工业出版社,2008.
[11] 林清安. 完全精通 Pro/ENGINEER 野火 5.0 中文版入门教程. 北京:电子科技出版社,2008.
[12] 詹友刚. Pro/ENGINEER 5.0 中文版快速入门教程. 北京:人民邮电出版社,2008.